Bibliografische Information der Deutschen Nationalbibliothek:

Die Deutsche Nationalbibliothek verzeichnet diese Publikation in der Deutschen Nationalbibliografie; detaillierte bibliografische Daten sind im Internet über http://dnb.d-nb.de abrufbar.

Impressum:

Copyright © 2014 ScienceFactory

Ein Imprint der GRIN Verlags GmbH

Druck und Bindung: Books on Demand GmbH, Norderstedt, Germany

Grüne Gentchnik – Chancen und Risiken

Ben Paul Illesch (2013): Food with(out) GMO – Die Kennzeichnung „gentechnischer" Lebensmittel im Freihandelsprojekt der EU und der USA

Lesehinweis

Bei allen Bezeichnungen, die auf Personen bezogen sind, wird nach Möglichkeit eine geschlechtsneutrale Formulierung gewählt. Ansonsten wird die männliche Form verwendet, um den Text leicht lesbar zu gestalten. Diese gilt als Kurzform und berücksichtigt beide Geschlechter.

Alle Bezeichnungen, die sich an „Europa" bzw. „Amerika" anlehnen, stehen in dieser Arbeit nicht in Bezug zu dem jeweiligen gesamten Kontinent, sondern zu dem jeweiligen Staatenverbund – EU bzw. USA. Dies gilt sowohl bei Substantiven (wie z.B. Europäer, Amerikaner), als auch bei Adjektiven (europäisch, amerikanisch).

Abkürzungsverzeichnis

BMELV: Bundesministerium für Ernährung, Landwirtschaft und Verbraucherschutz

EFSA: Europäische Behörde für Lebensmittelsicherheit

FDA: Food and Drug Administration

GV-: gentechnisch verändert

GVO: Gentechnisch veränderter Organismus/Gentechnisch veränderte Organismen

IAGb: Interdisziplinäre Arbeitsgruppe Gentechnologiebericht

IFIC: International Food Information Council Foundation

ISAAA: International Service for the Acquisition of Agri-biotech Applications

MKULNV: Ministerium für Klimaschutz, Umwelt, Landwirtschaft, Natur- und Verbraucherschutz des Landes Nordrhein-Westfalen

RL: Richtlinie

TTIP: Transatlantic Trade and Investment Partnership/häufig auch: Trans-Atlantic Free Trade Agreement (TAFTA)

VLOG: Verband Lebensmittel Ohne Gentechnik e.V.

VO: Verordnung

WTO: World Trade Organization

EGGenTDurchfG: Gesetz zur Durchführung der Verordnungen der Europäischen Gemeinschaft auf dem Gebiet der Gentechnik und über die Kennzeichnung ohne Anwendung gentechnischer Verfahren hergestellter Lebensmittel (EG-Gentechnik-Durchführungsgesetz)

FFDCA: Federal Food, Drug, and Cosmetic Act

RL 2001/18/EG: Richtlinie 2001/18/EG des Europäischen Parlaments und des Rates vom 12.03.2001 über die absichtliche Freisetzung genetisch veränderter Organismen in die Umwelt und zur Aufhebung der Richtlinie 90/220/EWG des Rates

VO (EG) Nr. 834/2007: Verordnung (EG) Nr. 834/2007 des Rates vom 28.06.2007 über die ökologische/biologische Produktion und die Kennzeichnung von ökologischen/biologischen Erzeugnissen und zur Aufhebung der Verordnung (EWG) Nr. 2092/91

VO (EG) Nr. 1829/2003: Verordnung (EG) Nr. 1829/2003 des Europäischen Parlament und des Rates vom 22.09.2003 über genetisch veränderte Lebensmittel und Futtermittel

VO (EG) Nr. 1830/2003: Verordnung (EG) Nr. 1830/2003 des Europäischen Parlament und des Rates vom 22.09.2003 über die Rückverfolgbarkeit und Kennzeichnung von genetisch veränderten Organismen und über die Rückverfolgbarkeit von aus genetisch veränderten Organismen hergestellten Lebensmitteln und Futtermitteln sowie zur Änderung der Richtlinie 2001/18/EG

Einleitung

„A future deal between the world's two most important economic powers will be a game-changer. Together, we will form the largest free trade zone in the world."[1]

José M. D. Barroso, derzeitiger Präsident der Europäischen Kommission

Das Oberhaupt der Europäischen Kommission spielt mit diesen Worten auf das Anfang des Jahres 2013 beschlossene Projekt zur Einführung eines Freihandelsabkommens zwischen der EU und den USA an. Dieser in der Geschichte größte bilaterale Handelsdeal (TTIP) würde zwei der wichtigsten Handelspartner, die zusammen knapp die Hälfte der weltweiten Wirtschaftsleistung erbringen, noch enger zusammenschweißen. Bei den Verhandlungen um diesen Freien Güterhandel über den Atlantik sollen keineswegs nur Zölle liberalisiert, sondern auch administrative Handelsbarrieren abgebaut werden. Zu diesen zählen vor allem die unterschiedlichen Gesetze und Vorschriften für gewisse Güter-Bereiche. Eine Liberalisierung dieser, könnte sich allerdings bei den TTIP-Verhandlungen als sehr schwieriges Unterfangen herausstellen. Schließlich fußen die bisherigen Handelshemmnisse auf Grundlage unterschiedlichster Ansichten zu Themenspezifika zwischen den beiden Wirtschafträumen.

Eines dieser Konfliktthemen stellt die Einigungsgespräche und somit auch das ambitionierte Freihandelsprojekt schon zu Beginn auf eine harte Probe. So wurden die gerade erst begonnenen Verhandlungen um das Transatlantische Freihandelsabkommen (TTIP) von der NSA-Datenschutzaffäre überschatten. Die damit verbundenen grundsätzlichen Fragen bezüglich des Datenschutzes gilt es, nicht nur um das erschütterte Vertrauen der EU wieder aufzubauen, sondern auch für das Zustandekommen des TTIP, zu klären.

Ein weiteres Problem könnte sich im Bereich der Gentechnik entwickeln. Schließlich boten der Einsatz sowie der Umgang mit dieser Technologie schon in der Vergangenheit, aufgrund der unterschiedlichen Meinungen der politischen und gesellschaftlichen Akteure – auf beiden Seiten des Atlantiks – ein erhöhtes Konfliktpotential.

---

[1] Barroso, José M. D.: Statement by President Barroso on the Transatlantic Trade and Investment Partnership, veröffentlicht am 13.02.2013. Online: http://europa.eu/rapid/press-release_SPEECH-13-121_en.htm, letzter Zugriff 24.06.2013.

Mittlerweile haben sich, auf Grundlage dieser unterschiedlichen Ansichten der beiden Handelspartner, auch völlig verschiedene Ansätze zum regulativen Umgang mit der Gentechnik und den damit verbundenen Gütern entwickelt.

In dieser Arbeit wird diesbezüglich das Augenmerk auf den Verbrauchsgüterbereich der gentechnisch veränderten Lebensmittel gelegt. Insbesondere wird jedoch die Kennzeichnung dieser fokussiert.

Die Arbeit ist in drei große Bereiche unterteilt. Im ersten Kapitel erfolgt eine Einführung in die Grundlagen rund um die Thematik der Gentechnik und der damit hergestellten Produkte. Dabei wird, neben den allgemeinen biologisch-technischen Konzepten und Methoden der Gentechnik sowie deren Anwendung bei der Herstellung von Lebensmitteln, auch auf den gesellschaftlichen Diskurs im transatlantischen Vergleich eingegangen. Diese grundsätzlichen Informationen, von der Theorie der Gentechnik über deren Anwendung im Lebensmittelbereich bis hin zur Reaktion der Verbraucher, schaffen das nötige Fundament für das darauffolgende zweite Kapitel. In diesem werden die einzelnen regulativen Maßnahmen, in Bezug auf die Kennzeichnung solcher gentechnisch veränderter Lebensmittel in der EU sowie in den USA, gegenübergestellt. Dabei gilt es, unter anderem folgende Fragen zu klären: Sind die bisherigen rechtlichen Standards in den einzelnen Staatenverbünden optimal an die Verbraucherrechte angepasst? Wollen die Konsumenten überhaupt eine Kennzeichnung, welche auf das (Nicht-)Vorhandensein bestimmter gentechnisch veränderter Stoffe hinweist? Wie stark sind in diesem Zusammenhang die regulativen und gesellschaftspolitischen Unterschiede in den beiden Staatenverbünden ausgeprägt?

Nach einer Darstellung der aktuellen Rechtslagen in Verbindung mit einem Erklärungsansatz der zuvor aufgestellten Fragestellungen, wird im dritten und letzten Kapitel die „Kennzeichnungsfrage" bei GV-Lebensmitteln im TTIP erörtert. Bezugnehmend auf das erste und zweite Kapitel, werden einzelne ausgewählte Kennzeichnungs-Szenarien prognostiziert, sowie deren Vor- und Nachteile analysiert. Die oben aufgeführte Aussage Barrosos, dass das TTIP ein „game-changer" sein könne, dient als Schlüsselhypothese dieses letzten Kapitels.

Am Ende wird die dargelegte Thematik durch eine Zusammenfassung und ein Fazit mit Blick auf die Zukunft der Gentechnik abgerundet.

Gentechnik bei der Lebensmittelherstellung

> „Bei der so genannten grünen Gentechnik handelt es sich eher um einen Glaubenskrieg als um eine wissenschaftliche Debatte."[2]
>
> Andrea Fischer, ehemalige deutsche Bundesministerin für Gesundheit

Die Aussage von Andrea Fischer kann einerseits als scharfe Kritik an der Durchführung der (öffentlichen) Debatte über die Grüne Gentechnik, andererseits als bloße Mutmaßung verstanden werden. Um dies beurteilen zu können, müssen die Begriffe „Glaubenskrieg" und „wissenschaftliche Debatte" nach ihrem Sinninhalt nach erläutert werden. Ein Glaubenskrieg wird wegen unterschiedlicher Religionsvorstellungen geführt. Unter einer Debatte versteht man in der Regel das Zusammentragen von Pro- und Kontra-Argumenten zu einer bestimmten Thematik, dabei wird die Wissenschaftlichkeit durch rationalen Erkenntnisgewinn sowie nachprüfbare Aussagen sichergestellt. Bezogen auf das oben aufgeführte Zitat könnte dies folglich bedeuten, dass der Diskurs bezüglich der Anwendung der Grünen Gentechnik eher darauf zurückzuführen ist, was die beteiligten Akteure ganz subjektiv denken und weniger darauf, was die bisherigen wissenschaftlichen Ergebnisse zeigen. Ob diese Situation schon vorherrscht und somit das Fundament für das hypothetische Konstrukt eines „Gentechnik-Glaubenskrieges" tatsächlich schon existiert, wird im letzten Punkt dieses ersten Kapitels geklärt.

Allen voran müssen zuvor wichtige Grundlagen der (Grünen) Gentechnik geklärt werden. Dabei liegt der Fokus auf der Erläuterung von speziellen Begrifflichkeiten, grundlegenden Methoden, Anwendungen sowie Zielen der Gentechnik im Bereich der Lebensmittelproduktion. Um die Bandbreite der Thematik rund um die Gentechnik zu untermauern, werden Zahlen und Fakten zum Einsatz dieser Technik dargestellt. In Bezug auf die Komplexität der gesamten Gentechnik-Diskussion wird auch auf die möglichen Chancen und Risiken des Einsatzes der Technologie eingegangen.

Terminologie

Im Jahr 1973 veränderten Stanley N. Cohen und Herbert Boyer zum ersten Mal die DNA einer Zelle im Reagenzglas und legten damit einen bedeutenden

---

[2] Fischer, Andrea: im Interview, in: DER SPIEGEL (o.V.): Grüne Gentechnik – eher ein Glaubenskrieg, Heft 21, Hamburg 2000. Online: http://www.spiegel.de/spiegel/vorab/a-77404.html, letzter Zugriff 15.06.2013.

Grundstein für die moderne Gentechnologie[3] und der dazugehörigen Gentechnik-Industrie.[4]

In der heutigen Zeit wird die Gentechnologie vielfach als eine der wichtigsten Schlüsseltechnologien des 21. Jahrhunderts angesehen.[5]

Sie ist ein abzugrenzendes Teilgebiet[6] des Sammelbegriffs der Biotechnologie[7]. Eine Begriffserklärung der Gentechnologie ist die der sogenannten Enquete-Kommission des Deutschen Bundestages[8]. Sie definiert Gentechnologie als „die Gesamtheit der Methoden zur Charakterisierung und Isolierung von gentechnischem Material, zur Bildung neuer Kombinationen genetischen Materials sowie zur Wiedereinführung und Vermehrung des neukombinierten Erbmaterials in anderer biologischer Umgebung."[9]

---

[3] Die Gentechnologie bezeichnet das Gebiet der Lehre der Wissenschaft und deren Forschung. Die Gentechnik hingegen die Anwendung dieser Wissenschaft im großtechnischen Stil mit industriellen Verfahren.

[4] Vgl. Gebhardt, Wiebke: Gentechnik und Koexistenz nach der Gesetzesnovelle von 2008: Zivilrechtliche Haftung im Vergleich Deutschland und USA, in: Säcker, Franz Jürgen (Hg.): Veröffentlichungen des Instituts für deutsches und europäisches Wirtschafts-, Wettbewerbs- und Regulierungsrecht der Freien Universität Berlin, Band 20, Berlin 2010. S. 38.

[5] Vgl. Meier, Alexander: Risikosteuerung im Lebensmittel- und Gentechnikrecht, in: Rengeling, Hans-Werner (Hg.): Schriften zum deutschen und europäischen Umweltrecht, Band 23, Augsburg 2000. S. 1. *Oder auch:* Goehl, Susanne A.: Gentechnik, Recht und Handel – Genmanipulierte landwirtschaftliche Produkte als Gegenstand des öffentlichen Wirtschaftsrechts, Hamburg 2009. S. 14. *Oder auch:* Müller-Röber, Bernd/ Marx-Stölting, Lilian/ Krebs, Jonas: Stand der Wissenschaft und der Technik, in: Müller-Röber, Bernd u.a. (Hg.): Grüne Gentechnologie – Aktuelle wissenschaftliche, wirtschaftliche und gesellschaftliche Entwicklungen, 3. völlig neubearbeitete und ergänzte Aufl., Berlin 2013. S. 39. *Oder auch:* BASF (o.V.): Bio – und Gentechnologie: Schlüsseltechnologie des 21. Jahrhunderts, o.D. Online: http://www.basf.com/group/corporate/de/products-and-industries/biotechnology/index, letzter Zugriff 13.06.2013.

[6] Fälschlicherweise wird die Biotechnologie häufig als Synonym für die Gentechnologie verwendet. Aber nicht alle Methoden der Biotechnologie sind auf gentechnologische Verfahren zurückzuführen. (Vgl. Fricke, Marcel: Genetisch veränderte Lebensmittel im Welthandelsrecht, in: Bruha, Thomas u.a. (Hg.): Europäisches und internationales Integrationsrecht, Band 5, Hamburg 2004. S. 35 f.)

[7] Die Organisation für wirtschaftliche Zusammenarbeit und Entwicklung (OECD) definiert Biotechnologie als „die Anwendung von Wissenschaft und Technik auf lebende Organismen, Teile von ihnen, ihre Produkte oder Modelle von ihnen zwecks Veränderung von lebender oder nichtlebender Materie zur Erweiterung des Wissensstandes, zur Herstellung von Gütern und zur Bereitstellung von Dienstleistungen". (Biotechnologie.de (o.V.): Was ist Biotechnologie?, o.D. Online: http://www.biotechnologie.de/BIO/Navigation/DE/Hintergrund/basiswissen.html, letzter Zugriff 13.06.2013.)

[8] Diese Arbeitsgruppe wurde Ende der 1980er Jahre vom Deutschen Bundestag für die Untersuchung möglicher Vor- und Nachteile der Gentechnologie eingesetzt.

[9] Enquete-Kommission: Chancen und Risiken der Gentechnologie, BT-Drs. 10/6775, o.O. 1987. Online: http://dip21.bundestag.de/dip21/btd/10/067/1006775.pdf, letzter Zugriff 13.06.2013.

Ähnlich wie bei der Biotechnologie, wird die Gentechnologie weniger nach den einzelnen Methoden bzw. Verfahren, sondern vielmehr nach ihren Anwendungsbereichen differenziert.[10] Finden gentechnische Methoden im medizinisch-pharmazeutischen Gebiet Anwendung, spricht man von der Roten Gentechnik. Die Graue Gentechnik steht für den Einsatz von gentechnischen Verfahren im Bereich der Umwelt(schutz)technik, wie z.B. bei der Abfallwirtschaft. Bei der Weißen Gentechnik werden bestimmte Stoffe, wie etwa Enzyme, Vitamine, Aroma- und Zusatzstoffe sowie verschiedenste Feinchemikalien für die industrielle Verwendung hergestellt. Dabei ersetzen gentechnische Methoden häufig bestimmte chemische Prozesse bei der Herstellung dieser Stoffe.[11] Bei der Grünen Gentechnik geht es hauptsächlich um die Anwendung genetischer Methoden in der Pflanzenzüchtung.[12] Auf diesen wohl bekanntesten Zweig der Gentechnologie wird nach einer kurzen Einführung in die (traditionelle) Pflanzenzüchtung eingegangen.

Die meisten der in der heutigen Agrarindustrie verwendeten Kulturpflanzen haben durch die vom Menschen seit Jahrtausenden betriebene Zuchtwahl (Selektion) nur noch sehr wenig mit ihren ursprünglichen Stammformen gemein. Seit Anfang des 19. Jahrhunderts wird diese Selektion der Bauern durch die industrielle Züchtung von Nutzpflanzen mittels gezielter Kreuzungs-Verfahren ersetzt.[13] Seitdem wurden mit Hilfe moderner Methoden, wie etwa der Hybrid-[14] oder der

---

[10] Auch in der Biotechnologie gibt es die Unterscheidung in Rote, Graue, Weiße, sowie Grüne Biotechnologie. (Vgl. Engelbrecht, Claudia: Biotechnologie: Gesundes Wachstum, o.D. Online: http://www.staufenbiel.de/naturwissenschaftler/dossier-biotechnologie/biotechnologie-gesundes-wachstum.html, letzter Zugriff 13.06.2013.)

[11] Vgl. Struß, Jantje: Die großflächige Ausbringung von GVO in die Umwelt, in: Schlacke, Sabine u.a. (Hg.): Umweltrechtliche Studien, Band 41, Bremen 2010. S. 2-4.

[12] Zu den Anwendungen der Grüne Gentechnik gehört zudem die gentechnische Veränderung von Tieren. Auf diesen Bereich wird in dieser Arbeit nicht näher eingegangen, da derzeitig gentechnisch veränderte Tiere (z.B. Lachs), für die Lebensmittelproduktion international (noch) nicht zugelassen sind. (Vgl. Transgen.de (o.V.): Schnell wachsende Lachse: Das ewige Zulassungsverfahren, veröffentlich am 15.05.2013. Online: http://www.transgen.de/tiere/145.doku.html, letzter Zugriff 18.06.2013.)

[13] Vgl. Fricke, Marcel: Genetisch veränderte Lebensmittel im Welthandelsrecht [wie FN 6]. S. 35.

[14] Um Nutzpflanzen besonders leistungsfähig zu machen, werden bei der Hybridzüchtung reinerbige Zuchtlinien (sog. Inzuchtlinien) miteinander gekreuzt. (Vgl. Müller-Röber, Bernd/ Boysen, Mathias/ Marx-Stölting, Lilian u.a.: Einleitung und methodische Einführung, in: Müller-Röber, Bernd (Hg.): Grüne Gentechnologie – Aktuelle wissenschaftliche, wirtschaftliche und gesellschaftliche Entwicklungen, 3. völlig neubearbeitete und ergänzte Aufl., Berlin 2013. S. 30.)

Mutagenesezüchtung[15], sehr ertragreiche Hochleistungssorten entwickelt. Sowohl bei den althergebrachten, als auch bei den modernen Methoden der klassischen Kreuzung, werden immer die gesamten Erbanlagen (Genom[16]) der sog. Elterngeneration einer Pflanzenlinie miteinander gekreuzt.[17] Es wird also das Erbgut der Pflanze verändert. Bei der Grünen Gentechnik kommt es ebenfalls zu einer solchen Veränderung, allerdings wird nur ein bestimmter Teil des Genoms (einzelne Gene) für eine Neukombination verwendet. Zudem wurde bei der Grünen Gentechnik, im Vergleich zur traditionellen Pflanzenzucht, die sog. „Artenschranke" aufgehoben. Als „Spender" kommen somit nicht mehr nur Pflanzen einer Art bzw. verwandter Gattungen, sondern jeder Organismus[18] in Frage.[19] Somit können Eigenschaften von Pflanzen über die Kreuzbarkeit hinaus gezielt „hervorgerufen, verstärkt, vermindert oder ausgeschaltet"[20] werden.[21] Wie diese Veränderung mittels gentechnischen Methoden erfolgt, wird folgend kurz und teilweise vereinfacht dargestellt.[22]

In einem ersten Verfahren – der Charakterisierung – wird mit Hilfe molekulargenetischer analytischer Methoden die genetische Information, welche für die Ausprägung eines bestimmten Merkmals verantwortlich ist, in der DNA eines Organismus identifiziert und beschrieben. Im anschließenden Schritt – der Isolierung – wird dieser Bereich der DNA aus dem sogenannten Spenderorganismus extrahiert. Danach kommt es zu einer Aufbereitung und Vermehrung dieses

---

[15] Bei der Mutagenesezüchtung sollen „gewünschte Eigenschaften durch zufällige Veränderungen des Genoms, zum Beispiel durch den Einsatz von Strahlung, erzeugt werden". (Ebd. S. 31.)

[16] „Kulturpflanzen besitzen […] ein Genom von 30.000 bis 60.000 einzelnen Genen" (Ebd. S. 30).

[17] Vgl. Fricke, Marcel: Genetisch veränderte Lebensmittel im Welthandelsrecht [wie FN 6]. S. 35.

[18] Gem. Art. 2, Nr. 1 RL 2001/18/EG ist ein Organismus „jede biologische Einheit, die fähig ist, sich zu vermehren oder genetisches Material zu übertragen".

[19] Als Spenderorganismus kommen somit unter anderem Pflanzen anderer Arten, Pilze, Bakterien, Tiere sowie der Mensch selbst in Betracht.

[20] Förster, Susanne: Internationale Haftungsregeln für schädliche Folgewirkungen gentechnisch veränderter Organismen, in: Wolfrum, Rüdiger u.a. (Hg.): Beiträge zum ausländischen öffentlichen Recht und Völkerrecht, Band 181, Berlin 2006. S. 12.

[21] Trotz der Vorteile der Gentechnik soll „die Gentechnik die klassische Züchtung keineswegs ersetz[en], sondern lediglich ein, allerdings bedeutsames, zusätzliches Werkzeug in der Pflanzenzüchtung darstell[en]. Auch in der Zukunft werden traditionelle Methoden eine wichtige Rolle spielen." (Kempken, Renate/ Kempken, Frank: Gentechnik bei Pflanzen – Chancen und Risiken, 3. überarb. Aufl., Kiel 2006. S. 12.)

[22] Eine detaillierte Weiterführung zu den Grundlagen und Methoden der Grünen Gentechnik findet sich in: Kempken, Renate/ Kempken, Frank: Gentechnik bei Pflanzen – Chancen und Risiken [wie FN 21]. S. 19-123.

extrazellulären Erbguts. Das so erhaltene aufbereitete, extrazelluläre Erbgut kann nun „([...] unverändert oder neukombiniert) entweder direkt [...] oder über Vektoren[23]"[24] in eine sogenannte Empfänger- oder auch Wirtspflanze übertragen werden. Von diesem letzten Verfahren – der Transformation – abgeleitet, werden solche neu ausgestatteten Pflanzen auch als „transgene Pflanzen" bezeichnet.[25] Synonym werden die Begriffe „gentechnisch[26] modifizierte Organismen"[27] bzw. „gentechnisch manipulierte Organismen" (GMO) oder auch „gentechnisch veränderte Organismen"[28] (GVO[29]), auch über die Grüne Gentechnik hinaus, verwendet.

„Vom Labor auf den Teller" – Eigenschaften und Anwendungsgebiete von GVO

Seit den ersten wissenschaftlichen Erfolgen im Labor, Anfang der 1980er Jahre, entwickelte sich die Gentechnik innerhalb weniger Jahre zu einer anwendungsorientierten Technologie[30], deren Erzeugnisse seit nun mehr als 30 Jahren auf den Markt zugelassen sind.[31]

---

[23] Vektoren können als Vehikel („Gentaxi") für die Übertragung von extrazellulärem Erbgut genutzt werden. Zudem sind sie dafür zuständig, dass sich das neue Erbgut in der Wirtszelle auch vermehrt. (Vgl. Gebhardt, Wiebke: Gentechnik und Koexistenz nach der Gesetzesnovelle von 2008: Zivilrechtliche Haftung im Vergleich Deutschland und USA [wie FN 4]. S. 35.)

[24] Pickardt, Thomas: Was ist Grüne Gentechnik? In: Heine, Nicole u.a. (Hg.): Basisreader der Moderation zum Diskurs Grüne Gentechnik des BMVEL, Osnabrück 2002. S. 3. Online: http://www.transgen.de/pdf/diskurs/reader.pdf, letzter Zugriff 13.06.2013.

[25] Vgl. Kempken, Renate/ Kempken, Frank: Gentechnik bei Pflanzen – Chancen und Risiken [wie FN 21]. S. 12.

[26] In der Fachliteratur sowie in Gesetzestexten wird für „gentechnisch" auch häufig das Wort „genetisch" verwendet. Aufgrund des Einsatzes technischer Verfahren, wird nachfolgend Ersteres bevorzugt.

[27] Aus dem Englischen: GMO – Genetically Modified Organism(s).

[28] Das Europäische Parlament und der Europäische Rat verstehen unter GVO „ein[en] Organismus mit Ausnahme des Menschen, dessen genetisches Material so verändert worden ist, wie es auf natürliche Weise durch Kreuzen und/oder natürliche Rekombination nicht möglich ist" (Art. 2, Nr. 2 RL 2001/18/EG).

[29] Die Abkürzung GVO wird im weiteren Verlauf dieser Arbeit verwendet.

[30] Seit der Gründung des ersten Gentechnik-Konzerns („Genentech" gegründet 1976 in den USA), ist die Zahl solcher Unternehmen weltweit enorm gestiegen (2003 waren es mehr als 4300). (Vgl. Förster, Susanne: Internationale Haftungsregeln für schädliche Folgewirkungen gentechnisch veränderter Organismen [wie FN 20]. S. 1.)

[31] Im Jahr 1982 wurden die erste transgene Pflanze (Grüne Gentechnik) sowie das erste gentechnisch hergestellte Pharmaka (Rote Gentechnik) zugelassen. (Vgl. Gebhardt, Wiebke: Gentechnik und Koexistenz nach der Gesetzesnovelle von 2008 Zivilrechtliche Haftung im Vergleich Deutschland und USA [wie FN 4]. S. 39.)

Für den im Vergleich noch relativ „jungen Einsatz" gentechnischer Verfahren in der Lebensmittel[32]- bzw. Futtermittelproduktion ist hier vor allem die Grüne, aber auch die Weiße Gentechnik von Bedeutung.[33] Hierbei gibt es verschiedene Möglichkeiten, wie GVO in Lebensmittel gelangen können, wobei transgene Pflanzen bisher die wohl bedeutendste Rolle einnehmen. Entweder transgene Pflanzen werden für die Lebensmittelproduktion „direkt [...] oder über einen Veredelungsschritt als tierisches Produkt[34]"[35] eingesetzt. Der Anfang der Lebensmittel, welche aus oder mit Hilfe von GVO hergestellt wurden, liegt bei der Grünen Gentechnik in der Herstellung von GV-Saatgut[36] für die Agrarwirtschaft. Dabei ist das hauptsächliche Ziel der Gentechnik-Unternehmen, bestimmte Kultursorten (Events[37]) so zu verändern, dass sie für den Einsatz als Saatgut „auf dem Feld" besonders vorteilhafte Eigenschaften zur Ertragssteigerung aufweisen. Hierbei gilt es, die hohen Ernteausfälle durch bestimmte Schädlinge, Unkrautkonkurrenz sowie Krankheiten entgegenzuwirken (siehe Abb. 1). Den globalen kommerziellen Anbau dieses GV-Saatguts beherrschen, mit gut drei Viertel der GV-Anbauflächen, die Kultursorten mit sogenannten Resistenzgenen gegen Herbizide (59% Stand: 2011)[38] und schädliche Insekten (15% Stand: 2011)[39]. Auf diese herbizid- und insektenresistenten transgenen Pflanzen

---

[32] Das erste GV-Lebensmittel, eine transgene Tomate (Markenname: Flavr Saver®), wurde 1994 auf den US-Markt eingeführt. (Vgl. Ebd. S. 39.)

[33] Vgl. Stökl, Lorenz: Der welthandelsrechtliche Gentechnikkonflikt, in: Oppermann, Thomas (Hg.): Tübinger Schriften zum internationalen und europäischen Recht, Berlin 2002. S. 19.

[34] Dabei werden die Tiere zuvor mit Futtermitteln, welche entweder gänzlich oder zu Teilen aus transgenen Nutzpflanzen bestehen, gefüttert. Die tierischen Endprodukte (z.B. Fleisch, Milcherzeugnisse, Eier, etc.) wurden somit „mit Hilfe von GVO" hergestellt.

[35] Müller-Röber, Bernd: Die Zukunft der Pflanzenforschung. (Mögliche) Antworten auf die konkreten Herausforderungen, in: Müller-Röber, Bernd u.a. (Hg.): Grüne Gentechnologie – Aktuelle wissenschaftliche, wirtschaftliche und gesellschaftliche Entwicklungen, 3. völlig neubearbeitete und ergänzte Aufl., Berlin 2013. S. 17.

[36] Durch die angewendete Technik gilt dieses GV-Saatgut als Erfindung und kann somit auch patentiert werden. Auf die Patentierung von GVO wird hier nicht näher eingegangen. Weiterführend dazu z.B.: Evenson, Robert E. (Hg.): International Trade and Policies for Genetically Modified Products, Cambridge 2006. S. 125-161.

[37] Diese gentechnisch veränderten Pflanzensorten bezeichnet man auch als „trangene Linien" oder „Events". (Vgl. Zagon, J./ Crnogorac, L./ Krohl, L./ Lahrssen-Wiederholt, M./ Broll, H. (Hg.): Nachweis von gentechnisch veränderten Futtermittel, in: BfR-Wissenschaft, Heft 5, Berlin 2006. S. 15.)

[38] Vgl. ISAAA: ISAAA Brief 43-2011: Executive Summary, o.O. 2011. Online: http://www.isaaa.org/resources/publications/briefs/43/executivesummary/default.asp, letzter Zugriff 02.06.2013.

[39] Vgl. Ebd.

wird aufgrund ihrer Bedeutsamkeit der gentechnischen Veränderungen im Folgenden kurz eingegangen.[40]

Bei transgenen herbizidresistenten Pflanzen werden mittels gentechnischer Verfahren Resistenzgene in die Pflanzen eingebracht, so dass diese gegen bestimmte, in der Landwirtschaft verwendete, unkrautvernichtende Pflanzenschutzmittel „immun" sind.[41] Für den Einsatz solcher transgenen herbizidresistenten Pflanzen werden von den Gentechnik-Unternehmen verschiedene Vorteile im Vergleich zur konventionellen Landwirtschaft angebracht. So soll die eingesetzte Menge von Herbiziden bedeutend geringer ausfallen, was neben den positiven ökologischen auch einen finanziellen Effekt für den Landwirt bedeuten kann.[42] Zudem kommt es nicht zu Ernteeinbußen, die wiederum bei der Verwendung von Pflanzenschutzmitteln in der konventionellen Landwirtschaft nicht zu verhindern sind. Außerdem müssen die Landwirte nicht mehr den Boden umpflügen, um das Nachwachsen von Unkräutern zu hemmen.[43]

Die Insektenresistenz ist das in der Landwirtschaft am zweithäufigsten auftretende Merkmal von transgenen Kulturpflanzen. Diese produzieren, dank des gezielten Einbringens bestimmter Gene[44] in das Pflanzengenom, eigene Abwehrstoffe gegen schädliche Insekten[45]. Wie bei der Herbizidresistenz soll auch hier der Einsatz chemischer Mittel – in diesem Fall Pestizide – verringert bzw. ganz

---

[40] Weitere derzeitig verwendete bzw. sich im Versuchsstadium befindlichen Eigenschaften transgener Pflanzen finden sich mit einer detailierten Beschreibung bei: Müller-Röber, Bernd/ Marx-Stölting, Lilian/ Krebs, Jonas: Stand der Wissenschaft und der Technik [wie FN 5]. S. 39-93.

[41] Zwei der meistverwendeten Herbizide sind Roundup® (Hersteller: Monsanto) sowie Basta® (Hersteller: Bayer CropScience). Diese sog. Komplementärherbizide werden passend für herbizidresistente transgene Kultursorten hergestellt und meist im „Bundle" mit diesen, von auf Gentechnik spezialisierten Saatgut-Unternehmen verkauft. Dabei ergibt sich aus dem Markennamen des Totalherbizids auch meist der Markenname der transgenen Kultursorte, wie z.B. die Roundup Ready®-Sojabohne (Hersteller: Monsanto). (Vgl. Zagon, J./ Crnogorac, L./ Krohl, L./ Lahrssen-Wiederholt M./ Broll, H. (Hg.): Nachweis von gentechnisch veränderten Futtermittel [wie FN 37]. S. 15.)

[42] Vgl. Fricke, Marcel: Genetisch veränderte Lebensmittel im Welthandelsrecht [wie FN 6]. S. 38.

[43] Vgl. Kempken, Renate/ Kempken, Frank: Gentechnik bei Pflanzen – Chancen und Risiken [wie FN 21]. S. 127 f.

[44] Als Spenderorganismus dient hier hauptsächlich das Bodenbakterium „Bacillus thuringiensis". Dieses besitzt ein Gen, das für die Herstellung eines Eiweißes zuständig ist, welches im Darm vieler Insekten toxisch wirkt und diese somit sterben. Von dem Namen dieses Bakteriums werden auch die Markennamen der transgenen insektenresistenten Kultursorten abgeleitet, so z.B. beim Bt-Mais oder der Bt-Baumwolle. (Vgl. Ebd. S. 130 f.)

[45] „Insekten können Pflanzen in zweierlei Hinsicht schädigen: zum einen indirekt durch die Übertragung anderer Krankheitserreger wie z.B. Viren, Bakterien oder Pilze und zum anderen direkt durch fraßbedingten, mechanischen Schaden und Gewebeverlust." (Ebd. S. 130.)

vermieden werden, um so Vorteile für die Umwelt und den Landwirt zu generie-ren.[46]

Mit den bisher noch eher weniger verbreiteten Resistenz-Merkmalen gegen Krankheiten (Ernteausfälle: siehe Abb. 1), die bei Pflanzen durch Pilze, Bakterien und Viren ausgelöst werden, sollen weitere agronomische Ziele mittels der Grünen Gentechnik verfolgt werden.[47]

In den letzten Jahren ist die Forschung für die Entwicklung neuer Merkmalsausbildungen von transgenen Kultursorten überaus dynamisch.[48] Derzeit wird an der zweiten und dritten Generation von transgenen Kultursorten, unter anderem mit neuen Resistenzeigenschaften, geforscht.[49] Einige im Entwicklungsstadium befindliche neue Anpassungsmechanismen bei Kulturpflanzen durch gentechnische Verfahren, sind etwa der Aufbau von Resistenzen gegen sogenannte umweltbedingte Stressfaktoren, wie etwa Überflutungen[50], „hohe Salzgehalte, Dürre[51], Hitze oder Kälte.“[52][53] Für die Zukunft sollen zudem nicht mehr nur agronomische Ziele, die bisher vor allem dem Landwirt Vorteile brachten, verfolgt werden. So könnten transgene Pflanzen mit Hilfe gentechnischer Verfahren mit verbesserter „biochemische[n] und ernährungsphysiologische[n]

---

[46] Vgl. Fricke, Marcel: Genetisch veränderte Lebensmittel im Welthandelsrecht [wie FN 6]. S. 38.

[47] Vgl. Struß, Jantje: Die großflächige Ausbringung von GVO in die Umwelt [wie FN 11]. S. 1.

[48] Dabei fällt auf, dass sich neue Erkenntnisse in der Forschung nicht auch automatisch auf die Etablierung neuer GV-Produkte am Markt beobachten lassen. Dass liegt vor allem an den verhältnismäßig langen und aufwendigen Entwicklungs- und Zulassungsprozessen. (Vgl. Müller-Röber, Bernd/ Marx-Stölting, Lilian/ Krebs, Jonas: Stand der Wissenschaft und der Technik [wie FN 5]. S. 13.)

[49] Vgl. Ebd. S. 84, 87.

[50] Im fernöstlichen Raum wird derzeit an überflutungsresistentem Reis (zuk. Markenname: Samba) geforscht, welcher in einigen Jahren marktreif sein könnte. (So: Müller-Röber, Bernd: Neue Methoden und Züchtungsziele der Pflanzenforschung, Gedächtnisprotokoll von seiner Rede bei der öffentlichen Abendveranstaltung: „Grüne Gentechnologie – Trend und Kontroversen" der IAGb, am 10.06.2013 in der Berlin-Brandenburgischen Akademie der Wissenschaften.)

[51] Dürreresistenter GV-Mais soll noch im Jahr 2013 in den USA für den Anbau zugelassen werden. (So: Bernd Müller-Röber: Neue Methoden und Züchtungsziele der Pflanzenforschung, Gedächtnisprotokoll [wie FN 50].)

[52] Gross, Dominique: Das gemeinschaftsrechtliche Genehmigungsverfahren bei der Freisetzung und dem Inverkehrbringen gentechnisch veränderter Organismen, in: Gauch, Peter (Hg.): Arbeiten aus dem iuristischen Seminar der Universität Freiburg Schweiz, Basel 2006, S. 12.

[53] „Durch eine erhöhte Resistenz gegen negative Umwelteinflüsse [sog. Stressfaktoren] ist eine Erweiterung potentieller Anbauflächen auch auf agrarwirtschaftliche Problemzonen möglich." (Fricke, Marcel: Genetisch veränderte Lebensmittel im Welthandelsrecht [wie FN 6]. S. 39.)

Eigenschaften"[54] ausgestattet werden. Demgemäß könnten bei den aus diesen transgenen Pflanzen entwickelten Lebensmitteln positive Effekte[55] intensiviert und negative[56] verringert bzw. ganz ausgeschaltet werden, was speziell den Verbrauchern zu Gute kommen würde. Einige dieser GVO sind schon auf dem Markt zugelassen,[57] andere befinden sich noch im Entwicklungsstadium[58].

Anders als die Grünen Gentechnik ist die Weiße Gentechnik bei der industriellen Herstellung von Lebensmitteln bzw. deren Zusatzstoffen in manchen Bereichen[59] nicht mehr wegzudenken. Dabei sollen die Methoden unter Einsatz künstlich hergestellter GV-Mikroorganismen ökonomisch, ökologisch oder qualitativ besser als Traditionelle sein.[60]

Unter Betrachtung all dieser gentechnischen Methoden und ihre Einsatzgebiete soll zusammenfassend noch einmal klar definiert werden, was GV-Lebensmittel sind. GV-Lebensmittel sind Lebensmittel, die selbst GVO sind[61] oder aus

---

[54] Zagon, J./ Crnogorac, L./ Krohl, L./ Lahrssen-Wiederholt, M./ Broll, H. (Hg.): Nachweis von gentechnisch veränderten Futtermittel [wie FN 37]. S. 15.

[55] Bei Lebensmitteln interessant sind hier der Anteil von Kohlenhydraten, Proteinen, Vitaminen, Fettsäuren (speziell ungesättigte Fettsäuren), Mineralien und Spurenelementen. Dabei kommt es bei den zu verwendenden Verfahren darauf an, ob die betrachtete Pflanze die für die Produktion dieser Stoffe notwendigen Gene besitzt oder nicht. Im ersten Fall könnten die vorhandenen Gene so verändert werden, dass sie von diesen Stoff(en) quantitativ mehr produzieren. Im zweiten Fall könnten diese Gene von anderen Organismen in die Pflanze neu transferiert werden. (Vgl. Kempken, Renate/ Kempken, Frank: Gentechnik bei Pflanzen – Chancen und Risiken [wie FN 21]. S. 140-146.)

[56] Hierzu zählen u.a. die gentechnische Verbesserung der Lebensmittel in Bezug auf Lagerungsfähigkeit (Haltbarkeit), Geschmack sowie die Verringerung Allergie auslösender Stoffe. (Vgl. Ebd. S. 147-149.)

[57] Das bekannteste Beispiel ist die Flavr Saver®-Tomate (siehe FN 32), bei der das Gen, was für den Zellwandabbau verantwortlich ist, gentechnisch verändert wurde, so dass sich die Haltbarkeit erhöhte. Aus diesem Merkmal formte sich der „im Volksmund" bekannte Name „Anti-Matsch Tomate". (Vgl. Bernert, Irina: Wenn Tomaten Gene haben ... – Die Kennzeichnung „gentechnisch veränderter Nahrungsmittel" im Lichte verfassungs- und europarechtlicher Vorgaben, in: Neue Juristische Monografien, Band 31, Wien 2004. S. 13.)

[58] So z.B. der von den Medien getaufte „Goldene Reis", welcher durch einen gentechnischen Eingriff einen erhöhten Anteil an Vitamin A besitzt. Dieser soll voraussichtlich 2013 oder 2014 auf den Philippinen angepflanzt werden. (So: Bernd Müller-Röber: Neue Methoden und Züchtungsziele der Pflanzenforschung, Gedächtnisprotokoll [wie FN 50].)

[59] So z.B. bei der Herstellung von Käse. Das hier für die Dicklegung der Milch verwendete Enzym „Chymosin" wird traditionell aus Kälbermägen gewonnen, was sehr kosten- und arbeitsintensiv ist. Mit der Gentechnik ist es möglich, dieses Enzym künstlich herzustellen. (Vgl. Förster, Susanne: Internationale Haftungsregeln für schädliche Folgewirkungen gentechnisch veränderter Organismen [wie FN 20]. S. 13.)

[60] Vgl. Goehl, Susanne A.: Gentechnik, Recht und Handel – Genmanipulierte landwirtschaftliche Produkte als Gegenstand des öffentlichen Wirtschaftsrechts [wie FN 5]. S. 19.

[61] Z.B.: GV-Maiskolben, GV-Tomaten, GV-Kartoffeln.

solchen bestehen[62], also alle Lebensmittel, die gentechnisch veränderte Gene oder Spuren dieser enthalten. Des Weiteren sind Lebensmittel gemeint, die mit Hilfe von GVO hergestellt wurden,[63] aber keine Transgene mehr enthalten bzw. bei denen der Nachweis von signifikanten Spuren der gentechnischen Veränderung nicht mehr möglich ist.[64]

Das Inverkehrbringen von GVO

International[65]

Seitdem die ersten Felder im Jahr 1996 mit transgenen Kultursorten bewirtschaftet wurden, stiegen die Anbauflächen im globalen Vergleich kontinuierlich an (siehe Abb. 2). Im Jahr 2012 erstreckt sich diese Fläche auf ca. 170,3 Mio. ha weltweit[66], was gut das Hundertfache im Vergleich zu 1996 (1,7 Mio. ha) ist. Dabei pflanzten mehr als 15 Mio. Bauern in den Entwicklungsländern 52% der weltweiten transgenen Pflanzen an. Im Vergleich wurde die übrige Fläche (48%) in den Industriestaaten von knapp 2 Mio. Landwirten mit GV-Saatgut bestellt.[67] Im Jahr 2011 waren, gemessen an der weltweiten Anbaufläche, 73% des Sojas, 74% der Baumwolle, 31% des Maises und 25% des Rapses gentechnisch verändert (siehe Abb. 3). Diese vier GV-Pflanzenarten wurden im selben Jahr auch fast ausschließlich auf der gesamten weltweiten GVO-Anbaufläche bewirtschaftet (siehe Abb. 4). Dabei weisen die angebauten Events hauptsächlich die

---

[62] Z.B.: Tacos aus GV-Mais, Tofu aus GV-Soja, Schokoriegel mit GV-Maisbestandteilen.

[63] Hierzu zählen einerseits tierische Produkte (wie Eier, Fleisch, Milch), bei denen die Tiere zuvor mit GV-Futtermitteln gefüttert wurden. Andererseits Lebensmittelzusatz- und Hilfsstoffe (Enzyme), die mittels gentechnischer Verfahren hergestellt wurden (Weiße Gentechnik). Beispiele sind: eingesetzte GV-Enzyme beim Brauen von Bier, der in FN 59 beschriebene Käse, Joghurt, der mit Hilfe von GV-Milchsäurebakterien hergestellt wurde.

[64] Vgl. Stökl, Lorenz: Der welthandelsrechtliche Gentechnikkonflikt [wie FN 33]. S. 19.

[65] Welche Events bis 2010 in welchen Ländern zugelassen bzw. angebaut wurden, zeigt die Tabelle im Appendix 1, in: James, Clive: ISAAA Brief 42-2010 – Global status of Commercialized biotech/GM Crops: 2010, Ithaca (NY) 2010. S. 244-267. Online: http://www.isaaa.org/resources/publications/briefs/42/download/isaaa-brief-42-2010.pdf, letzter Zugriff 21.05.2013.

[66] „Zum Vergleich: Die als Ackerland genutzte Fläche in Deutschland beträgt rund zwölf Millionen Hektar". (Boysen, Mathias/ Spelsberg, Gerd/ Baron, Heike: Ökonomischer Nutzen der grünen Gentechnologie, in: Müller-Röber, Bernd u.a. (Hg.): Grüne Gentechnologie – Aktuelle wissenschaftliche, wirtschaftliche und gesellschaftliche Entwicklungen, 3. völlig neubearbeitete und ergänzte Aufl., Berlin 2013. S. 107.)

[67] Vgl. ISAAA: ISAAA Brief 44-2012: Press Release, veröffentlicht am 20.02.2013. Online: http://www.isaaa.org/resources/publications/briefs/44/pressrelease/pdf/Brief%2044%20-%20Press%20Release%20-%20German.pdf, letzter Zugriff 02.06.2013.

zwei Merkmale Herbizid- und/oder Insektenresistenz auf (Stand 2010/siehe Abb. 5).

USA

Die USA nehmen auch im Jahr 2012 mit einer GVO-Anbaufläche von knapp 70 Mio. ha die Position des globalen „Spitzenreiters", vor Brasilien (mit insg. 43,7 Mio. ha), ein.[68] Zurzeit sind 93 Events von den US-Behörden zum Anbau zugelassenen und weitere 20 befinden sich im Zulassungsverfahren.[69] Dabei zeigt sich, dass die mit Abstand meisten zugelassenen Events dem US-amerikanischen Gentechnik-Unternehmen Monsanto zuzuordnen sind (siehe Abb. 6).

In den USA beherrschen manche GV-Nutzpflanzenarten fast den gesamten Markt, wie z.B. GV-Zuckerrüben (mit 95%), GV-Soja (mit 93%) oder GV-Mais (mit 88%).[70] So ist es nicht von der Hand zu weisen, dass Schätzungen zufolge jeder US-Bürger jährlich durchschnittlich etwa 80 Kilogramm GV-Lebensmittel verzehrt,[71] da theoretisch vier von fünf Lebensmitteln GV-Zutaten im signifikanten Maße beinhalten.[72]

EU[73]

In der EU sind derzeit ausschließlich drei GV-Pflanzen für den Anbau auf dem Feld zugelassen.[74] Den EU-Behörden liegen 18 weitere Anbauanträge zur

---

[68] Vgl. ISAAA: ISAAA Brief 44-2012: Highlights, o.D. Online:
http://www.isaaa.org/resources/publications/briefs/44/highlights/pdf/Brief%2044%20-%20Highlights%20-%20German.pdf, letzter Zugriff 02.06.2013.

[69] Vgl. United States Department of Agriculture: Petitions Table. Online:
http://www.aphis.usda.gov/biotechnology/petitions_table_pending.shtml, letzter Zugriff 20.06.2013.

[70] Zahlen vom Anbaujahr 2012. Vgl. Pauly, Christoph/ Schult, Christoph: Chlorhühnchen im Shitstorm, in: DER SPIEGEL, Heft 9/2013, Hamburg 2013. S. 74.

[71] Vgl. Zentralverband der Deutschen Schweineproduktion e.V. (o.V.): USA: Kennzeichnung von Gentechnik-Lebensmittel knapp gescheitert, veröffentlicht am 22.11.2012. Online: http://www.zds-bonn.de/usa_kennzeichnung_von_gentechnik_lebensmittel_knap.html, letzter Zugriff 04.06.2013.

[72] Vgl. Knigge, Michael: BASF und Bayer kämpfen gegen Gen-Label für US-Lebensmittel, veröffentlicht am 19.10.2012. Online: http://www.dw.de/basf-und-bayer-k%C3%A4mpfen-gegen-gen-label-f%C3%BCr-us-lebensmittel/a-16318534, letzter Zugriff 08.06.2013.

[73] Weitere Informationen zu Antragsverfahren und Gesetzgebungen in Zusammenhang mit GVO, sowie der Methodenentwicklung in Bezug auf die Freisetzung von transgenen Pflanzen, finden sich auf der offiziellen Homepage der Europäischen Kommission (Online: http://ec.europa.eu/food/food/biotechnology/index_en.htm).

Zulassung vor. Von den drei Zugelassenen wird im Anbaujahr 2013 nur der seit 1998 zugelassene GV-Mais „Mon 810" in einigen EU-Mitgliedsstaaten angepflanzt.[75] Dabei ist Spanien, mit einem Anteil von ca. 85% der gesamten GVO-Anbaufläche in der EU (Stand 2012),[76] dass wohl „einzige Land der EU, in dem [transgene] Pflanzen im großen Stil angebaut werden."[77] Trotz dieser im internationalen Vergleich gering ausfallenden Anbauflächen sind transgene „Pflanzen in der EU nicht mehr wegzudenken."[78] Infolge des internationalen Handels mit Ländern, die GVO breitflächig anbauen, gelangen viele Mio. Tonnen an transgenen Pflanzen in die EU. Von diesen dürfen 47 Events für den Verwendungszweck als Lebens- und/oder Futtermittel bzw. für die Produktion dieser in die EU importiert werden.[79] Dabei ist die Sojapflanze bzw. sind ihre Bestandteile (Sojaschrot, Sojabohne) speziell für die Futtermittelproduktion aufgrund ihres hohen Eiweißanteils von besonderer Bedeutung.[80] So wurden im Jahr 2012 12 Mio. t Sojabohnen und ca. 21 Mio. t Sojaschrot aus den weltweit wichtigsten Soja-Exportländern[81] in die EU verschifft.[82] Da diese Sojarohstoffe dort aus ca.

---

[74] Diese sind der insektenresistenter GV-Mais: Mon 810 (Monsanto); der herbizidresistente GV-Mais: T25 (Bayer CropScience) sowie die für die Lebensmittelproduktion bisher nicht verwendete Stärke-angereicherte GV-Kartoffel: „Amflora" bzw. EH92-527-1 (BASF). (Vgl. Europäische Kommission: EU Register of authorised GMOs. Online: http://ec.europa.eu/food/dyna/gm_register/index_en.cfm, letzter Zugriff 20.06.2013.)

[75] Die gesamte Mon810-Anbaufläche in der EU belief sich im Jahr 2012 auf 129.071 ha, wovon Spanien den mit Abstand größten Flächenanteil von über 90%, aufwies. (Vgl. ISAAA: ISAAA Brief 44-2012: Top Ten Facts about Biotech/GM Crops in 2012, o.D. Online: http://www.isaaa.org/resources/publications/briefs/44/toptenfacts/default.asp, letzter Zugriff 02.06.2013.)

[76] Vgl. Boysen, Mathias/ Spelsberg, Gerd/ Baron, Heike: Ökonomischer Nutzen der grünen Gentechnologie [wie FN 66]. S. 117.

[77] Ebd. S. 117.

[78] Ahrens, Sylvie: Jetzt sollen die EU-Staaten selbst entscheiden, auf: Tagesschau.de, veröffentlicht am 13.07.2010. Online: http://www.tagesschau.de/wirtschaft/gentechnik108.html, letzter Zugriff 25.05.2013.

[79] Diese 47 Events nach Pflanzenarten sind: GV-Mais mit 27 Events; GV-Baumwolle mit 8 Events; GV-Soja mit 7 Events; GV-Raps mit 3 Events; GV-Zuckerrübe mit 1 Event; GV-Kartoffel mit 1 Event. (Vgl. Europäische Kommission: EU Register of authorised GMOs [wie FN 74].)

[80] Vgl. Engeln, Henning/ Auf dem Kampe, Jörn: Wie gefährlich ist der Eingriff ins Pflanzengenom? – Interview mit dem Biologen Arnold Sauter, in: GEOkompakt, Heft 30, Hamburg 2012. S.122.

[81] Bei der weltweiten Produktion von Sojarohstoffen (insg. 240 Mio. t) sind die wichtigsten Erzeugerländer die USA (mit ca. 35%), Brasilien (mit ca. 28%) und Argentinien (mit ca. 17%). Alle Zahlen sind vom Anbaujahr 2011/2012. Vgl. Transgen.de (o.V.): Futter für Europas Nutztiere: In der Regel mit gentechnisch veränderten Sojabohnen, veröffentlicht am 16.04.2013. Online: http://www.transgen.de/lebensmittel/einkauf/1095.doku.html, letzter Zugriff 20.06.2013.

[82] Vgl. Vgl. Transgen.de (o.V.): Futter für Europas Nutztiere: In der Regel mit gentechnisch veränderten Sojabohnen [wie FN 81].

88-100% GV-Soja gewonnen werden,[83] sind bei der Ernte, der Lagerung sowie dem Transport in die EU „zufällige, technisch unvermeidbare GVO-Gehalte kaum zu vermeiden."[84] Eine ähnliche Situation lässt sich auch bei den fünf anderen zugelassenen Pflanzenarten[85] sowie den daraus hergestellten Lebens- bzw. Futtermitteln beobachten.[86] Dabei gibt es, anders als in den USA, in den europäischen Supermarktregalen bisher keine Lebensmittel, die selbst GVO sind (Bsp. siehe FN 61). Auch nur sehr selten stößt der EU-Konsument auf Nahrungsmittel, die aus diesen hergestellt wurden und noch einen signifikanten GVO-Anteil aufweisen (Bsp. siehe FN 62). Sehr häufig kommt der EU-Verbraucher hingegen mit Lebensmitteln, die mit Hilfe von GVO hergestellt wurden, in Kontakt. Wobei diese Nahrungsmittel keine oder einen nur sehr geringen Anteil gentechnisch veränderte DNA enthalten (Bsp. siehe FN 63).[87] Daher kommen, laut einigen Schätzungen, zwischen 60-80% aller Lebensmittelprodukte des EU-Marktes während ihrer Herstellung in Kontakt mit GVO.[88]

Grüne Gentechnik: „Segen oder Fluch?"

Der ökonomische Nutzen von GVO

Viele Vorteile, die aus der Grünen Gentechnik (zukünftig) resultieren, wurden in den vorhergehenden Punkten angedeutet. Dabei sind, wissenschaftlich gesehen, die gentechnischen Methoden den konventionellen sozusagen einen Schritt bei der beliebigen Veränderung von Pflanzen voraus.

In der Diskussion um den Nutzen dieser Technologie teilen sich sowohl die politisch-gesellschaftlichen Meinungen als auch die fundierten wissenschaftlichen

---

[83] Vgl. Ebd.

[84] Boysen, Mathias/ Spelsberg, Gerd/ Baron, Heike: Ökonomischer Nutzen der grünen Gentechnologie [wie FN 66]. S. 118.

[85] Siehe FN 79.

[86] Vgl. Boysen, Mathias/ Spelsberg, Gerd/ Baron, Heike: Ökonomischer Nutzen der grünen Gentechnologie [wie FN 66]. S. 118.

[87] Welche GV-Lebensmittel in der EU existieren bzw. bei welchen der Einsatz von gentechnischen Verfahren nicht ausgeschlossen werden kann, können hier aufgrund ihrer Vielzahl nicht aufgelistet werden. Viele davon finden sich allerdings in der transGEN Datenbank. (Online: http://www.transgen.de/datenbank/lebensmittel/)

[88] Eine Auflistung mehrerer dieser Schätzungen findet sich in der FN 27 bei: Stökl, Lorenz: Der welthandelsrechtliche Gentechnikkonflikt [wie FN 33]. S. 20. *Eine aktuellere Schätzung bei:* Charisius, Hanno: Gentechnik auf dem Teller, in: DIE ZEIT, Heft 31, Hamburg 2010. Online: http://www.zeit.de/2010/31/N-Gentechnik-Kennzeichnung/seite-3, letzter Zugriff 11.06.2013.

Ergebnisse verschiedener Untersuchungen voneinander. Die Befürworter, vor allem aus den Reihen der Industrie, der Politik oder der Wissenschaft, weisen auf verschiedene Vorteile der Grünen Gentechnik hin.[89] Demnach fallen auf der Homepage des größten Gentechnik-Konzerns Monsanto Schlagwörter wie: „improving agriculture – improving lives"[90], „sustainable agriculture"[91] und „global food security"[92]. Diese suggerierten „Versprechungen" seitens der Industrie sollen, laut des ISAAA Bericht (2012), sogar teilweise erfüllt worden sein.[93] Wobei eine kritische Betrachtung solcher Ergebnisse, laut der biowissenschaftlichen Expertin Heike Baron, angebracht erscheint.[94] Ob es mit Hilfe der Grünen Gentechnik wirklich möglich ist, nachhaltig das Problem der Welternährung nicht nur in den Industrie- sondern auch in den Entwicklungsländern zu lösen, oder ob die Gentechnik-Industrie durch solche Propaganda nur von den problembehafteten sozioökonomischen und politischen Fragen abzulenken versucht, bleibt hierbei fraglich.[95]

Neben diesen kontroversen Vorteilen der Grünen Gentechnik geht es bei dem Einsatz von GVO bisher um kommerzielle Interessen der Landwirte. Dass die neuen transgenen Kultursorten größtenteils Vorteile für die Landwirte bringen, ist durch verschiedenste Studien, wie etwa die von Brookes und Barfoot

---

[89] Vgl. Boysen, Mathias/ Spelsberg, Gerd/ Baron, Heike: Ökonomischer Nutzen der grünen Gentechnologie [wie FN 66]. S. 107.

[90] Monsanto.com (o.V.): Sustainable Yield Initiative, o.D. Online: http://www.monsanto.com/improvingagriculture/Pages/default.aspx, letzter Zugriff 22.06.2013.

[91] Ebd.

[92] Monsanto.com (o.V.): Food, Inc. Movie, o.D. Online: http://www.monsanto.com/food-inc/Pages/default.aspx, letzter Zugriff 22.06.2013.

[93] Der ISAAA Bericht zeigt für den Zeitraum von 1996 bis 2011 folgende positive Effekte auf: „Anstieg von Ernteerträgen im Wert von 98,2 Mrd. US-Dollar, eine gesündere Umwelt durch Einsparungen von 473 Mio. Kilogramm an pestiziden Wirkstoffen, eine Verringerung von CO2-Emissionen um 23 Mrd. Kilogramm allein 2011 [...], den Schutz der Artenvielfalt durch Erhaltung von 108,7 Mio. Hektar Land sowie die Linderung von Armut durch Unterstützung von mehr als 15 Mio. Kleinbauern und ihren Familien – eine Gesamtzahl von mehr als 50 Mio. Menschen, welche zu den ärmsten der Erde gehören." (ISAAA: ISAAA Brief 44-2012: Press Release [wie FN 67].)

[94] „Die Ergebnisse des ISAAA sind oft zu optimistisch und industriefreundlich." (So: Baron, Heike: Grüne Biotechnologie in Deutschland: Das Ende der Debatte?, Gedächtnisprotokoll von ihrer Rede bei der öffentlichen Abendveranstaltung: „Grüne Gentechnologie – Trend und Kontroversen" der IAGb, am 10.06.2013 in der Berlin-Brandenburgischen Akademie der Wissenschaften.)

[95] Vgl. Gebhardt, Wiebke: Gentechnik und Koexistenz nach der Gesetzesnovelle von 2008: Zivilrechtliche Haftung im Vergleich Deutschland und USA [wie FN 4]. S. 40.

$(2012)^{96}$ oder Carpenter $(2010)^{97}$, bewiesen worden. Der einzige Indikator, der den globalen wirtschaftlichen Erfolg dieser Technologie ggf. teilweise widerspiegelt, ist der, dass der weltweite Anbau transgener Pflanzen seit Jahren immer weiter ansteigt. Da eine Gesamtbetrachtung aller ökonomischen Effekte allerdings kaum realisierbar ist, werden häufig stets Einzelfälle betrachtet.[98] Hierbei werden von Kritikern der Grünen Gentechnik, wie z.B. Benbrook (2003; 2009; 2012)[99], auch negative ökonomische Folgen dargestellt. Neben diesen zumeist in den USA durchgeführten Untersuchungen, gibt es auch vereinzelt Studien bezüglich der ökonomischen Effekte in der EU.[100] Dabei zeigen diese, dass EU-Landwirte, welche auf GV-Saatgut setzen, zumeist geringere Einsparungen als US-Farmer einfahren.[101] Das liegt daran, dass EU-Landwirte beim Einsatz dieser transgenen Pflanzen gewisse finanzielle Risiken eingehen, welche in den USA entweder überhaupt nicht existieren oder bedeutend geringer ausfallen. Hierzu zählen etwa Kosten zur Einhaltung bestimmter Sicherheitsstandards beim Anbau bzw. Lagerung und Transport, Schadenersatzkosten oder aber Ernteinbußen infolge der Zerstörung der Felder durch Umweltaktivisten.[102] Neben den GVO-anbauenden Landwirten haben auch die Lebens- und

---

[96] Brookes und Barfoot errechneten für die Anbaujahren von 1996 bis 2010, in der Summe, ein Plus von 78,4 Mil. US$ für alle Landwirte die, anstelle von konventionelle, transgene Kulturpflanzen anpflanzten. (Vgl. Boysen, Mathias/ Spelsberg, Gerd/ Baron, Heike: Ökonomischer Nutzen der grünen Gentechnologie [wie FN 66]. S. 110.)

[97] Carpenter untersuchte 2010 98 Fälle, in denen Landwirte bestimmte transgene Pflanzen anbauten. Hierbei stellte er fest, dass in 71 Fällen ein positiver, in Elf ein neutraler und in 16 ein negativer ökonomischer Effekt für die Landwirte bestand. In knapp der Hälfte aller Fälle konnte eine Reduktion der Menge an Insektiziden festgestellt werden. (Vgl. Boysen, Mathias/ Spelsberg, Gerd/ Baron, Heike: Ökonomischer Nutzen der grünen Gentechnologie [wie FN 66]. S. 109 f.)

[98] Weiter Studien und genauere Ergebnisse zu den bisherigen ökonomischen Vorteilen des Einsatzes von GV-Kultursorten sind zu finden in: Boysen, Mathias/ Spelsberg, Gerd/ Baron, Heike: Ökonomischer Nutzen der grünen Gentechnologie [wie FN 66]. S. 109-118.

[99] Laut der Studien von Benbrook (2012) sollen bei transgenen Pflanzen im Zeitraum von 1996 bis 2011 rund 239.000 t mehr Herbizide als beim konventionellen Anbau eingesetzt worden sein. Dieses begründet mit der Entwicklung herbizidresistenter Unkräuter. (Vgl. Ebd. S. 112.)

[100] Dabei ist Spanien, aufgrund seiner im Vergleich größten Anbaufläche von GVO in der EU, das vorwiegende Untersuchungsland.

[101] In den ersten Jahren des GV-Mais-Anbaus fiel der Ertrag spanischer Landwirte, die Mon 810 kultivierten, im Mittel 6,3% höher als bei konventionellen Maissorten aus. (Vgl. Boysen, Mathias/ Spelsberg, Gerd/ Baron, Heike: Ökonomischer Nutzen der grünen Gentechnologie [wie FN 66]. S. 117.)

[102] Vgl. Ebd. S. 17.

Futtermittelindustrie finanzielle Einbußen, aufgrund der scharfen europäischen GVO-Regulierungen[103] und der geringen Akzeptanz der EU-Bürger[104].

Aufgrund der intensiven Forschung im Bereich der Grünen Gentechnik werden allerdings in naher Zukunft auch potentielle qualitative und finanzielle Vorteile für den Endverbraucher prognostiziert.[105] Diese könnten auch in der EU zu einer besseren Akzeptanz und somit zu geringeren finanziellen Einbußen auf der GVO anbauenden bzw. verarbeitenden Seite führen.[106]

Die Risiken von GVO

Neben den aufgeführten (eventuellen) Vorteilen von GVO besteht auch immer ein gewisses Risiko[107], sobald der GVO das Labor verlässt. Auch wenn bisher noch kein eindeutiger Fall eines direkten Schadens durch GVO aufgetreten ist, bleibt die Diskussion um mögliche Risiken weiterhin brisant. Aus diesem Grund sind präventive Maßnahmen wie Risikobewertungen[108] für neue Organismen unabdingbar, um die Natur, andere Lebewesen und den Menschen selbst zu schützen. Von der Expertenseite wird der Einsatz gentechnischer Methoden per se nicht als gefährlich angesehen, so wie es häufig von den Medien oder der „unaufgeklärten Bevölkerung" gemutmaßt wird. Vielmehr muss die Bewertung von den Risiken im Einzelfall betrachtet werden.[109]

---

[103] In dieser Arbeit wird nur auf die Regulierung in Bezug auf die Kennzeichnung von GV-Lebensmitteln einge-gangen. Weitere (gesetzliche) Regulierung (VO, RL, nationale Gesetzte, etc.) in Bezug auf die Zulassung, die Freisetzung, das Inverkehrbringen, die Rückverfolgbarkeit, die Risikobewertung, etc. von GVO sowohl in den USA als auch in der EU sowie auf supranationaler Ebene werden größtenteils komplett für den hier gewählten Untersuchungsgegenstand ausgegliedert.

[104] Siehe Punkt 2.5.

[105] Siehe Punkt 2.2.

[106] Vgl. Gebhardt, Wiebke: Gentechnik und Koexistenz nach der Gesetzesnovelle von 2008: Zivilrechtliche Haf-tung im Vergleich Deutschland und USA [wie FN 4]. S. 40-43.

[107] Der Begriff Risiko, vom lateinischen riscare = etwas wagen, wurde 1971 von dem vorbereitenden Komitee der Konferenz der Vereinten Nationen über die menschliche Umwelt, wie folgt definiert: „Risk is […] the expec-ted frequency of undesirable effects arising from exposure to a pollutant." (World Health Organization: Envi-ronmental Health Criteria 6: Principles and Methods for Evaluating the Toxicity of Chemicals, Part 1, Genf 1978. Online: http://www.inchem.org/documents/ehc/ehc/ehc006.htm, letzter Zugriff 27.06.2013.)

[108] Bei der Risikobewertung von GVO geht es nicht nur um Schäden, die tatsächlich entstanden sind, sondern vielmehr um die Wahrscheinlichkeit, in Bezug auf die prognostizierte Häufigkeit einer Gefährdung. Der Eintritt von tatsächlichen schädlichen Wirkungen ist somit nicht garantiert. (Vgl. Gebhardt, Wiebke: Gentechnik und Koexistenz nach der Gesetzesnovelle von 2008: Zivilrechtliche Haftung im Vergleich Deutschland und USA [wie FN 4]. S. 62.)

[109] Vgl. Stökl, Lorenz: Der welthandelsrechtliche Gentechnikkonflikt [wie FN 33]. S. 22 f.

Gesundheitliche Risiken für den Menschen

Der menschliche Organismus hat sich während der Evolution perfekt an seine Umwelt angepasst und reagiert, mittels bestimmter Abwehrmechanismen, auf Substanzen und Organismen. Sind diese nicht in seiner natürlichen regionalen Umwelt anzutreffen, kann er sich gegen diese unter Umständen auch nicht wehren. Somit können unbekannte Organismen und Stoffe den menschlichen Organismus Schaden zufügen oder zu allergischen Reaktionen führen.

GV-Lebensmittel können solche fremden, den menschlichen Abwehrmechanismen unbekannten Stoffe enthalten, da ihre Bestandteile in der Natur nicht in der Form vorkommen.[110] Zudem können nicht vorhersehbare unbeabsichtigte Eigenschaften transgener Pflanzen als Nebeneffekt bei der „Herstellung" nicht ausgeschlossen werden.[111] Mögliche Risiken für die Gesundheit des Menschen können bei GVO eintreten durch: „schädliche Inhaltsstoffe oder Stoffwechselprodukte [...]; eine andere Nährstoffzusammensetzung mit der Folge schlechterer Verdaulichkeit; negative Auswirkungen auf die Darmflora; Veränderungen der Proteinzusammensetzung, [welche] allergene Wirkungen verursachen"[112] können sowie bestimmte Substanzen transgener Pflanzen, welche eine toxische Wirkung haben können.[113] Um solche teilweise unkalkulierbaren Risiken für den Menschen zu minimieren bzw. ganz auszuschließen, werden die GVO vor der Zulassung als Lebens- oder Futtermittel ausgiebig untersucht. Da für die bisher unbekannten Zusammensetzungen solcher GVO direkte Testverfahren fehlen, wird bei der Risikobewertung meist das Prinzip der „substantiellen Äquivalenz"[114] angewendet. Neben diesem Verfahren werden die GVO auch im

---

[110] Vgl. Uhlmann, Friedrich: Internationaler Handel mit gentechnisch veränderten pflanzlichen Erzeugnissen: Der Versuch einer Statusbeschreibung, Braunschweig 2003. S. 22.

[111] Vgl. Stökl, Lorenz: Der welthandelsrechtliche Gentechnikkonflikt [wie FN 33]. S. 23.

[112] Satish, Jennifer: Nationale Handlungsspielräume beim Anbau von gentechnisch veränderten Organismen (GVO), in: Gornig, Gilbert (Hg.): Schriften zum internationalen und zum öffentlichen Recht, Band 104, Frankfurt am Main 2012. S. 142.

[113] Diese Risiken für die menschliche Gesundheit wurden in einer Vielzahl von Untersuchungen festgestellt. In der Zusammenfassung finden sich viele dieser bisherigen Forschungsergebnisse in: Gebhardt, Wiebke: Gentechnik und Koexistenz nach der Gesetzesnovelle von 2008: Zivilrechtliche Haftung im Vergleich Deutschland und USA [wie FN 4]. S. 54-62. *Oder auch:* Struß, Jantje: Die großflächige Ausbringung von GVO in Umwelt [wie FN 11]. S. 20-23. *Oder auch:* Kempken, Renate/ Kempken, Frank: Gentechnik bei Pflanzen – Chancen und Risiken [wie FN 21]. S. 197-203.

[114] Bei diesem Prinzip erfolgt die „Abschätzung möglicher gesundheitlicher Gefährdungen [...] durch vergleichende Analysen, bei der eine gentechnisch veränderte Pflanze mit der unveränderten Ausgangspflanze verglichen wird". (Boysen, Mathias/ Spelsberg, Gerd/ Baron, Heike: Mögliche Auswirkungen auf Gesundheit und

Labor an Versuchstiere verfüttert. Diese Fütterungsstudien werden einerseits vom Hersteller des GVO und andererseits häufig von unabhängigen Forschungseinrichtungen durchgeführt.[115] Wird bei solchen Untersuchungen ein mögliches gesundheitliches Risiko für den Menschen prognostiziert, werden diese GVO auch nicht als Lebens- oder Futtermittel für den Markt zugelassen.[116] Trotz dieser Maßnahmen zur Risikominimierung kann es auch nach der Freigabe bestimmter GV-Lebensmittel für den Markt zu negativen gesundheitlichen Effekten kommen (das sog. Restrisiko).[117] In den fast zwei Jahrzehnten, in denen verschiedenste GV-Lebensmittel für den Markt zugelassen sind, konnten allerdings nie tatsächliche toxische oder allergische Reaktionen bei Verbrauchern beobachtet werden.[118] Andere Darstellungen, wie etwa vom französischen Wissenschaftler Gilles-Eric Seralini[119], konnten „einer wissenschaftlichen Prüfung nicht standhalten."[120]

Ökologische Risiken

Neben dem gesundheitlichen Risikopotential in Bezug auf den menschlichen Organismus könnten transgene Pflanzen auch erheblichen Schaden auf Ökosysteme anrichten. Die bisher prognostizierten potentiellen Risiken für die Umwelt sind vielfältig (siehe Abb. 7).[121] Beispielsweise könnten sich bestimmte

---

Umwelt, in: Müller-Röber, Bernd u.a. (Hg.): Grüne Gentechnologie – Aktuelle wissenschaftliche, wirtschaftliche und gesellschaftliche Entwicklungen, 3. völlig neubearbeitete und ergänzte Aufl., Berlin 2013. S. 96.)

[115] Vgl. Ebd. S. 96-98.

[116] Als ein Beispiel gilt hier der sog. „Paranuss-Soja-Fall". Hier wurde ein bestimmtes Protein der Paranuss in eine Sojapflanze transferiert. Bei anschließenden Studien mit Allergikern (mit Nussallergie) konnte eine allergische Reaktion dieser auf das GV-Soja nachgewiesen werden. Es wurde nie für den Anbau freigegeben. (Vgl. Kempken, Renate/ Kempken, Frank: Gentechnik bei Pflanzen – Chancen und Risiken [wie FN 21]. S. 200.)

[117] Vgl. Meier, Alexander: Risikosteuerung im Lebensmittel- und Gentechnikrecht [wie FN 5]. S. 4 f.

[118] Vgl. IAGb (o.V.): Kernaussagen und Handlungsempfehlungen, in: Müller-Röber, Bernd u.a. (Hg.): Grüne Gentechnologie – Aktuelle wissenschaftliche, wirtschaftliche und gesellschaftliche Entwicklungen, 3. völlig neubearbeitete und ergänzte Aufl., Berlin 2013. S. 25.

[119] Im Jahr 2007 veröffentlichte Seralini „angebliche" Beweise für die gesundheitsschädliche Auswirkung eines bestimmten zugelassenen GV-Maises der Firma Monsanto. So soll dieser GV-Mais bei Versuchen an Labormäusen Tumore an Leber und Nieren erzeugt haben. Diese Ergebnisse wurden durch eine erneute Untersuchung unabhängiger Experten der EFSA widerlegt. Seralini gilt als Kritiker der Grünen Gentechnik. Zudem wurde seine Forschung von Greenpeace finanziert. Details zu dieser und weiterer Studien in: Boysen, Mathias/ Spelsberg, Gerd/ Baron, Heike: Mögliche Auswirkungen auf Gesundheit und Umwelt [wie FN 114]. S. 97-99.

[120] Vgl. IAGb (o.V.): Kernaussagen und Handlungsempfehlungen [wie FN 118]. S. 25.

[121] Im Folgenden wird nur auf die für diese Arbeit relevanten ökologischen Effekte eingegangen. Weitere detaillierte Ausführungen finden sich bei: Gebhardt, Wiebke: Gentechnik und Koexistenz nach der Gesetzesnovelle von 2008: Zivilrechtliche Haftung im Vergleich Deutschland und USA [wie FN 4]. S. 51-54. *Oder auch:*

Eigenschaften transgener Pflanzen, wie z.B. die Herbizidresistenz, auf andere Pflanzen übertragen. Durch diese Art der unbeabsichtigten Kreuzung mittels sogenanntem „vertikalen" bzw. „horizontale Gentransfer" besteht die Möglichkeit, dass Unkräuter, die eigentlich durch Herbizide vernichtet werden sollen, ungewollt immun gegen diese werden.[122] Zudem existiert das Risiko der unkontrollierten Verbreitung (Auswilderung) dieser transgenen Pflanzen und ihrer veränderten Erbinformation. Somit können durch den Pollenflug nicht nur angrenzende Felder[123], sondern auch, über weite Strecken, benachbarte Ökosysteme mit diesen transgenen Pflanzen „kontaminiert" werden. Durch die „Nichtrückholbarkeit" von einmal freigesetzten transgenen Pflanzen sowie der „Verschiedenartigkeit und der Komplexität der zugrunde liegenden naturwissenschaftlichen Prozesse [ist die] Bandbreite und [das] Ausmaß"[124] potentieller Umweltrisiken nicht vorhersehbar.[125]

Die zuständigen Sicherheitsbehörden versuchen dieses Risiko zu minimieren, wobei ein gewisses Restrisiko nicht ausgeschlossen werden kann. Demzufolge müssen alle Events vor dem Ausbringen in die Umwelt, sei es für den kommerziellen oder experimentellen Anbau, zugelassen sein. Um zugelassen zu werden, müssen diese transgenen Pflanzenlinien unterschiedliche Risikobewertungsverfahren durchlaufen, wie z.B. die Kultivierung mit anderen Organismen in geschlossenen Systemen.[126] Selbst nach der Zulassung gibt es, gerade in der EU, verschiedenste Sicherheitsmaßnahmen[127], um mögliche Gefahren für die Flora

---

Kempken, Renate/ Kempken, Frank: Gentechnik bei Pflanzen – Chancen und Risiken [wie FN 21]. S. 189-195. *Oder auch:* Boysen, Mathias/ Spelsberg, Gerd/ Baron, Heike: Mögliche Auswirkungen auf Gesundheit und Umwelt [wie FN 114]. S. 99-106.

[122] Vgl. Gebhardt, Wiebke: Gentechnik und Koexistenz nach der Gesetzesnovelle von 2008: Zivilrechtliche Haftung im Vergleich Deutschland und USA [wie FN 4]. S. 51 f.

[123] So kann es auch zu einer ungewollten „GVO-Kontamination" von Feldern mit konventionell angebauten Kulturpflanzen kommen. Neben den ökologischen Folgen ist somit vor allem ein negativer finanzieller Effekt für konventionell anbauende Landwirte gegeben. Mehr zu diesem Thema der sog. „Koexistenz" in: Gebhardt, Wiebke: Gentechnik und Koexistenz nach der Gesetzesnovelle von 2008: Zivilrechtliche Haftung im Vergleich Deutschland und USA [wie FN 4]. ab S. 51.

[124] Struß, Jantje: Die großflächige Ausbringung von GVO in die Umwelt [wie FN 11]. S. 12.

[125] Vgl. Boysen, Mathias/ Spelsberg, Gerd/ Baron, Heike: Mögliche Auswirkungen auf Gesundheit und Umwelt [wie FN 114]. S. 99.

[126] Vgl. Ebd. S. 99.

[127] Beispielsweise wird häufig ein breiter Streifen, von mehreren Metern, aus nicht transgenen Pflanzen um GVO-Felder gezogen. So kann ein Großteil der Pollen nicht die benachbarten Felder erreichen. (Vgl. Fricke, Marcel: Genetisch veränderte Lebensmittel im Welthandelsrecht [wie FN 6]. S. 43.)

und Fauna zu minimieren bzw. die Koexistenz[128] von GVO- und konventionellem Anbau zu gewährleisten.

Der öffentliche Diskurs im transatlantischen Vergleich

EU

Als Ende der 1970er Jahren die ersten Gentechnik-Forschungslaboratorien in
Schweden ihren Betrieb aufnahmen,[129] begann ein bis jetzt nicht enden wollen-
der Konflikt über die Gentechnologie und ihre Anwendungen in der EU-
Bevölkerung. Dabei kam es in den darauffolgenden Jahren eher zu einer Ent-
spannungsphase in Europa.[130] Die BSE-Krise Mitte der 1990er Jahre erschütterte das Konsumentenvertrauen in die Lebensmittelindustrie und den EU-
Regulierungsstandards.[131] Schnell beherrschten Themen bezüglich „Lebensmit-
telsicherheit, Etikettierung, freie Wahl des informierten Konsumenten [...] die
öffentliche Diskussion"[132]. Als kurz darauf die ersten transgenen Pflanzen in der
EU angebaut bzw. in die EU importiert wurden, kam es zu heftigen öffentlichen
Reaktionen mit einer beachtlichen Resonanz von Seiten der Medien, Politik und
den NGOs, die bis heute nicht abgebrochen ist.[133] Dies könnte als ein möglicher
Grund für die im internationalen Vergleich so gering ausfallenden europäischen
GVO-Anbauzahlen gedeutet werden. Schließlich ist es der Verbraucher, der mit-
tels seiner Nachfrage auch das Angebot bestimmt. Warum die Nachfrage nach
GV-Lebensmitteln in der EU „gegen Null" geht, kann aufgrund verschiedenster
Verbraucherstudien erklärt werden. Laut den Ergebnissen der Eurobarometer-
Umfragen aus dem Jahr 2010 (siehe Abb. 8), fühlen sich 61% der EU-Befragten
bei dem Gedanken unwohl, dass gentechnischen Verfahren bei der Lebensmit-
telproduktion eingesetzt werden. Ebenfalls 61% wollen keine Zunahme von

---

[128] Zum Problem der Koexistenz siehe FN 123.

[129] Vgl. Hampel, Jürgen/ Ortwin, Renn: Gentechnik in der Öffentlichkeit – Wahrnehmung und Bewertung einer
umstrittenen Technologie, Frankfurt am Main 2001. S. 8.

[130] „In den frühen 1990er Jahren war die Situation für die Gentechnik in Großbritannien so entspannt, dass seit
1995 eine Tomatenpaste aus gentechnisch veränderten Tomaten vermarktet werden konnte, ohne dass kritische
Reaktionen der Öffentlichkeit beobachtet wurden." (Hampel, Jürgen: Die Auseinandersetzung über den Umgang
mit der grünen Gentechnik – ein Beispiel für ein Mehrebenenregulierungssystem, in: Massing, Peter (Hg.): Gentechnik – eine Einführung, Schwalbach am Taunus 2007. S. 123.)

[131] Vgl. Ebd. S. 124.

[132] Ebd. S. 124.

[133] Vgl. Ebd. S. 123-125.

GV-Lebensmitteln auf dem EU-Markt. Diese Ergebnisse spiegeln die geringe Akzeptanz und somit auch die geringe Kaufbereitschaft[134] von GV-Lebensmitteln bei den EU-Verbrauchern wider. Laut der Eurobarometer-Umfrage von 2005 (siehe Abb. 9), bewerteten die EU-Befragten die Grüne Gentechnik (GM Foods) im Vergleich zu der Roten Gentechnik (Pharmacogenetics/Gene therapy) als bedeutend risikobehafteter, weniger nützlich und moralisch nicht akzeptabel. Aus dieser Untersuchung lassen sich auch die wichtigsten Gründe für die geringe Akzeptanz in der EU ableiten.

Laut Prof. Dr. Wolfgang van den Daele, Direktor der Abteilung Zivilgesellschaft und transnationale Netzwerke am Wissenschaftszentrum Berlin für Sozialforschung, findet das „Unbehagen einen legitimen Ausdruck im Risiko"[135]. So erwartet der EU-Verbraucher, dass zugelassene Lebensmittel, anders als z.B. Pharmaka, keine gesundheitsgefährdenden Nebenwirkungen haben.[136] Laut der überwiegenden Mehrheit der wissenschaftlichen Experten sind die Risiken von GV-Lebensmitteln zwar vorhanden, aber bis jetzt noch nie verbraucherschädigend aufgetreten.[137] Diese eher positive Bewertung der Experten wird von der EU-Bevölkerung meist anders oder gar nicht wahrgenommen. In der psychologischen Forschung geht man davon aus, dass die Risikowahrnehmung durch den Verbraucher (Laien) nicht zu vergleichen ist mit der eines Experten.[138] Zudem wird die öffentliche Wahrnehmung durch falsche oder überspitzte Darstellungen in den Medien oder von Seiten der Gegner der Grünen Gentechnik stark beeinflusst. Dabei schüren unseriöse Studien, wie etwa die von Seralini (siehe FN 119), die überall in den Medien reißerisch in Szene gesetzt werden, nur noch die Angst vor GV-Lebensmittel in der EU-Bevölkerung. Durch dieses

---

[134] Vergleicht man die Zusammenfassung mehrerer Umfragen aus den Jahren 2000 bis 2008 zur Kaufbereitschaft deutscher Verbraucher der IAGb, so kann festgestellt werden, dass lediglich 23% bis 29% der Befragten GV-Lebensmittel kaufen würden. (Vgl. Osterheider, Angela/ Marx-Stölting, Lilian: Daten zu ausgewählten Indikatoren, in: Müller-Röber, Bernd u.a. (Hg.): Grüne Gentechnologie – Aktuelle wissenschaftliche, wirtschaftliche und gesellschaftliche Entwicklungen, 3. völlig neubearbeitete und ergänzte Aufl., Berlin 2013. S. 230-232.)

[135] van den Daele, Wolfgang im Interview, bei: Biosicherheit.de (o.V.): Interview mit Prof. Dr. Wolfgang van den Daele, veröffentlicht am 16.04.2007. Online: http://www.biosicherheit.de/debatte/495.unbehagen-legitimen-ausdruck-risiko.html, letzter Zugriff 30.06.2013.

[136] Vgl. Engeln, Henning/ Auf dem Kampe, Jörn: Wie gefährlich ist der Eingriff ins Pflanzengenom? – Interview mit dem Biologen Arnold Sauter [wie FN 80]. S. 122.

[137] Siehe hierzu Punkt 2.4.2.

[138] Vgl. Hampel, Jürgen/ Ortwin, Renn: Gentechnik in der Öffentlichkeit – Wahrnehmung und Bewertung einer umstrittenen Technologie [wie FN 129]. S. 16 f.

Informationsdefizit beim Bürger schenkt eine Vielzahl eher den unseriösen Berichten über negative Folgen Glauben.[139] Schließlich stehen die „zahlreichen Studien, die [die] Unbedenklichkeit [von GVO] für Gesundheit und Umwelt bescheinigen, [...] häufig unter dem Generalverdacht, im Interesse der Industrie erstellt worden zu sein"[140].

Neben den Medien verzerren auch die Anti-Gentechnik-Kampagnen von NGOs, allen voran Greenpeace, das Bild, dass sich der „Otto Normalverbraucher" von der Grünen Gentechnik macht. So versucht Greenpeace durch öffentliche[141] oder mediale[142] „Aufklärungs-Kampagnen" den Verbraucher gegen die Grüne Gentechnik zu mobilisieren. Zudem wirken die unterschiedlichen Meinungen einzelner Akteure nationaler Parteien in der politischen Gentechnik-Kontroverse auf den Verbraucher verunsichernd. So erreiche man, laut des derzeit amtierenden deutschen Bundesministers für Wirtschaft und Technologie Philipp Rösler, Wachstum und Wohlstand nur durch eine aufgeschlossene Haltung gegenüber der Gentechnik.[143] Hingegen erkenne die derzeitige deutsche Bundesministerin für Ernährung, Landwirtschaft und Verbraucherschutz, Ilse Aigner, keinen größeren Nutzen dieser Technologie für Europa.[144]

Neben der Unsicherheit bezüglich der Risiken der GV-Lebensmittel spielen auch ethische Bedenken hinsichtlich der Grünen Gentechnik in der EU-Bevölkerung eine übergeordnete Rolle. Dabei berühren die unterschiedlichen

---

[139] Vgl. Boysen, Mathias/ Spelsberg, Gerd/ Baron, Heike: Gesellschaftliche Resonanz auf die grüne Gentechnologie, in: Müller-Röber, Bernd u.a. (Hg.): Grüne Gentechnologie – Aktuelle wissenschaftliche, wirtschaftliche und gesellschaftliche Entwicklungen, 3. völlig neubearbeitete und ergänzte Aufl., Berlin 2013. S. 153 f.

[140] Ebd. S. 19.

[141] Greenpeace stellte 2012 durch Untersuchungen fest, dass im Berliner Kaufhaus KaDeWe insgesamt 37 GV-Lebensmittel angeboten werden. Daraufhin versuchten Greenpeace-Aktivisten vor dem KaDeWe mit Bannern und Flyern, die Verbraucher vom Kauf dieser abzuhalten. (Vgl. Hofmeister, Christina: Achtung: Gen-Food im KaDeWe, veröffentlicht am 15.05.2012. Online: http://www.greenpeace.de/themen/gentechnik/nachrichten/artikel/achtung_gen_food_im_kadewe/, letzter Zugriff 19.05.2013.)

[142] Ein Video vom Schweizer Greenpeace-Verband versucht äußerst „ketzerisch" über die Grüne Gentechnik aufzuklären. Dieses ist zu finden unter: Greanpeace.org: Gentech Landwirtschaft, Video-Podcast vom 09.11.2009. Online: http://www.greenpeace.org/switzerland/de/Themen/Landwirtschaft/Gentech/, letzter Zugriff 19.05.2013.

[143] Vgl. Rösler, Philipp: zitiert in: Tagesschau.de (o.V.): Nulltoleranz für unsichere Gentechnik in Lebensmitteln, veröffentlicht am 11.06.2012. Online: http://www.tagesschau.de/inland/gentechnik126.html, letzter Zugriff 01.06.2013.

[144] Vgl. Aigner, Ilse: Interview – „Sicherheit hat immer Vorrang", Audio-Podcast auf Tageschau.de, veröffentlicht am 12.06.2012. Online: http://www.tagesschau.de/inland/gentechnik126.html, letzter Zugriff 09.06.2013.

ethischen Fragen verschiedene „Bereichsethiken [...], [wie] etwa die Natur-
oder Ökoethik, die Wissenschaftsethik, Technikethik, Sozial- und Gesellschafts-
ethik oder die Wirtschaftsethik."[145] Viele sehen die wissenschaftlichen Methoden, bei denen Pflanzengenome gentechnisch manipuliert werden, als „unnatür-
lich" und somit als ethisch verwerflich an.[146] Diese öffentlichen Bedenken, wie
mit der „unberührten Natur" umgegangen wird, schildert der Biochemiker Erwin
Chargaff, der durch seine Forschung im Bereich der DNA-Entschlüsselung
wichtige Grundlagen für die heutige Gentechnologie legte. Er beschreibt die Natur in der heutigen Zeit, als „ein Feind, den man belagert, überlistet, den man
abbaut, verändert, indem man ihm eine Nase einsetzt, die Ohren abschneidet
oder sonst etwas."[147]

Diese Veränderung der Natur durch die Methoden der Grüne Gentechnik wird
zudem nur von einigen weinigen „Mega-Konzernen" betrieben (Oligopol).[148]
Dabei ist das öffentliche Image des marktführenden Unternehmens Monsanto
durch unzählige Berichte über Skandale[149] in den Medien angeschlagen. Neben
dem Missfallen über die Verfahren und Herstellungsmethoden von transgenem
Saatgut, geht es dem Verbraucher auch um die Bedenken über die Art und Weise, wie „heutzutage" Landwirtschaft betrieben wird bzw. welche Verfahren bei
der Nahrungsmittelherstellung angewendet werden. So wurden die Gentechnologie und ihre „Produkte" (GVO) zum Symbol für die Kritik an der modernen

---

[145] Boysen, Mathias/ Spelsberg, Gerd/ Baron, Heike: Ethische Bewertung der grünen Gentechnologie, in: Müller-Röber, Bernd u.a. (Hg.): Grüne Gentechnologie – Aktuelle wissenschaftliche, wirtschaftliche und gesellschaftliche Entwicklungen, 3. völlig neubearbeitete und ergänzte Aufl., Berlin 2013. S. 18.

[146] Vgl. Kempken, Renate/ Kempken, Frank: Gentechnik bei Pflanzen – Chancen und Risiken [wie FN 21]. S.
205.

[147] Chargaff, Erwin: im Interview, bei: Welt.de (o.V.): Die Forschung ist zu einem Angriff auf die Natur geworden – WELT-Gespräch mit Biochemiker Erwin Chargaff, veröffentlicht am 13.08.1996. Online:
http://www.welt.de/print-welt/article654106/Die-Forschung-ist-zu-einem-Angriff-auf-die-Natur-geworden.html,
letzter Zugriff 11.06.2013.

[148] Betrachtet man die zugelassenen Events in den USA nach Unternehmen (siehe Abb. 6), so fällt auf, dass der
US-Konzern Monsanto fast schon als Monopolist den Markt für transgenes Saatgut beherrscht.

[149] Viele der wohl bekanntesten Skandale deckte die französische Investigativjournalistin Marie-Monique Robin
in ihren langjährigen Recherchen über Monsanto auf. Das von ihr darüber geschriebene Buch sowie der gleich-
namige Dokumentarfilm „Monsanto – Mit Gift und Genen" (der auf arte lief), sollten allerdings, aufgrund des
relativ subjektiven Betrachtungswinkels Robins, kritisch beurteilt werden.

Landwirtschaft bzw. Lebensmittelherstellung in der gesamtgesellschaftlichen Debatte in Europa.[150]

Alles in allem spiegelt die ablehnende Haltung zur Gentechnik nur die Unsicherheit der EU-Verbraucher, ausgelöst von medialen Einflüssen, ethischen Bedenken oder schlichten Informationsdefiziten, wider. Der daraus resultierende öffentliche Diskurs über die Grüne Gentechnik in der EU wird dabei hauptsächlich auf der Grundlage subjektiver Anschauungen und nicht auf Basis wissenschaftlich fundierter Erkenntnisse geführt und kann somit tatsächlich mit einem „Glaubenskrieg" verglichen werden.

USA

Auch wenn die US- genau wie die EU-Bürger eine eher ablehnende Haltung zu GV-Lebensmittel haben,[151] fällt auf, dass die US-Konsumenten GV-Lebensmittel als nützlicher für die Gesellschaft, risikoärmer und moralisch vertretbarer ansehen.[152] Gründe, warum die Skepsis gegenüber GV-Lebensmitteln bei den US-Amerikanern nicht so ausgeprägt ist wie bei der EU-Bevölkerung, können vielfältig sein. Vergleicht man allein schon die Anzahl an zugelassenen Events, die Anbauzahlen von transgenen Pflanzen oder die Fülle an GV-Lebensmitteln in den US-Supermarktregalen,[153] so kann man sagen, dass der US-Verbraucher durch seine langjährige Erfahrung diese wahrscheinlich gelernt hat zu akzeptiert. Dass in den letzten zwei Jahrzehnten, trotz der breiten Vermarktung von GV-Lebensmitteln in den USA, keine negativen gesundheitlichen Folgen durch den Verzehr von GV-Lebensmitteln beobachtet werden konnten,[154] erzeugt bei dem US-Verbraucher keinen Zweifel bei seiner Kaufentscheidung.

---

[150] Vgl. Müller-Röber, Bernd/ Boysen, Mathias/ Marx-Stölting, Lilian u.a.: Einleitung und methodische Einführung [wie FN 14]. S. 19.

[151] Vgl. Knigge, Michael, BASF und Bayer kämpfen gegen Gen-Label für US-Lebensmittel [wie FN 72].

[152] Vgl. Gaskell, G./ Allansdottir, A./ Allum, N. u.a.: Eurobarometer 64.3 – Europeans and Biotechnology in 2005: Patterns and Trends, o.O. 2006. S. 82. Online: http://ec.europa.eu/research/press/2006/pdf/pr1906_eb_64_3_final_report-may2006_en.pdf, letzter Zugriff 29.06.2012.

[153] Siehe Kapitel „Das Inverkehrbringen von GVO".

[154] Siehe Kapitel „Die Risiken von GVO".

Die Risikowahrnehmung der US-Verbraucher in Bezug auf zugelassene GV-Lebensmittel ist zudem bedeutend geringer als bei EU-Verbrauchern.[155] Das könnte daran liegen, dass fast zwei Drittel der US-Bevölkerung ein hohes Maß an Vertrauen in die politischen Kontrollsysteme zur Lebensmittelsicherheit haben.[156] Zudem ist die US-Bevölkerung deutlich aufgeschlossener gegenüber dem Einsatz neuer Technologien in der Lebensmittelherstellung. Laut einer Umfrage der IFIC im Jahre 2012 finden 40% der US-Befragten den Einsatz gentechnischer Verfahren bei der Lebensmittelproduktion gut.[157] Zudem wird möglichen Chancen der Grünen Gentechnik eine höhere Bedeutung von der US-Bevölkerung beigemessen, als es bei den Europäern der Fall ist. So würden laut der o.g. IFIC Umfrage 71% der US-Befragten zukünftige GV-Lebensmittel mit besseren ernährungsphysiologischen Eigenschaften[158] kaufen.[159]

---

[155] Vgl. Wolf, Sebastian: Regulative Maßnahmen zum Schutz vor gentechnisch veränderten Organismen und Welthandelsrecht, in: Tietje, Christian u.a. (Hg.): Arbeitspapiere aus dem Institut für Wirtschaftsrecht, Heft 6, 2002. S. 9. Online: http://telc.jura.uni-halle.de/sites/default/files/altbestand/Heft6.pdf, letzter Zugriff 14.05.2013.

[156] Vgl. IFIC: 2013 Food & Health Survey – Executive Summary, Washington D.C. 2013. S. 6. Online: http://www.foodinsight.org/Content/3840/FINAL%202013%20Food%20and%20Health%20Ex ec%20Summary%206.5.13.pdf, letzter Zugriff 04.07.2013.

[157] Vgl. PRWeb.com (o.V.): IFIC 2012 Survey Reveals Most Americans Support Existing Food Biotech Labeling Policy, Favor Sustainable Food Production Practices, veröffentlicht am 10.05.2012. Online: http://www.prweb.com/releases/2012/5/prweb9495238.htm, letzter Zugriff 02.07.2013.

[158] Siehe u.a. FN 55 und FN 56.

[159] Vgl. PRWeb.com (o.V.): IFIC 2012 Survey Reveals Most Americans Support Existing Food Biotech Labeling Policy, Favor Sustainable Food Production Practices [wie FN 157].

Die Kennzeichnung von GV-Lebensmitteln

Angeknüpft an die im ersten Kapitel der Arbeit vorgestellten Grundlagen für die Diskussion über eine Kennzeichnung von GV-Lebensmitteln, schließt sich im folgenden zweiten Kapitel der (rechtliche) europäische und der amerikanische Umgang in Bezug auf die o.g. Kennzeichnung an. Dabei werden – soviel sei vorweggenommen – aufgrund von unterschiedlichen politischen bzw. öffentlichen Anschauungen in Bezug auf die Gentechnik, erhebliche konzeptionelle Differenzen deutlich.

Kennzeichnung in der EU

Unter anderem wegen der zuvor beschrieben Ablehnung von GV-Lebensmitteln in der EU-Bevölkerung sowie den möglichen Risiken der GVO entwickelten sich in der EU verschiedene (rechtliche) Standards und Vorschriften.[160] Im nachfolgenden wird das Augenmerk auf GVO-spezifische Kennzeichnungsvorschriften von Lebensmitteln gelegt. Dabei werden nicht nur die EU-weite VO zur Positivkennzeichnung von GVO („Food with GMO"), sondern auch nationale Vorschriften am deutschen Beispiel der Negativkennzeichnung von „Gentechnikfreien" Lebensmitteln („Food without GMO") vorgestellt und unter kritischen Gesichtspunkten beleuchtet.

Gründe für die Kennzeichnung

Grundsätzlich ist die Kennzeichnung von Lebensmittelprodukten eine staatliche verbraucher(schutz)politische Maßnahme, die die Grundrechte der Verbraucher sichern und stärken soll. Zu diesen Grundrechten zählen „das Recht auf Sicherheit, das Recht auf Information, das Recht auf Wahlfreiheit und das Recht, Gehör zu finden"[161], welche schon im Jahr 1962 von dem damaligen US-Präsidenten John F. Kennedy benannt wurden.[162]

---

[160] Siehe FN 103.

[161] Aigner, Ilse: "Mein Auftrag ist Kennedy 2.0" – Bundesministerin Aigner zum Weltverbrauchertag, Pressemitteilung Nr. 71 vom 15.03.2012. Online: http://www.bmelv.de/SharedDocs/Pressemitteilungen/2012/71-AI-Weltverbrauchertag.html, letzter Zugriff 02.07.2013.

[162] Der Weltverband der Verbrauchergruppen „Consumers International" ergänzt Kennedys Verbrauchergrundrechte noch um „das Recht auf Befriedigung der Grundbedürfnisse [...], das Recht auf Wiedergutmachung [...] das Recht auf Verbraucherbildung [...], das Recht auf eine gesunde Umwelt". (Consumers International (o.V.): Rechte der Verbraucher, o.D. Online: http://www.consumersinternational.org/who-we-are/consumer-rights#.UdV50m1C4Ro, letzter Zugriff 02.07.2013.)

Um die Sicherheit in Bezug auf die Gesundheit des Verbrauchers zu garantieren, durchlaufen alle GV-Lebens- und Futtermittelprodukte verschiedenste staatliche Kontrollen und Risikobewertungen in der EU. Dabei kann das bereits erwähnte Restrisiko und etwaige Bewertungsirrtümer nicht ganz ausgeschlossen werden. So könnten also GV-Lebensmittel trotz ihrer Zulassung immer noch ein geringes gesundheitliches Risikopotential für den Verbraucher besitzen. Diese Restrisiken können „trotz der staatlichen Schutzpflichten in Kauf genommen werden, [wenn diese] als sozialadäquat"[163] in einer Risiko-Nutzen-Analyse eingestuft werden.[164] Trotzdem sollte es für den Konsumenten möglich sein, sich über das Vorhandensein von GVO in Lebensmitteln zu informieren.[165] Beispielsweise könnten sich Allergiker mittels einer Kennzeichnung informieren, ob GV-Lebensmittel ein allergenes Potential enthalten könnten. Diese Aufklärung des Verbrauchers kann unter anderem durch eine Kennzeichnung des Produktes erreicht werden. Auch wenn diese nicht direkt auf die gesundheitlichen und ökologischen Gefahren des Produktes hinweisen, kann die Neugierde des Verbrauchers auf mehr Informationen bezüglich der Grünen Gentechnik angeregt werden. Folglich ist es möglich, eventuelle Informationsasymmetrien zwischen dem Laien (Verbraucher) und den Experten zu verringern.[166]

Wie zuvor gezeigt, stoßen die Grüne Gentechnik und ihre Anwendung im Lebensmittelbereich bei der EU-Bevölkerung eher auf eine ablehnende Haltung. Aus diesem Grund soll eine Kennzeichnung solcher Produkte insbesondere das Recht auf Wahlfreiheit der Konsumenten[167] ermöglichen.[168] Dabei ist es egal, ob sich dieser „aus einer subjektiven Risikowahrnehmung heraus, aus weltanschaulichen, religiösen oder ethischen Gründen"[169] für bzw. gegen das GV-Lebensmittel entscheidet. Ohne eine Kennzeichnung wäre es dem Verbraucher

---

[163] Bernert, Irina: Wenn Tomaten Gene haben … – Die Kennzeichnung „gentechnisch veränderter Nahrungsmittel" im Lichte verfassungs- und europarechtlicher Vorgaben [wie FN 57]. S. 135.

[164] Vgl. Ebd. S. 135.

[165] Vgl. Erwägungsgrund 4 VO (EG) Nr. 1830/2003.

[166] Vgl. Struß, Jantje: Die großflächige Ausbringung von GVO in die Umwelt [wie FN 11]. S. 179.

[167] In diesem Zusammenhang ist der „Konsument" nicht nur der „Otto Normalverbraucher" im Supermarkt, sondern auch die Nahrungs- und Futtermittelindustrie. Diese muss sich z.B. beim Rohstoffeinkauf für oder gegen den Einsatz von GVO entscheiden.

[168] Vgl. Erwägungsgrund 4 VO (EG) Nr. 1830/2003.

[169] Struß, Jantje: Die großflächige Ausbringung von GVO in die Umwelt [wie FN 11]. S. 179.

nicht möglich zwischen konventionell und gentechnisch hergestellten Lebensmitteln zu wählen.

Die gesamteuropäische Positivkennzeichnung

Die sogenannte Positivkennzeichnung ist die Kenntlichmachung, dass ein gewisser Inhaltsstoff in einem Produkt vorhanden ist bzw. dass ein bestimmtes Herstellungsverfahren bei dem Produkt angewendet wurde.[170] Diese Art der Kennzeichnung beim Einsatz der Gentechnik im Lebens- und Futtermittelbereich wird derzeit durch die am 16. April 2004 in Kraft getretene VO Nr. 1830/2003 in der EU geregelt. Dieser Rechtsakt der EU gilt unmittelbar in jedem EU-Mitgliedsstaat und muss nicht zuvor in nationales Recht umgesetzt werden. Die Produkte müssen laut dieser VO mit den Worten „Dieses Produkt enthält genetisch veränderte Organismen" oder „Dieses Produkt enthält [Bezeichnung des Organismus/der Organismen] genetisch verändert" gekennzeichnet werden.[171] Dieser Vermerk muss sowohl auf dem Etikett bei vorverpackten Produkten sowie „auf dem Behältnis, in dem das Produkt dargeboten wird, oder im Zusammenhang mit der Darbietung des Produkts"[172] bei nicht vorverpackten Produkten erscheinen.[173] Dabei erstreckt sich der Geltungsbereich dieser Kennzeichnung auf Produkte im Lebens- und Futtermittelbereich die „aus GVO bestehen oder GVO enthalten"[174] und in der EU zugelassen sind. Vergleicht man diesen Geltungsbereich mit dem der für diese Arbeit gewählten Definition von GV-Lebensmittel[175], fällt eine Art „Kennzeichnungslücke" der o.g. VO auf. So sind Lebensmittel aus tierischen Erzeugnissen, bei denen während der Haltung GV-Futtermittel zum Einsatz kamen, sowie Lebensmittel bzw. Lebensmittelzusatzstoffe, die mit Hilfe von GV-Mikroorganismen hergestellt wurden (Weiße Gentechnik), in der EU nicht kennzeichnungspflichtig.[176] Es wäre

---

[170] Vgl. Meier, Alexander: Risikosteuerung im Lebensmittel- und Gentechnikrecht [wie FN 5]. S. 123.

[171] Vgl. Art. 4, Abs. 6 VO (EG) Nr. 1830/2003.

[172] Art. 4, Abs. 6 VO (EG) Nr. 1830/2003.

[173] Vgl. Art. 4, Abs. 6b VO (EG) Nr. 1830/2003.

[174] Art. 4, Abs. 6 VO (EG) Nr. 1830/2003.

[175] Siehe Ende von Kapitel „Vom Labor auf den Teller".

[176] Vgl. BMELV (Hg.): Lebensmittel und Gentechnik – Die wichtigsten Fakten, Berlin 2013. S. 6. Online: http://www.bmelv.de/SharedDocs/Downloads/Broschueren/OhneGentechnikSiegel.pdf?__blob=publicationFile, letzter Zugriff 05.07.2013.

wahrscheinlich auch äußerst schwierig, solche Lebensmittel, die mit Hilfe von GV-Futtermitteln bzw. den Anwendungen der Weißen Gentechnik hergestellt wurden, aufgrund ihres häufigen Einsatzes und der fehlenden Nachweisbarkeit im Endprodukt, in eine europarechtliche Verordnung zur Kennzeichnung mit einzubinden.

Zudem haben sich das Europäische Parlament und der Ministerrat dazu entschlossen, dass die in den Geltungsbereich fallenden Lebens- und Futtermittelprodukte erst ab einen GVO-Gehalt von über 0,9% gekennzeichnet werden müssen.[177] Für ein Wegfallen der Kennzeichnung von Lebens- oder Futtermittel, die Spuren von unter 0,9% zugelassener GVO enthalten, muss zudem vom Hersteller nachgewiesen werden, dass diese GVO-Anteile während der Herstellung „zufällig oder technisch nicht zu vermeiden" waren.[178] Ein Schwellenwert ist, anders als z.B. die Grenz- bzw. Höchstwerte bei Produkten mit gesundheitsschädlichen Substanzen, nicht als ein Warnhinweis einer tatsächlichen Gefahr zu verstehen.

Es stellt sich die Frage, warum dieser Schwellenwert von 0,9% zugelassenen GVO existiert. Schließlich können allein aus diesem Grund nicht gekennzeichnete Lebensmittel, trotz der VO (EG) 1830/2003, Spuren von GVO enthalten. Die Antwort auf die o.g. Frage könnte sein, dass dieser Schwellenwert festgelegt wurde, da eine Vermischung von transgenen und konventionellen Pflanzen trotz verschiedenster Vorsichtsmaßnahmen nicht ausgeschlossen werden kann.[179] Eine Nulltoleranz[180] wäre also zum jetzigen Zeitpunkt für Produkte, die aus zugelassenen GVO bestehen oder diese enthalten, in der EU kaum möglich.[181] Nur mit einem Totalverbot aller GVO, für den Anbau sowie dem Import aus

---

[177] Vgl. Art. 12, Abs. 2 und Art. 24, Abs. 2 VO (EG) Nr. 1829/2003.

[178] Vgl. Art. 4, Abs. 8 VO (EG) Nr. 1830/2003.

[179] Siehe Punkt 2.3 und 2.4.2.

[180] Bei Produkten, die nicht zugelassene GVO enthalten, besteht bereits eine solche Nulltoleranz in der EU. Vgl. u.a. Art. 16, Abs. 2, 3 VO (EG) Nr. 1829/2003.

[181] Das zeigen auch die Untersuchungen der Lebensmittelüberwachungsbehörden in Deutschland im Zeitraum von 2005 bis 2011. Es wurde festgestellt, dass 20-25% aller Lebensmittelproben mit Sojabestandteilen Spuren von GV-Soja unterhalb des Schwellenwertes von 0,9% enthielten. (Vgl. Boysen, Mathias/ Spelsberg, Gerd/ Baron, Heike: Politischer Rahmen der grünen Gentechnologie in Deutschland und der EU, in: Müller-Röber, Bernd u.a. (Hg.): Grüne Gentechnologie – Aktuelle wissenschaftliche, wirtschaftliche und gesellschaftliche Entwicklungen, 3. völlig neubearbeitete und ergänzte Aufl., Berlin 2013. S. 135.)

Nicht-EU-Ländern, könnte eine Nulltoleranz hundertprozentig erfüllt werden.[182] Eine solch drastische Maßnahme würde den Kritikern der Grünen Gentechnik bzw. dem Großteil der GVO-ablehnenden Bevölkerung zu Gute kommen. Andererseits widerspräche ein Totalverbot dem politisch getroffenen Beschluss, GVO in der EU zuzulassen.[183] Zudem würde eine solche Maßnahme den Grundsatz des Verhältnismäßigkeitsprinzip[184] nach Art. 5 des Vertrags über die Europäische Union (EUV) widersprechen, da bisher keine tatsächliche Gefährdung der menschlichen Gesundheit durch den Verzehr von in der EU zugelassene GVO nachgewiesen werden konnte.

Somit kann festgehalten werden, dass die EU-Rechtsvorschriften zur Kennzeichnung im Vergleich zum Totalverbot zwar verhältnismäßiger erscheinen, dennoch dem Recht des Verbrauchers auf Wahlfreiheit und Information nicht vollständig genüge getan wird. Daher steht die oben aufgeführte „Kennzeichnungslücke", der Schwellenwert von „nur" 0,9% oder auch der unspezifische Wortlaut[185] der Kennzeichnung nicht nur in der öffentlichen, sondern auch in der politischen Kritik.[186] Andererseits konnte der öffentlichen Ablehnung dieser GV-Lebensmittel mit einer, wenn auch nicht vollständigen, Wahlfreiheit nachgekommen werden. Um diese Wahlfreiheit durch die Bestimmungen dieser VO zu garantieren, müssen die einzelnen EU-Mitgliedsstaaten regelmäßige Kontrollen durchführen und bei Verstößen gegen die Kennzeichnungspflicht Sanktionen verhängen.[187] Dass die Einhaltung und Umsetzung der VO (EG) 1830/2003 in der EU bisher relativ gut verläuft, lässt sich am Beispiel Deutschlands veranschaulichen. So konnten von den deutschen Lebensmittelüberwachungsbehörden bei ihren Untersuchungen in den letzten Jahren nur wenige

---

[182] Vgl. Ebd. S. 132.

[183] Vgl. u.a. Erwägungsgrund 11 VO (EG) Nr. 1829/2003.

[184] Weiter Informationen zur Verhältnismäßigkeit sowie eine detaillierte Analyse, ob die VO (EG) 1830/2003 geeignet, erforderlich und angemessen ist, in: Bernert, Irina: Wenn Tomaten Gene haben … – Die Kennzeichnung „gentechnisch veränderter Nahrungsmittel" im Lichte verfassungs- und europarechtlicher Vorgaben [wie FN 57]. S. 139.

[185] Beispielsweise steht auf der Verpackung nicht, welches Gen in den Wirtsorganismus transformiert wurde. Zudem verschafft die Kennzeichnung keine Informationen bezüglich des (nicht-)vorhandenen Risikos von GVO. Auf mögliche Informationsdienste (z.B. im Internet) und somit allgemeine Informationen zur Gentechnik und ihren Einsatz bei der Herstellung des Lebensmittels, wird ebenfalls nicht hingewiesen.

[186] Vgl. Bernert, Irina: Wenn Tomaten Gene haben … – Die Kennzeichnung „gentechnisch veränderter Nahrungsmittel" im Lichte verfassungs- und europarechtlicher Vorgaben [wie FN 57]. S. 139.

[187] Vgl. Art. 9 und Art. 11 VO (EG) Nr. 1830/2003.

Zuwiderhandlungen gegen die Kennzeichnungspflicht bei soja- und maishaltigen Lebensmitteln festgestellt werden (siehe Abb. 10).

Dass die Zahl der GV-Lebensmittel im „Supermarkt" bisher relativ gering ausfällt,[188] könnte auch an der Kennzeichnung selbst liegen.[189] Schließlich hat es der Verbraucher in der Hand, ob er sich für oder gegen den Kauf dieser gekennzeichneten GV-Lebensmittel entscheidet. Aufgrund der schon beschriebenen ablehnenden Haltung der EU-Bevölkerung ist zu erwarten, dass der EU-Konsument sich bei der abwägenden Kaufentscheidung wohl eher gegen den Kauf von GV-Lebensmittel entschließt.[190]

Die Negativkennzeichnung

„Die Tierernährung ist ohne gentechnisch verändertes Soja heute nicht mehr darstellbar. Deswegen sind wir angewiesen [...] auf Importe gentechnisch veränderten Sojas. [...]. In fast allen [unseren] Säcken und in allen Futtersorten sind gentechnisch veränderte Bestandteile, insbesondere Soja, teilweise auch Mais."[191]

Manfred Thering, derzeitiger Geschäftsführer des Mischfutterwerkes HaBeMa[192]

Die Situation, die Manfred Thering beschreibt, lässt sich auf eine Vielzahl an Mischfutterwerken Europas zurückführen.[193] Aufgrund der zuvor beschriebenen Kennzeichnungspflicht lassen sich bei sehr vielen 50-kg-Säcken, Big-Packs von einer Tonne oder ganzen LKW-Ladungen (40 t) mit Futtermitteln[194], die Worte „gentechnisch verändert" auf der Zutatenliste des Etiketts (bzw. des Beipackzettels) entdecken (siehe Abb. 11). Da diese nicht den direkten Weg in das Regal der Supermärkte, sondern in die Tröge der Nutztierhaltung finden, kriegt der

---

[188] Siehe Kapitel „Das Inverkehrbringen von GVO".

[189] Vgl. Knigge, Michael, BASF und Bayer kämpfen gegen Gen-Label für US-Lebensmittel [wie FN 72].

[190] Siehe FN 134.

[191] Thering, Manfred: im Interview, in: Hauner, Andrea (Autorin): Risiko Gen-Nahrung?, Video-Podcast der Reihe 45min auf NDR.de, veröffentlicht am 04.10.2011. Online: http://www.ndr.de/ratgeber/gesundheit/ernaehrung/minuten179.html, letzter Zugriff 13.06.2013.

[192] Die HaBeMa Futtermittel GmbH & Co. KG mit Sitz in Hamburg stellt jährlich ca. 400.000 t Mischfutter für Nutztiere her. (Vgl. Ebd.)

[193] Vgl. Hampel, Jürgen: Die Auseinandersetzung über den Umgang mit der grünen Gentechnik – ein Beispiel für ein Mehrebenenregulierungssystem [wie FN 130]. S. 127.

[194] Futtermittel für Nutztiere können in verschiedene Arten eingeteilt werden: Einzelfuttermittel (z.B. Weizen, Sojaschrot, Gerste), Mischfutter (eine für das Tier optimale Zusammenstellung und Vermischung verschiedener Einzelfuttermittel und anderer Zusatzstoffe, wie z.B. Vitamine), Spezial- und Ergänzungsfutter (zur Aufwertung der Einzel- bzw. Mischfutterfütterung mit Zusatzstoffen, wie z.B. Vitaminen, Nährstoffen).

Verbraucher davon nur wenig mit. Auch dass die Erzeugnisse dieser Nutztiere, wie z.B. Eier, Milch oder Fleisch, laut der VO (EG) Nr. 1830/2003 nicht gekennzeichnet werden müssen, trägt nicht zu einer Aufklärung und einem Recht auf Wahlfreiheit des Verbrauchers bei. Diese „Kennzeichnungslücke" im EU-Recht wird in einigen Mitgliedsstaaten in der Öffentlichkeit, der Politik und von Seiten bestimmter Interessenverbände als eine Art von Protektionismus und Verbrauchertäuschung interpretiert.[195]

Um das Vertrauen und die Wahlfreiheit der Verbraucher zu stärken, wurde in Deutschland und Österreich die sogenannte freiwillige Negativkennzeichnung eingeführt.[196] Diese weist, anders als die Vermerke bei der Positivkennzeichnung, „auf das Nichtvorhandensein einer bestimmten Substanz in einem Produkt bzw. die Nichtanwendung eines bestimmten Herstellungsprozesses bei der Produktion eines Erzeugnisses hin"[197].

Da eine einheitliche Kenntlichmachung von „gentechnikfreien" Produkten bisher noch nicht EU-weit geregelt wurde, hat Deutschland diesbezüglich eigene Regulierungen bei einer Änderung des nationalen EGGenTDurchfG (§§ 3a und 3b) im Jahr 2008 mit einfließen lassen.[198] Demnach können in Deutschland sämtliche Lebensmittel, die „von gentechnischen Herstellungs- oder Verarbeitungsverfahren unberührt sind, also keine GVO, deren Derivate oder sonstige Substanzen [...] enthalten"[199], mit dem Hinweis „ohne Gentechnik" versehen werden. Dazu zählen auch Lebensmittel oder Lebensmittelzutaten tierischer Herkunft, bei denen das Tier zuvor nicht mit, nach der VO (EG) Nr. 1830/2003, kennzeichnungspflichtigen Futtermitteln gefüttert wurde, wobei auch hier klare Ausnahmen gemacht werden. So dürfen die Nutztiere lediglich in einem

---

[195] Vgl. Satish, Jennifer: Nationale Handlungsspielräume beim Anbau von gentechnisch veränderten Organismen (GVO) [wie FN 112]. S. 40-42.

[196] Auch wenn Österreich die „Vorreiterposition" in Sachen Negativkennzeichnung, mit der schon 1997 gegründeten Organisation „ARGE Gentechnik-frei", einnimmt, wird im Folgenden das Augenmerk auf die deutsche Negativkennzeichnung in Bezug auf die Gentechnik gelegt.

[197] Bernert, Irina: Wenn Tomaten Gene haben ... – Die Kennzeichnung „gentechnisch veränderter Nahrungsmittel" im Lichte verfassungs- und europarechtlicher Vorgaben [wie FN 57]. S. 125.

[198] Vgl. Struß, Jantje: Die großflächige Ausbringung von GVO in die Umwelt [wie FN 11]. S. 189.

[199] Bernert, Irina: Wenn Tomaten Gene haben ... – Die Kennzeichnung „gentechnisch veränderter Nahrungsmittel" im Lichte verfassungs- und europarechtlicher Vorgaben [wie FN 57]. S. 125.

bestimmten Zeitraum vor der Gewinnung des Lebensmittels nicht mit GV-Futtermittel gefüttert worden sein (siehe Abb. 12).[200]

Da auch bei der Herstellung von „ohne Gentechnik"-Produkten eine unbeabsichtigte und technisch unvermeidbare Beimischung von GVO nicht vollständig ausgeschlossen werden kann, wurde auch in diesem Kontext ein Schwellenwert eingeführt. Dieser ist allerdings im Vergleich zur VO (EG) Nr. 1830/2003 bedeutend geringer. So können nur Lebensmittel mit Spuren von weniger als 0,1% gentechnisch veränderten Materials als „ohne Gentechnik" gekennzeichnet werden. Dieser Schwellenwert gilt nur für Lebensmittel. Bei Futtermittel gilt ein Schwellenwert von 0,9%.[201]

Lebensmittel bzw. Lebensmittelzusatzstoffe, die aus oder mit Hilfe von GV-Mikroorganismen hergestellt wurden (Weiße Gentechnik), dürfen nur, wenn es keine nachweisbare Alternative mehr gibt, in den „ohne Gentechnik"-Lebensmitteln enthalten sein. Ausgenommen von dieser Klausel sind auch hier wieder die Futtermittel.[202]

Für alle Lebensmittelprodukte, die die zuvor beschriebenen Voraussetzungen erfüllen, kann von Seiten der Unternehmen eine Lizenz für die Kennzeichnung beantragt werden. Die damit einhergehenden Tätigkeiten, wie z.B. die Vergabe und Verwaltung solcher Nutzungslizenzen, eventuelle Kontrollen sowie die Information und Aufklärung der Verbraucher und interessierter Unternehmen, übernimmt der Interessenverband VLOG. Diese hoheitlichen Aufgaben, die zuvor in den Zuständigkeitsbereich des BMELV fielen, wurden im März 2010 ausgegliedert und dem VLOG zugesprochen.[203]

Obwohl diese Kennzeichnung freiwillig ist, ist die Anzahl der Unternehmen und deren Produkte, die das „Ohne Gentechnik"-Siegel[204] (siehe Abb. 13) tragen, in den letzten Jahren kontinuierlich gewachsen.[205]

---

[200] Vgl. § 3a EGGenTDurchfG.

[201] Vgl. Boysen, Mathias/ Spelsberg, Gerd/ Baron, Heike: Politischer Rahmen der grünen Gentechnologie in Deutschland und der EU [wie FN 181]. S. 136.

[202] Vgl. Boysen, Mathias/ Spelsberg, Gerd/ Baron, Heike: Politischer Rahmen der grünen Gentechnologie in Deutschland und der EU [wie FN 181]. S. 136.

[203] Vgl. VLOG (o.V.): Vergabe des Siegels, o.D. Online: http://www.ohnegentechnik.org/das-siegel/vergabe-des-siegels.html, letzter Zugriff 09.07.2013.

[204] Bei dem Siegel des VLOG wird das „o" von „ohne" großgeschrieben.

Einerseits kann bei diesen Produkten zwar der Einsatz gentechnischer Verfahren nicht vollständig ausgeschlossen werden. Dem Wortlaut „Ohne Gentechnik" wird deshalb auch von manchen Kritikern „eine gesetzlich legitimierte Verbrauchertäuschung"[206], also eine Irreführung des Verbrauchers, nachgesagt.[207] Andererseits ist die Wahrscheinlichkeit, dass so gekennzeichnete Lebensmittel noch signifikant nachweisbare Spuren von GVO enthalten, verschwindend gering.[208] Aus diesem Grund gibt es auch im Vergleich zur oben beschriebenen VO (EG) 1830/2003 bedeutend weniger kritische Stimmen gegen diese Negativkennzeichnung.[209] Da die Wahlfreiheit der Verbraucher durch die Negativkennzeichnung um einiges mehr als durch die Positivkennzeichnung der VO (EG) Nr. 1830/2003 gegeben ist, wäre eine gesamteuropäische VO (oder RL) zur freiwilligen Negativkennzeichnung sicher wünschenswert.[210] So könnten sich für Produkte „ohne Gentechnik"-Märkte bilden, wie z.B. bei Bioprodukten[211].

Kennzeichnung in den USA

Im internationalen Vergleich gelten die USA als Pioniere im Gebiet der Lebensmittelkennzeichnung. Schon mit dem 1938 verabschiedeten FFDCA sollten die Ziele verfolgt werden, „Verbraucher zu informieren, einen fairen

---

[205] Siehe Produktdatenbank/ Siegelnutzer des VLOG: Online: http://www.ohnegentechnik.org/das-siegel/produktdatenbank-siegelnutzer.html, letzter Zugriff 09.07.2013.

[206] Leible, Stefan (Direktor der Forschungsstelle für deutsches und europäisches Lebensmittelrecht an der Universität Bayreuth): im Interview, in: Charisius, Hanno: Gentechnik auf dem Teller [wie FN 88].

[207] Vgl. Bernert, Irina: Wenn Tomaten Gene haben … – Die Kennzeichnung „gentechnisch veränderter Nahrungsmittel" im Lichte verfassungs- und europarechtlicher Vorgaben [wie FN 57]. S. 132 f.

[208] In einer Studie der Bayerischen Landesanstalt in Zusammenarbeit mit Wissenschaftlern der Technischen Universität München, wurde festgestellt, dass Milch, die von mit GV-Mais gefütterten Kühen stammte, nicht einmal die geringsten Spuren von GVO enthielt. (Vgl. Süddeutsche.de (o.V.): Keine Genmais-Spuren in Kuhmilch, veröffentlicht am 11.05.2010. Online: http://www.sueddeutsche.de/wissen/gentechnik-keine-genmais-spuren-in-kuhmilch-1.402077, letzter Zugriff 12.06.2013.)

[209] Diese kommen meist nur von Seiten der Lebensmittelhersteller, die sich den nötigen Aufwand für die Einhaltung der Auflagen nicht leisten wollen oder können. (Vgl. Charisius, Hanno: Gentechnik auf dem Teller [wie FN 88].)

[210] Ein europäisches „ohne Gentechnik"-Label wünschen sich z.B. das Europäische Netzwerk Gentechnikfreier Regionen. (Vgl. MKULNV: Europäische Netzwerk-Regionen diskutieren über europaweite „Ohne Gentechnik"-Kennzeichnung bei Lebensmitteln, Presseerklärung vom 06.09.2012. Online: http://www.nrw.de/landesregierung/konferenz-des-europaeischen-netzwerkes-gentechnikfreier-regionen-in-erfurt-13354/, letzter Zugriff 27.05.2013.)

[211] Bei der Herstellung von Bioprodukten besteht, gem. Art. 9 der VO (EG) Nr. 834/2007, ebenfalls ein Verbot des Einsatzes von GVO. Dies kann indirekt zur Wahlfreiheit der Verbraucher in Bezug auf den Einsatz der Gentechnik bei der Herstellung von Lebensmitteln beitragen. Da Bio-Produkte keinen Hinweis auf die Nichtanwendung der Gentechnik enthalten, wird auf diese in dieser Arbeit nicht näher eingegangen.

Wettbewerb zu ermöglichen und so die Qualität und Sicherheit von Lebensmitteln zu gewährleisten"[212]. Dabei kommt heraus, dass die Rechte der US-Verbraucher schützenswert sind, wie es schon 1962 der damalige US-Präsident John F. Kennedy beschrieb.

Vergleicht man allerdings die verbraucher(schutz)politischen Maßnahmen in Bezug auf die Gentechnik in den USA mit denen in der EU, fällt auf, dass die USA keine spezifischen Rechtsvorschriften zur Kennzeichnung von GV-Lebensmittel haben. Welche Gründe dafür anzuführen sind und welche gesamtamerikanische Kennzeichnungsvorschriften trotzdem für GV-Lebensmittel greifen, wird nachfolgend geklärt. Dass die Situation in Bezug auf die Positiv- bzw. Negativkennzeichnung von GVO noch äußerst dynamisch ist, wird anhand einzelstaatlicher sowie nichtstaatlicher Kennzeichnungsfälle gezeigt.

Der gesamtamerikanische Rechtsrahmen

Auch wenn es in den USA keine landesweit einheitliche Kennzeichnungspolitik von GV-Lebensmitteln nach Maßstab der EU gibt, heißt es nicht, dass absolut keine gesamtamerikanischen Kennzeichnungsregeln für diese Produkte existieren. Anders als in der EU, sind diese Vorschriften allerdings nicht speziell für GV-Lebensmittel entwickelt worden. Vielmehr greift die für die Kennzeichnung von Lebensmitteln zuständige US-Lebensmittelüberwachungsbehörde FDA auf vorhandene Rechtsakte, wie den FFDCA[213], zurück. Der Grund dafür kann in der Haltung der US-Politik zur Gentechnik und den damit hergestellten GV-Lebensmitteln gefunden werden. Die Grüne Gentechnik wird in den USA lediglich als eine Art weiterentwickelte Züchtungsmethode angesehen.[214]

Das gesundheitliche Risikopotential von GVO wird von den Experten der FDA nach dem Prinzip der substantiellen Äquivalenz[215] beurteilt. Dabei kann die FDA allgemein keinen Unterschied zwischen den mittels gentechnischer Verfahren hergestellten Lebensmitteln und den konventionell hergestellten

---

[212] Ketchum Pleon GmbH (Hg.): Die Nährwertkennzeichnung – ein Rückblick, o.D. Online: http://www.naehrwertkompass.de/cms/upload/Downloads_allgemein/GDA_Geschichte.pdf, letzter Zugriff 09.06.2013

[213] In Bezug auf die Kennzeichnung von Lebensmittelprodukten sind hier die Bestimmungen in Sec. 403 und Sec. 201 FFDCA ausschlaggebend.

[214] Vgl. Stökl, Lorenz: Der welthandelsrechtliche Gentechnikkonflikt [wie FN 33]. S. 116-118.

[215] Siehe FN 114.

Lebensmitteln feststellen.[216] Nach Ansicht der FDA geht grundsätzlich von zugelassenen GV-Lebensmitteln keine weitere Gefährdung für den Konsumenten aus.[217] Aufgrund dieses völlig anderen Risikoverständnisses hinsichtlich GVO in den USA im Vergleich zur EU, existiert auch keine Unterscheidung zwischen GV-Lebensmitteln und konventionell hergestellten Lebensmitteln im Recht.[218] Laut der FDA stelle es somit generell „auch keine Irreführung des Verbrauchers dar, wenn kein Hinweis auf die Anwendung gentechnischer Verfahren auf dem Etikett erfolge"[219].

Gewisse Ausnahmen im Einzelfall greifen genau wie bei konventionellen Lebensmitteln auch. Beispielsweise müssen Lebensmittel, die Allergene besitzen könnten, gekennzeichnet werden, wenn diese für Allergiker in der Zutatenliste auf dem Produkt nicht ersichtlich sind.[220] Würde also ein GV-Produkt mit einem derartigen allergenen Potential, wie etwa im „Paranuss-Soja-Fall"[221], zugelassen und nicht gekennzeichnet werden, würde dies gem. Sec. 403(a) FFDCA eine Irreführung des Verbrauchers bedeuten und somit rechtswidrig sein. Die gleiche Vorschrift findet auch Anwendung bei neuartigen Produkten, wozu auch GV-Lebensmittel gezählt werden. Sollte ein solches (GV-)Lebensmittelprodukt sehr stark von einem annähernd vergleichbaren Lebensmittelprodukt abweichen, muss dieses auch kenntlich gemacht werden. Allerdings reicht hier meist schon, wie beim „Laurate-canola-Fall"[222], eine Änderung des Produktnamens aus.[223]

---

[216] Aussage der FDA: „The agency is not aware of any information showing that foods derived by these new methods differ from other foods in any meaningful or uniform way, or that, as a class, foods developed by the new techniques present any different or greater safety concern than foods developed by traditional plant breeding." (FDA: Statement of Policy – Food for human consumption and animal drugs, feeds, and related products: Foods derived from new plant varieties, policy statement Nr. 22984, veröffentlicht am 29.05.1992. Online: http://www.fda.gov/Food/GuidanceRegulation/GuidanceDocumentsRegulatoryInformation/Biotechnology/ucm0 96095.htm, letzter Zugriff 12.07.2013.)

[217] Vgl. Gebhardt, Wiebke: Gentechnik und Koexistenz nach der Gesetzesnovelle von 2008: Zivilrechtliche Haftung im Vergleich Deutschland und USA [wie FN 4]. S. 142.

[218] Vgl. Stökl, Lorenz: Der welthandelsrechtliche Gentechnikkonflikt [wie FN 33]. S. 116-118.

[219] Ebd. S. 118.

[220] Vgl. Stökl, Lorenz: Der welthandelsrechtliche Gentechnikkonflikt [wie FN 33]. S. 118.

[221] Siehe FN 116.

[222] Es handelt sich hierbei um eine Rapssorte (engl. canola), die mittels gentechnischer Verfahren einen bedeutend höheren Anteil an Laurinsäure (engl. laurate) produziert. Bislang findet dieser GV-Raps allerdings nur Verwendung in der industriellen Herstellung von Nicht-Lebensmittel-Produkten, z.B. bei Körperpflegeprodukte. (Vgl. Industrieverband Agrar e.V. (o.V.): Grüne Gentechnik X – Raps immer wertvoller als nachwachsender Rohstoff, veröffentlicht am 27.07.2006. Online: http://m.iva.de/profil-online/forschung-technik/gruene-gentechnik-x-%E2%80%93-raps-immer-wertvoller-als-nachwachsender-rohstoff, letzter Zugriff 11.07.2013.)

Für GV-Lebensmittel gibt es noch keine Beispiele, bei denen eine solche Abweichung zum Vergleichsprodukt von der FDA nach der Zulassung für den Markt beanstandet wurde. Diese könnten aber zukünftig durch die Veränderung der Stoffzusammensetzung von transgenen Pflanzen, wie z.B. dem hohen Vitamin-A-Gehalt des „Goldenen Reises"[224], Anwendung finden.

Zusammenfassend kann festgehalten werden, dass die Kennzeichnungsregeln in den USA im Einzelfall beim Endprodukt („product-based") und somit nicht, wie in der europäischen VO (EG) Nr. 1830/2003, verfahrensbezogen („process-based") ihre Anwendung finden.[225]

Gründe für die Nichtkennzeichnung – Ist der Verbraucher selber schuld?

Ein Recht auf Wahlfreiheit und Information bezüglich der Anwendung der Gentechnik bei Lebensmitteln kann dem US-Verbraucher also laut den landesweit greifenden Bestimmungen bezüglich der Kennzeichnungsvorschriften von Lebensmittelprodukten im FFDCA von der FDA nicht gewährleistet werden. Es stellt sich nun die Frage, warum der US-Verbraucher nicht seine Verbraucherrechte einfordert. Dieses Rätsel lässt sich unter anderem mit Hilfe der bisher gewonnen Informationen über die Einstellung der US-Bürger in Bezug auf die Gentechnik und die damit hergestellten GV-Lebensmittel lösen.[226] Der öffentliche Diskurs, ob GV-Lebensmittel einheitlich gekennzeichnet werden sollen, fällt in der gesamtamerikanischen Betrachtung sehr unterschiedlich aus. Bezugnehmend darauf zeigt eine IFIC Umfrage, dass sich weniger als 1% von 750 Befragten für eine Kennzeichnung von GV-Lebensmittel aussprachen.[227] In einer ABC News Umfrage waren es allerdings 92% der 1024 Befragten, die eine solche Kennzeichnungspflicht von der Regierung verlangen.[228] Warum diese zwei Untersuchengen solche komplett unterschiedlichen Ergebnissen liefern, kann nicht genau geklärt werden. Eine mögliche Ursache könnte das Informationsdefizit

---

[223] Vgl. Stökl, Lorenz: Der welthandelsrechtliche Gentechnikkonflikt [wie FN 33]. S. 118.

[224] Siehe FN 58.

[225] Vgl. Fricke, Marcel: Genetisch veränderte Lebensmittel im Welthandelsrecht [wie FN 6]. S. 116.

[226] Siehe Kapitel „ Der öffentliche Diskurs im transatlantischen Vergleich".

[227] Vgl. PRWeb: IFIC 2012 Survey Reveals Most Americans Support Existing Food Biotech Labeling Policy, Favor Sustainable Food Production Practices [wie FN 157].

[228] Vgl. ABC News (o.V.): Food Safety – Modified Foods Give Consumers Pause, veröffentlicht am 15.07.2003. Online: http://abcnews.go.com/images/pdf/930a1FoodSafety.pdf, letzter Zugriff 13.07.2013.

der US-Bevölkerung in Sachen Gentechnik sein. Laut einer Umfrage der Rutgers University in New Jersey, glaubten 2004 mehr als die Hälfte der Befragten, dass es in den USA noch keine GV-Lebensmittel zu kaufen gäbe. Zwei Drittel hielten es sogar für unwahrscheinlich, selbst schon einmal derartige Lebensmittel konsumiert zu haben.[229] Die Ironie dieser Umfrageergebnisse wird ersichtlich, vergleicht man diese mit den geschätzten Mengen[230] an GV-Lebensmittel, welche der US-Verbraucher tatsächlich konsumiert. Laut der o.g. Umfrage weiß also ein Großteil der US-Bürger gar nicht, was sie zu sich nehmen. Dieser Fakt wird noch dadurch untermauert, dass viele Bürger der Politik und der Industrie ein hohes Maß an Vertrauen schenken.[231] Dabei ist es fragwürdig, „ob die Verbraucher [...] den Produkten der Industrie vertrauen, weil sie zu wenig über die Produktionsbedingungen und Hintergründe wissen oder wissen wollen oder wissen sie zu wenig, weil sie ungefragt vertrauen"[232].

Schuld an den Informationsdefiziten der Verbraucher ist letztendlich die unzureichende Informations- und Aufklärungspolitik der staatlichen Behörden sowie der Lebensmittel- und Gentechnikindustrie.[233] Nicht zuletzt wegen seiner unpositionierten Haltung hat der US-Bürger bislang auch kaum Mittspracherechte bei dem wissenschaftlichen und politischen Diskurs rundum die (Grüne) Gentechnik.[234]

„Industrie vs. Verbraucher" – Der steinige Weg zur Positivkennzeichnung

Wie schon festgestellt, existiert keine gesamtamerikanische Positivkennzeichnung von GV-Lebensmitteln. Allerdings gibt es, wie am Beispiel der Negativkennzeichnung in Deutschland, auch vereinzelt US-Bundesstaaten, die eine

---

[229] Vgl. Busse, Tanja: Freihandelsabkommen mit den USA – Wie es Verbraucherrechte aushöhlen könnte, Beitrag zur Sendung „Politikum" auf WDR5 vom 01.03.2013, Online:
http://www.wdr5.de/sendungen/politikum/s/d/01.03.2013-00.05/b/freihandelsabkommen-mit-den-usa-wie-es-verbraucherrechte-aushoehlen-koennte.html, letzter Zugriff 09.06.2013.

[230] Siehe Kapitel „Das Inverkehrbringen von GVO".

[231] Siehe „Der öffentliche Diskurs im transatlantischen Vergleich".

[232] Gebhardt, Wiebke: Gentechnik und Koexistenz nach der Gesetzesnovelle von 2008: Zivilrechtliche Haftung im Vergleich Deutschland und USA [wie FN 4]. S. 141 f.

[233] Vgl. Gebhardt, Wiebke: Gentechnik und Koexistenz nach der Gesetzesnovelle von 2008: Zivilrechtliche Haftung im Vergleich Deutschland und USA [wie FN 4]. S. 142.

[234] Vgl. Sander, Gerald G./ Sasdi, Andreas: Welthandelsrecht und „grüne" Gentechnik – Eine transatlantische Auseinandersetzung vor den Streitbeilegungsorganen der WTO, in: EuZW, Heft 5, Stuttgart 2006. S. 142.

Kennzeichnung in Bezug auf GV-Lebensmittel in eigener Sache einführen wollen bzw. wollten. Bisher existiert allerdings nur in einem ein Gesetzentwurf zur Positivkennzeichnung. Dieser wurde vom Repräsentantenhaus im US-Bundesstaat Connecticut erst Anfang Juni 2013 verabschiedet. Allerdings tritt dieser Rechtsakt erst in Kraft, sobald vier weitere US-Bundestaaten, wovon einer an Connecticut angrenzen muss, eine Pflicht zur Positivkennzeichnung von GV-Lebensmitteln einführen.[235] Dass ein solches Szenario in den nächsten Jahren zwar möglich, aber zurzeit eher unwahrscheinlich ist, beweist der Fall der Gesetzesinitiative 37 (Proposition 37) im US-Bundesstaat Kalifornien. Diese Volksinitiative, die von (Öko-)Bauern und dem Biogroßhandel angeführt wurde, hatte eine Positivkennzeichnung aller GV-Lebensmittel in Kalifornien zum Ziel. Bevor es zu einer Volksabstimmung[236] am 6. November 2012 kam, wurde ein „erbitterter" Wahlkampf um die Stimmen der kalifornischen Bevölkerung zwischen den Befürwortern und den Gegnern von Proposition 37 geführt.[237] Dieser wurde auch als Kampf zwischen „David gegen Goliath"[238] in der Presse gehandelt, da die „geballte Macht der industriellen Landwirtschaft und Lebensmittelindustrie auf eine kleine Gruppe von Ökobauern, Bioläden und engagierten Einzelkämpfern"[239] traf. Die großen Gentechnik- und Agrarkonzerne, die sich im Bereich der Herstellung von GV-Saatgut und den dazugehörigen Pflanzenschutzmitteln (Herbizide und Pestizide) spezialisiert haben, erwarteten, genauso wie viele Lebensmittelproduzenten, enorme Umsatzeinbußen durch das – ihrer Meinung nach – diskriminierende Label.[240] Aus diesem Grund setzten sie ca. 46 Mio. US$ für die Finanzierung des Wahlkampfes ein (siehe Abb. 14). Allein der Hauptsponsor Monsanto investierte fast genauso viel wie die gesamten

---

[235] Vgl. BloombergBusinessweek (o.V.): Labeling of modified foods heads to Conn.governor, veröffentlicht am 03.06.2013. Online: http://www.businessweek.com/ap/2013-06-03/labeling-of-modified-foods-heads-to-conn-dot-governor, letzter Zugriff 05.06.2013.

[236] „In Kalifornien sind solche Volksabstimmungen (*Ballots*) an Wahltagen üblich. Mit den Unterschriften von etwa einer Million Unterstützern können Bürger- und Interessengruppen ihre Anliegen auf den Stimmzettel bringen." (Transgen.de (o.V.): Abstimmung in Kalifornien: Keine Mehrheit für Kennzeichnung von Gentechnik-Lebensmitteln, veröffentlicht am 07.11.2012. Online: http://www.transgen.de/aktuell/1694.doku.html, letzter Zugriff 13.07.2013.)

[237] Vgl. Knigge, Michael, BASF und Bayer kämpfen gegen Gen-Label für US-Lebensmittel [wie FN 72].

[238] Vgl. Knigge, Michael, BASF und Bayer kämpfen gegen Gen-Label für US-Lebensmittel [wie FN 72].

[239] Ebd.

[240] Vgl. Löhr, Wolfgang: Volksabstimmung über Genfood, veröffentlicht am 31.10.2012. Online: http://www.taz.de/!104619/, letzter Zugriff 10.06.2013.

Sponsoren der Gegenseite, also die Befürworter von Proposition 37, zusammen (siehe Abb. 14).

Bevor dieser Wahlkampf eingeleitet wurde, sprachen sich bei landesweiten Umfragen noch mehr als 90% für eine solche Positivkennzeichnung von GV-Lebensmitteln aus.[241] Dass die mit den 46 Mio. US$ finanzierten „NoProp37-Kampagnen" vor allem in den Medien anscheinend bei der kalifornischen Bevölkerung „fruchteten", beweisen die Ergebnisse der Wahl. Das kalifornische Volk entschied am 6. November 2012 mit 51,4% aller Stimmen knapp gegen eine Positivkennzeichnung (48,6% waren dafür).[242] David musste sich also diesmal Goliath geschlagen geben. Der Fall der Proposition 37 kann somit auch als Präzedenzfall für den enormen Einfluss der Gentechnik- und Lebensmittelindustrie auf die Bürger und die Politik in den USA angesehen werden.

Freiwillige (nichtstaatliche) Negativ- und Positivkennzeichnung

Auch in den USA existiert die Möglichkeit, „GVO-freie" Lebensmittel mit einer Negativkennzeichnung zu versehen. Zu diesem Zweck gründeten 2005 einige Lebensmittelhersteller und Einzelhandelsketten das sog. „Non-GMO Project". Diese anfänglich kleine Organisation ist inzwischen zu einem breiten Bündnis mehrerer hundert Lebensmittelhersteller geworden.[243] Dabei gelten ähnliche Grundsätze und einheitliche Standards wie bei der „deutschen" Negativkennzeichnung. Um das freiwillige Siegel (siehe Abb. 15) zu bekommen, müssen auch in den USA die Lebensmittelhersteller nachweisen, dass ihre Produkte ohne Gentechnik hergestellt wurden. Dabei gilt, anders als in Deutschland, ein Schwellenwert von 0,9% nicht nur für Futtermittel, sondern einheitlich für alle Lebensmittel. Hier orientierte man sich eher an der europäischen VO zur Positivkennzeichnung.[244] Die uniformierten Standards, die von der Organisation (Non-GMO Project) zur freiwilligen Negativkennzeichnung geschaffen wurden, wurden erst Ende Juni 2013 von den US-Behörden anerkannt. Dabei billigte die

---

[241] Vgl. Ebd.

[242] Vgl. Secretary of State of California: Statement of Vote, Stand: 06.11.2012. S. 13. Online: http://www.sos.ca.gov/elections/sov/2012-general/sov-complete.pdf, letzter Zugriff 08.06.2013.

[243] Eine Auflistung aller Lebensmittelhersteller (und deren Produkte), die sich für eine Negativkennzeichnung entschieden haben, findet sich auf der Homepage des Non-GMO Projects. (Online: http://www.nongmoproject.org/find-non-gmo/search-participating-products/browse-products-by-brand/)

[244] Vgl. Non-GMO Projekt (o.V.): The "Non-GMO Project verified" seal, o.D. Online: http://www.nongmoproject.org/learn-more/understanding-our-seal/, letzter Zugriff 15.07.2013.

Unterbehörde Food Safety and Inspection Service (FSIS) des U.S. Department of Agriculture (USDA) bislang nur die Kennzeichnung für Fleisch- und Frischeiprodukte und die dazugehörigen Standards für das Futtermittel.[245] Diese Änderung der staatlichen Sichtweise, bezüglich der Transparenz von Lebensmittelinhaltsstoffen, könnte als erster Fortschritt hinsichtlich der US-politischen Anerkennung der Verbraucherrechte auf Wahlfreiheit und Information für das Gebiet rund um die Gentechnik angesehen werden.

Neben dem „Non-GMO Project"-Siegel gibt es auch noch weitere Varianten, wie sich der US-Verbraucher vor GV-Lebensmittel „schützen" kann. So z.B. mit den Kauf von Bio-Produkten. Auch die amerikanische Bio-Lebensmittelindustrie muss auf den Einsatz von GVO, laut der staatlich vorgegebenen Standards und Richtlinien für Bio-Produkte, verzichten.[246] Zudem will z.B. „Whole Foods Market", eine der größten US-Einzelhandelsketten für Lebensmittel, bis 2018 eine Positivkennzeichnung aller GV-Lebensmittel ihres Sortiments in eigener Sache durchsetzen.[247]

---

[245] Vgl. Cleveland, Lauriel: USDA approves voluntary GMO-free label, veröffentlicht am 25.06.2013. Online: http://eatocracy.cnn.com/2013/06/25/usda-approves-voluntary-gmo-free-label/, letzter Zugriff 15.06.2013.

[246] Vgl. United States Department of Agriculture: 2011 Certified Organic Production Survey, Washington 2012. S. 5. Online: http://usda01.library.cornell.edu/usda/current/OrganicProduction/OrganicProduction-10-04-2012.pdf, letzter Zugriff 07.05.2013.

[247] Vgl. Whole Foods Market IP. L.P.: Whole Foods Market commits to full GMO transparency, o.D. Online: http://media.wholefoodsmarket.com/news/whole-foods-market-commits-to-full-gmo-transparency, letzter Zugriff 28.05.2013.

GV-Lebensmittel im Freihandelsprojekt TTIP

> „In the U.S. they believe that if no risks have been proven about a product, it should be allowed. In the EU we believe something should not be authorized if there is a chance of risk."[248]

Pascal Lamy, Generaldirektor bei der WTO

Lamys Aussage bringt die umfangreiche Grundproblematik der bisher betrachteten Unterschiede bei der Kennzeichnungsfrage von GV-Lebensmitteln zwischen der EU und den USA auf den Punkt. Überdies wäre eine Weiterführung dieser, die Risikopolitik betreffenden, Aussage Lamys essentiell, um die unterschiedlichen Anschauungen bezüglich der Rechte des Verbrauchers auf Information und Wahlfreiheit darzustellen. Somit kann festgehalten werden, dass die Einstellungen der EU und der USA bezüglich der Kennzeichnungsfrage von GV-Lebensmittel unterschiedlicher nicht sein könnten. Betrachtet man die bisher dargelegte Gesamtsituation, scheint ein Abbau dieser Differenzen kaum möglich.

Doch genau dazu könnte es in den nächsten Jahren kommen. Grund dafür ist das Großprojekt TTIP.

Wie die Grundsteine für solch ein Freihandelsprojekt zwischen der USA und der EU gelegt wurden und welche (wirtschaftlichen) Vorteile daraus entstehen könnten, wird nachfolgend dargelegt. Dabei wird auch kurz auf die wichtigsten Konfliktpotentiale, die bei den Verhandlungen eventuell zur Debatte stehen, eingegangen. Letztendlich soll die Diskussion in der Kennzeichnungsfrage über GV-Lebensmitteln bei den Verhandlungen um das TTIP münden. Welche Szenarien sich diesbezüglich konstruieren lassen, wird in Form eines Ausblicks prognostiziert.

Der Weg zur größten Freihandelszone der Welt

Der Begriff „Globalisierung"[249] ist, aufgrund der enormen Steigerung der globalen handelspolitischen Integration in den letzten Jahrzehnten, äußerst brisant.

---

[248] Lamy, Pascal: zitiert in: Stökl, Lorenz: Der welthandelsrechtliche Gentechnikkonflikt [wie FN 33]. S. 113.

[249] Der US-amerikanische Wirtschaftswissenschaftler und Nobelpreisträger Joseph E. Stiglitz definiert Globalisierung als, „die engere Verflechtung von Ländern und Völkern der Welt, [...] [sowie] die Beseitigung künstlicher Schranken für den ungehinderten grenzüberschreitenden Strom von Gütern, Dienstleistungen, Kapital, Wissen und (in geringerem Grad) auch Menschen". (Stiglitz, Joseph E.: Die Schatten der Globalisierung, Aus dem Englischen von Schmidt, Thorsten, Berlin 2002. S. 25.)

Dass diese ökonomische Vernetzung weltweit immer weiter vertieft wird, zeigen bisher entstandene außenpolitische Großprojekte, wie Zollunionen, große Binnenmärkte, Währungsunionen und nicht zuletzt Freihandelszonen.[250]

Auch wenn die USA bisher mit 14 und die EU mit 35 Ländern diverse Freihandelsabkommen geschlossen haben, wagten sie sich bis 2013 noch nicht an ein solch ambitioniertes Großprojekt wie das TTIP.[251] Dabei deuten die transatlantischen Beziehungen zwischen den USA und Europa, nicht zuletzt wegen kultureller Gemeinsamkeiten und der Bewältigung historisch-politischer Herausforderungen, auf eine lange Verbundenheit hin. Diese Verbindung wurde im Laufe der Geschichte der transatlantischen Handelsbeziehungen durch eine Vielzahl an Verträgen und Vereinbarungen immer wieder gestärkt. Dass diese Handelspartnerschaft durch ein transatlantisches Freihandelsabkommen zukünftig noch zusätzlich gestärkt werden soll, gaben die Oberhäupter der beiden Staatenverbünde am 13. Februar 2013 bekannt. So sagte der derzeitige US-Präsident Barack H. Obama in seiner alljährlichen Rede zur Lage der Nation: „[...]tonight, I'm announcing that we will launch talks on a comprehensive Transatlantic Trade and Investment Partnership with the European Union."[252] Der Präsident der Europäischen Kommission José M. D. Barroso bestätigte Obamas Pläne kurze Zeit später mit den Worten: „[...] today [...] the European Union and the United States have decided to initiate internal procedures to launch negotiations with the aim of reaching a ground-breaking free trade agreement: the Transatlantic Trade and Investment Partnership."[253] Seit Anfang Juli 2013 haben die transatlantischen Verhandlungen um ein solches Freihandelsabkommen begonnen.[254]

---

[250] Vgl. Mann, Gerald Heinrich: Transatlantische Freihandelszone, in: Schwarz, Jürgen (Hg.): Studien zur Internationalen Politik, Band 8, Frankfurt am Main 2007. S. 23.

[251] Vgl. Felbermayr, Gabriel/ Larch, Mario/ Flach, Lisandra/ Yalcin, Erdal/ Benz, Sebastian/ Krüge, Finn: Dimensionen und Effekte eines transatlantischen Freihandelsabkommens, in: ifo Schnelldienst, Heft 4/2013, München 2013. S. 22.

[252] Obama, Barack H.: State of the Union Address, Video-Podcast auf tagesschau.de, veröffentlicht am 13.02.2013. Online: http://www.tagesschau.de/multimedia/video/video1262722.html, letzter Zugriff 11.06.2013.

[253] Barroso, José M. D.: Statement by President Barroso on the Transatlantic Trade and Investment Partnership [wie FN 1].

[254] Vgl. Landmesser, Wolfgang: Freihandelsträume trotz Spähprogramm, veröffentlicht am 08.07.2013. Online: http://www.tagesschau.de/wirtschaft/freihandelsabkommen-eu-usa100.html, letzter Zugriff 17.07.2013.

Das Ziel der EU-Kommission, die Verhandlungen bis 2015 abzuschließen, wird, nicht zuletzt wegen der Fülle an zu klärenden Fragen[255] und aufgrund der Dauer annähernd vergleichbarer Abkommen[256], eher für unrealistisch gehalten.[257]

Wenn das TTIP erstmal existiert, wird es den mit Abstand weltweit größten Freihandelsraum mit 11,8% der Weltbevölkerung (ca. 800 Mio. Verbraucher)[258] und knapp 50% der globalen Wirtschaftleistung darstellen.[259]

Dabei ist die Idee eines solch umfangreichen Abkommens zwischen den beiden Staatenverbünden im Grunde nichts Neues. Schon in den 1990er Jahren „machten sich viele führende Persönlichkeiten[260] auf beiden Seiten des Atlantiks ernsthaft für ein ‚TAFTA'[261] stark"[262]. Sogar John F. Kennedy sprach sich schon 1962 indirekt für ein solches Handelsabkommen aus.[263] Bis zum Jahr 2013 scheiterten allerdings alle Versuche, ein solches Großprojekt tatsächlich anzugehen und durchzusetzen.

---

[255] Auf diese wird nachfolgend (u.a. im Kapitel „(Un-)überwindbare Konfliktthemen") näher eingegangen.

[256] Allein die Verhandlungen um das Freihandelsabkommen zwischen der EU und Südkorea dauerten gut vier Jahre. (Vgl. Tagesschau.de (o.V.): Wer profitiert vom Freihandel?, veröffentlicht am 13.02.2013. Online: http://www.tagesschau.de/wirtschaft/faq-freihandelszone-eu-usa100.html, letzter Zugriff 11.06.2013.)

[257] Vgl. Ebd.

[258] Vgl. Ebd.

[259] Vgl. Felbermayr, Gabriel/ Larch, Mario/ Flach, Lisandra/ Yalcin, Erdal/ Benz, Sebastian/ Krüge, Finn: Dimensionen und Effekte eines transatlantischen Freihandelsabkommens [wie FN 251]. S. 22 f.

[260] Hierzu zählen unter anderem der damalige deutsche Außenminister Klaus Kinkel oder auch der EU-Handelskommissar Leon Brittan *(Vgl. Felbermayr, Gabriel/ Larch, Mario/ Flach, Lisandra/ Yalcin, Erdal/ Benz, Sebastian/ Krüge, Finn: Dimensionen und Effekte eines transatlantischen Freihandelsabkommens [wie FN 251]. S. 22.)* sowie Lane Kirkland, der damalige Präsident des größten amerikanischen Gewerkschaftsdachverbandes (AFL-CIO). (Vgl. Ries, Charles: TAFTA: Mittelstand würde stark profitieren, o.D. Online: http://www.internationaltradenews.com/de/articles/24000/TAFTA-Mittelstand-wuerde-stark-profitieren.html, letzter Zugriff 08.06.2013.)

[261] Siehe Abkürzungsverzeichnis unter TTIP.

[262] Ries, Charles: TAFTA: Mittelstand würde stark profitieren [wie FN 260].

[263] So war er der Meinung, dass ein „freiere[r] Güterverkehr zwischen den USA und dem Gemeinsamen Markt [der EG] die Wirtschaft der Freien Welt stärken [würde], indem jedes einzelne Land angespornt wird, vor allem das zu tun, was es am besten kann". (Kennedy, John F.: zitiert in: Mann, Gerald Heinrich: Transatlantische Freihandelszone [wie FN 250]. S. 224.)

Was bringt das Abkommen? – Eine Prognose

Die Aussicht auf das TTIP wecken schon jetzt bei den Befürwortern des TTIP, wie etwa dem Präsidenten der Europäischen Kommission, viele Hoffnungen.[264]

Welche (wirtschaftlichen) Vorteile ein Freihandel zwischen der EU und der USA möglicherweise bringen könnte, wird anhand von Prognosen, in Anlehnung an eine aktuelle Studie des Ifo-Instituts, geschildert. Ebenfalls werden einige der Hauptkonfliktthemen, die es in den Verhandlungen um das TTIP zu klären gilt, kurz vorgestellt.

Mögliche Vorteile

In den meisten (klassischen) Außenhandelstheorien wurde bisher festgestellt, dass durch freien Handel positive Handels- und Wohlfahrtseffekte bei den Freihandelspartnern entstehen können. Ein Grund dafür liegt am Wegfall von protektionistischen Handelshemmnissen. Hierzu zählen einerseits die tarifären Handelsbarrieren (hauptsächlich Zölle) und andererseits die Nicht-tarifären Handelsbarrieren (z.B. Importquoten, Local-Content-Gesetze, unterschiedliche Normen und Standards). In Anlehnung an diese Unterscheidung der Handelsbarrieren, werden nachfolgend zwei Szenarien für die Betrachtung der ökonomischen Effekte[265] durch die Einführung des TTIP modelliert.

Das Erste ist das „Zollszenario", d.h. eine Eliminierung aller Zölle beider Handelspartner. Dass die EU und die USA nur durch eine Liberalisierung der tarifären Handelsbarrieren im TTIP langfristige Wohlfahrtsgewinne einfahren könnten, wird bisher eher kritisch betrachtet. Grund für diese Skepsis sind die geringen Durchschnittszollsätze, die auf einem sehr niedrigen Niveau im Vergleich zu vielen anderen Ländern liegen. Diese gewichteten Durchschnittszollsätze bewegen sich bei den wichtigen US- und EU-Exportbereichen der Agrar- und Industriegütern gerade einmal um die 3%-Marke (Stand 2007).[266] Betrachtet

---

[264] Siehe einführendes Zitat von José M. D. Barroso im Kapitel „Einleitung".

[265] In dieser Arbeit kann, aufgrund der Fülle an Auswirkungen des TTIP auf die beteiligten Staaten sowie der Weltwirtschaft, nicht jede Dimension der volkswirtschaftlichen Betrachtung Berücksichtigung finden. Weitere Prognosen zu den wirtschaftlichen Effekten sind unter anderem in der Studie des ifo Institutes zu finden. Die vollständige Studie, eine Zusammenfassung dieser sowie weitere Untersuchungen zu diesem Thema, stehen auf der Homepage des ifo Institutes und des Center for Economic Studies (CESifo Group) zum Download bereit. (Online: http://www.cesifo-group.de/de/ifoHome/policy/Spezialthemen/Policy-Issues-Archive/Freihandel.html)

[266] Vgl. Felbermayr, Gabriel/ Larch, Mario/ Flach, Lisandra/ Yalcin, Erdal/ Benz, Sebastian/ Krüge, Finn: Dimensionen und Effekte eines transatlantischen Freihandelsabkommens [wie FN 251]. S. 24.

man die Zollsätze allerdings im Detail, so fällt auf, dass für einzelne Bereiche, z.B. der Textil- oder der Automobilbereich, überdurchschnittlich hohe Spitzenzollsätze existieren.[267] Von einem Wegfall dieser Zölle könnten somit manche Branchen erheblich profitieren.[268] Gesamtwirtschaftlich betrachtet, erwarten allerdings selbst die Experten des ifo Instituts „nicht [...], dass [es durch] die Eliminierung dieser relativ niedrigen Zölle im Aggregat zu starken Handels- und Wohlfahrtseffekten"[269] kommen wird. Laut der Studie des ifo Instituts würde im „Zollszenario" die gesamte Wohlfahrt in der EU und den USA zwar langfristig zunehmen, allerdings um weniger als 1% (siehe Abb. 16).

Signifikante positive Effekte auf dem Arbeitsmarkt im TTIP-„Zollszenario" konnten in selbiger Studie ebenfalls nicht nachgewiesen werden.[270]

Zusammenfassend kann also festgestellt werden, dass ein bloßer Abbau der tarifären Handelsbarrieren im TTIP keine prägnanten positiven Effekte für die EU- und die USA-Wirtschaft bringen würde.

Die vollständige Eliminierung von Importzöllen wird auch im nun folgenden zweiten Szenario vorausgesetzt. Hinzu kommt nun noch der (komplette) Abbau von Nicht-tarifären Handelsbarrieren beider Handelspartner. Ein solch „umfassendes Freihandelsabkommen" könnte laut der Studie des ifo Instituts, im Vergleich zum ersten Szenario, zu einem verstärkten Handel zwischen den USA und der EU führen. Dadurch könnten „enorme" Wohlfahrtseffekte von bis zu 13,4% in den USA ermöglicht werden (siehe Abb. 17). Auf dem Arbeitsmarkt könnten insgesamt bis zu 400.000 Arbeitsplätze in der EU und über 100.000 in den USA generiert werden.[271] Solche positiven Effekte könnten letztendlich aber nur ermöglicht werden, wenn die „gesamten effektiven bilateralen Handelshemmnisse zwischen den in der transatlantischen Freihandelsinitiative

---

[267] Laut der Studie des ifo Instituts sind bisher ein Viertel aller Produktlinien komplett unverzollt. Andererseits schlagen bei einem Viertel aller weiteren Produktlinien Zölle von mehr als 6,5% (EU) bzw. 5,5% (USA) zu Buche. In 1% aller Fälle existieren sogar Spitzenzollsätze zwischen 22% und 74,9% (EU) bzw. 25% und 350% (USA). (Vgl. Ebd. S. 24.)

[268] Vgl. Ebd. S. 24.

[269] Ebd. S. 24.

[270] Da im Zollszenario insgesamt lediglich wenige tausend Arbeitsplätze geschaffen würden, verändert sich auch die Arbeitslosenquote, sowohl in der EU, als auch in den USA, nicht. Auch der Reallohn würde in beiden Ländern nicht signifikant ansteigen. (Vgl. Ebd. S. 28.)

[271] Vgl. Ebd. S. 26-28.

beteiligten Ländern auf [die] Niveaus [der] Handelsbeziehungen innerhalb der EU"[272] abfallen würden (dem sog. „Binnenmarktszenario"). Grundsätzlich bestehen also Chancen, dass durch ein tiefgreifendes Handelsabkommen positive Wachstumsimpulse und Beschäftigungseffekte für die Mitgliedsländer des TTIP entstehen könnten.

Da durch das Freihandelsabkommen bzw. den Abbau von Handelshemmnissen weniger Bürokratie und mehr Handel durch einen größeren Absatzmarkt geschaffen wird, könnten für viele Unternehmen enorme Einsparungen in Milliardenhöhe entstehen. Somit könnte letztendlich auch der Verbraucher durch eventuell niedrigere Preise, schnellere Produkteinführungen sowie einem größeren Produktsortiment an dem TTIP profitieren.[273]

Um die Wirtschaft auf beiden Seiten richtig „anzukurbeln", müssten also zuvor Lösungen für den Abbau von Nicht-tarifären Handelsbarrieren in den Verhandlungen um das TTIP gefunden werden. Dass es allerdings in machen Bereichen schwer werden könnte, einen gemeinsamen Lösungsansatz zu finden, wird folgend gezeigt.

(Un-)überwindbare Konfliktthemen

Es sind also die Nicht-tarifären Handelsbarrieren, die die „Stolpersteine" auf dem Weg zum potentiellen „game-changer" TTIP darstellen. Schließlich gibt es viele konträre Ansichten zu bestimmten Standards, Normen und anderen (gesetzlichen) Auflagen für bestimmte Güter in den einzelnen Wirtschaftsräumen. All diese administrativen Handelshemmnisse müssen bei den Verhandlungen um das TTIP für jedes Produkt bzw. jede Produktgruppe einzeln neu ausgemacht werden. Bei welchen dieser Handelsbarrieren eine Angleichung schwierig werden könnte, bzw. zu erheblichen Konflikten führen würde, wird nun anhand ausgewählter Beispiele veranschaulicht.

Wie in der Einleitung schon gezeigt, sind die Fragen rund um den Datenschutz schon jetzt ein brisantes Thema. Schließlich sind die EU-Datenschutzstandards auf einem bedeutend höheren Niveau als in den USA. Gerade mit sensiblen

---

[272] Felbermayr, Gabriel/ Larch, Mario/ Flach, Lisandra/ Yalcin, Erdal/ Benz, Sebastian/ Krüge, Finn: Dimensionen und Effekte eines transatlantischen Freihandelsabkommens [wie FN 251]. S. 28.

[273] Handelsblatt (o.V.): Es darf keine Verwässerung geben, veröffentlicht am 05.03.2013. Online: http://www.handelsblatt.com/politik/deutschland/freihandelsabkommen-gruene-wollen-agrarbereich-ausklammern/7878410-2.html, letzter Zugriff 21.05.2013.

Daten von Bürgern, z.B. über Krankheiten oder sexuelle Orientierung bzw. Identität, wird in den USA, anders als in der EU, sehr freizügig umgegangen.[274] Eine Angleichung der einzelnen Datenschutzregeln, die in Europa schon als „Grundrechte" proklamiert werden,[275] könnte sich somit im TTIP als schwer überwindbare Hürde „entpuppen".

Hingegen könnte die Anpassung allgemeiner Normen und technischer Standards, beispielsweise beim Kraftfahrzeugbau,[276] zwar arbeitsintensiv, aber eher unproblematisch werden.[277]

Vergleicht man die Fülle an Sicherheitsstandards in verschiedenen Bereichen zwischen den USA und der EU, so werden die Debatten um eine Angleichung dieser wohl das Groß in den Verhandlungen um das TTIP darstellen. Die jeweils unterschiedlichen Risikobewertungen sind dabei die Grundlage für verschiedene Standards, Vorschriften und Auflagen in Bezug auf Grenzwerte, Rückverfolgbarkeit, Meldepflichten, Kennzeichnungen, etc. Dabei geht es nicht nur um eine Harmonisierung dieser einzelnen Regelungen, sondern auch um eine Angleichung der unterschiedlichen Risikobewertungssysteme. In diesem Zusammenhang besteht unter anderem Handlungsbedarf bei der Liberalisierung der unterschiedlichen Regulierungen zur Minimierung von ökologischen und gesundheitlichen Risiken in der industriellen Herstellung von „gefährlichen" Produkten, beispielweise in der Chemiebranche[278]. „Laut der EU-Gesetzgebung darf eine

---

[274] Vgl. Stöckel, Mirjam: Freihandel: harte Verhandlungen zwischen USA und EU, Kommentar zur Sendung: „Bericht aus Brüssel", auf WDR, veröffentlicht am 12.03.2013. Online: http://www.wdr.de/tv/bab/sendungsbeitraege/2013/0313/freihandel.jsp, letzter Zugriff 20.05.2013.

[275] Vgl. Sippel, Birgit: Datenschutz ist ein europäisches Grundrecht, veröffentlicht am 16.07.2013. Online: http://www.spd.de/aktuelles/104818/20130716_sippel_nsa.html, letzter Zugriff 19.07.2013. *Oder auch:* Albrecht, Jan P.: im Interview, in: Stöckel, Mirjam: Freihandel: harte Verhandlungen zwischen USA und EU [wie FN 274].

[276] Bisher existiert eine große Anzahl von unterschieden Normen beim Kraftfahrzeugbau, wie z.B. bei der Länge der Stoßstange oder der Farbe des Blinkers. (Vgl. Handelsblatt (o.V.): Grüne wollen Agrarbereich ausklammern, veröffentlicht am 05.03.2013. Online: http://www.handelsblatt.com/politik/deutschland/freihandelsabkommen-gruene-wollen-agrarbereich-ausklammern/7878410.html, letzter Zugriff 21.05.2013.)

[277] „Wenn die Industrie wirklich wollte, könnte sie manche Handelshemmnisse auch ohne den Rückenwind eines Abkommens abbauen (zum Beispiel die unterschiedlichen Steckdosen)." (Hüfner, Martin W.: Neue Dynamik im Handel mit Amerika, veröffentlicht am 28.02.2013. Online: http://www.wallstreet-online.de/nachricht/5104858-huefners-wochenkommentar-neue-dynamik-handel-amerika, letzter Zugriff 21.05.2013.)

[278] „Ein Beispiel für die verschieden strengen Vorgaben sind die Chemikaliengesetze: In Europa ist die Umwelt recht gut vor zu viel Chemie geschützt. Das stark umweltschädliche Nonylphenol beispielsweise ist nur einer von vielen Stoffen, die hier verboten, in Amerika aber erlaubt sind. Bei anderen Chemikalien ist das ähnlich. Für die USA sind Europas strenge Naturschutzregeln ärgerlich – denn sie schränken aus ihrer Sicht den freien

Chemikalie nur in den Handel kommen, wenn es Daten dazu gibt, wie sie die Umwelt und unsere Gesundheit beeinflusst – [d]ie Amerikaner haben kein solches System, sie verlangen keine Daten"[279], so der Chemie-Experten Kevin Stairs.

Fast das gleiche Problem findet sich auch im Bereich der Landwirtschaft bzw. der Lebensmittelherstellung. So wird in den USA Geflügelfleisch zur Desinfizierung in Chlor gebadet. Diese „Chlorhühnchen" werden von der EU-Bevölkerung abgelehnt und somit schlichtweg nicht gekauft.[280] Noch brisanter ist das Thema über den Einsatz von Hormonen bei der Fütterung von Rindern in den USA.[281] Bisher dürfen die Endprodukte, wie Fleisch und Milch, aufgrund des nicht ganz ausgeschlossenen gesundheitlichen Risikopotentials für den Menschen nicht in die EU eingeführt werden.[282] Wegen dieser Art des Protektionismus musste die WTO sogar einen Handelsstreit zwischen der USA und der EU schlichten.[283]

In der EU sind bestimmte Produkte der Gentechnik wegen ihres noch ungewissen Risikopotentials, anders als in den USA, noch nicht zugelassen. Angesichts der bisher geltenden unterschiedlichen Sicherheitsstandards bei der Forschung, Produktion und bei der Freisetzung von GVO auf beiden Seiten des Atlantiks, ist ein freier Warenverkehr von GVO bisher undenkbar. Eine Angleichung dieses Systems wird wohl eine der schwierigsten Hürden in den Verhandlungen um das TTIP darstellen. Selbst wenn man sich dabei auf gemeinsame Standards und Vorschriften einigen könnte, würden diese wohl nichts an der kritischen Haltung

---

Handel mit Chemikalien ein." (Stöckel, Mirjam: Freihandel: harte Verhandlungen zwischen USA und EU [wie FN 274].)

[279] Stöckel, Mirjam: Freihandel: harte Verhandlungen zwischen USA und EU [wie FN 274].

[280] Vgl. Pauly, Christoph/ Schult, Christoph: Chlorhühnchen im Shitstorm [wie FN 70]. S. 74.

[281] Hierbei handelt es sich um das Hormon Rinder-Somatotropin (rBST), welches unter dem Markenname „Posilac" von Monsanto hergestellt wird. Das Mittel soll die Michleistung und den Fleischertrag bei Rindern um 20-30% steigern. Allerdings müssen den Rindern, aufgrund von Nebenwirkungen, mehr Antibiotika verabreicht werden. Zudem besteht das Risiko, dass die Erzeugnisse der mit Posilac behandelten Rinder beim Verzehr durch den Menschen krebsfördernd sein könnten. (Vgl. Ebd. S. 75 f.)

[282] Vgl. Libert, Nicola: Transatlantischer Konsumwahn, veröffentlicht am 14.02.2013. Online: http://www.taz.de/!111055/, letzter Zugriff 19.05.2013.

[283] „Der Streit ging vor das Schiedsgericht der Welthandelsorganisation, die gemäß der sturen Logik der Freihändler im Einfuhrverbot für Hormonfleisch nur eine Form des Protektionismus erkennen konnte. Das Gericht erlaubte deshalb den USA, Strafzölle für EU-Produkte zu verlangen. Das taten sie – und zwar unter anderem für Schokolade." (Ebd.)

der EU-Bevölkerung bezüglich des Einsatzes der Gentechnik bei der Lebensmittelherstellung ändern. Die öffentliche Ablehnung dieser Produkte würde also weiterhin in der EU bestehen. Somit müsste auch über nötige gemeinsame Mechanismen zur Wahrung der Grundrechte der Verbraucher in Bezug auf GV-Lebensmittel verhandelt werden. Diese Harmonisierung könnte sehr langwierig und aufgrund der bisher dargestellten unterschiedlichen Ansichten sehr kompliziert werden.

Die Kennzeichnungsfrage: Ein altbekanntes Problem!?

Dass der Weg hin zu einer gemeinsamen Kennzeichnung von GV-Lebensmitteln ein schwieriges Unterfangen werden könnte, zeigen schon die früheren Auseinandersetzungen zu dieser Thematik zwischen den USA und der EU. Als bekanntestes Beispiel gilt hier das von 1998 bis 2004 anhaltende De-facto-Moratorium[284] in der EU. Hintergrund war, dass innerhalb der EU die einzelnen Mitgliedsstaaten die damaligen EU-Regeln für GVO in Bezug auf Kennzeichnungspflicht, Rückverfolgbarkeit und Haftungsfragen für ungenügend und lückenhaft hielten. Somit kam es in fast allen EU-Mitgliedsländern zu einer strikten Ablehnung der damals noch nicht bzw. nur teilweise kennzeichnungspflichtigen GVO, von der Neuzulassung bis zur Vermarktung. Auch der Anbau von transgenen Pflanzen wurde in sämtlichen EU-Mitgliedsländern (außer Spanien) niedergelegt.[285] Dass dieses Moratorium bei den außereuropäischen Produzenten[286] und Importeuren vom GV-Saatgut bis zum GV-Lebensmittel auf Empörung stieß, war vorauszusehen. Angetrieben von den Lobbyverbänden dieser, erhoben die USA (sowie Kanada, Argentinien und Ägypten) Anfang Mai 2003 Klage gegen diese protektionistischen Handelshemmnisse der EU beim internationalen WTO-Schiedsgericht. Beim Urteil wurde den Klägern Recht gegeben, dass das Moratorium, in Bezug auf das Zulassungsverbot, gegen das internationale Handelsrecht verstößt. Die von den EU-Mitgliedsstaaten verlangten

---

[284] Da dieses Moratorium nicht auf einen Rechtsakt der EU, sondern auf dem Beschluss einzelner EU-Mitgliedsstaaten beruhte, spricht man von einem „De-facto"-Moratorium. (Vgl. Sander, Gerald G./ Sasdi, Andreas: Welthandelsrecht und „grüne" Gentechnik – Eine transatlantische Auseinandersetzung vor den Streitbeilegungsorganen der WTO [wie FN 234]. S. 140.)

[285] Vgl. Gebhardt, Wiebke: Gentechnik und Koexistenz nach der Gesetzesnovelle von 2008: Zivilrechtliche Haftung im Vergleich Deutschland und USA [wie FN 4]. S. 27.

[286] Allein der US-Gentechnikkonzern Monsanto verlor, nach eigenen Angaben, während des Moratoriums jährlich 300 Mio. US$ an EU-Exporterlösen. (Vgl. Ebd. S. 27.)

Kennzeichnungsbestimmungen wurden hingegen als rechtens beurteilt.[287] Das De-facto-Moratorium wurde mit der Einführung neuer europäischer RL und VO in Bezug auf die Regulierung von GVO – unter anderem die beschriebene VO (EG) 1830/2003 – aufgehoben.[288]

Dieser Streit veranschaulicht, wie angespannt die Lage, in Bezug auf die Kennzeichnung von GV-Lebensmitteln, zwischen den transatlantischen Handelspartnern, in der Vergangenheit war bzw. perspektivisch für das TTIP sein wird.

Mögliche Kennzeichnungsszenarien – ein Ausblick

Eine Angleichung der bisherigen rechtlichen Standards und Normen zu einem gemeinschaftlichen uniformen Rechtsakt zur Kennzeichnung von GV-Lebensmitteln, den alle am TTIP beteiligten Staaten unterschreiben würden, scheint zum jetzigen Zeitpunkt fast unmöglich. Schließlich könnten die Ansätze zum rechtlichen Umgang mit GVO unterschiedlicher nicht sein. Die Verhandlungen um die Lösung der Kennzeichnungsfrage könnten zudem dadurch erschwert werden, da beide „Seiten der tiefen Überzeugung sind, dass der jeweils andere Wirtschaftsraum rechtswidrigen Protektionismus betreibt, während die eigenen Regelungen als rechtmäßig erachtet werden"[289].

Selbst wenn man sich bei den TTIP-Verhandlungen darauf einigen könnte, einen einheitlichen regulativen Weg bezüglich der Kennzeichnungsfrage einzuschlagen, stellt sich die Frage, welche bisherigen Prinzipien und Regulierungen als Grundlage für eine solche uniforme Regelung herangezogen werden könnten.

Da die GV-Lebensmittel bzw. die nötigen „Zutaten" für deren Herstellung zumeist in den USA produziert und dann in die EU importiert werden, könnten die USA als Herkunftsland auf die US-Regeln zur Kennzeichnung[290] bestehen. Diese Herangehensweise könnte in Anlehnung an die Theorie der „Rules of Origin" (Herkunfts- oder Ursprungslandprinzip) gerechtfertigt werden.

---

[287] Vgl. Ebd. S. 27.

[288] Vgl. Sander, Gerald G./ Sasdi, Andreas: Welthandelsrecht und „grüne" Gentechnik – Eine transatlantische Auseinandersetzung vor den Streitbeilegungsorganen der WTO WTO [wie FN 234]. S. 140.

[289] Fricke, Marcel: Genetisch veränderte Lebensmittel im Welthandelsrecht [wie FN 6]. S. 27.

[290] Gemeint sind die in Kapitel „Der gesamtamerikanische Rechtsrahmen" beschriebenen Regeln.

Die USA, speziell die US-Gentechnik-Konzerne sowie die GV-Lebensmittel verarbeitende Industrie, würde von einer solchen Regelung im hohen Maße profitieren. Schließlich würde ein Wegfall der bisherigen Kennzeichnungsvorschriften für die nach Europa exportierten GV-Produkte mit erheblichen Kosteneinsparungen einhergehen.[291] Sollten diese Einsparungen sich auch im Preis der GV-Lebensmittel widerspiegeln, könnten diese Produkte von den Verbrauchern kostengünstiger erworben werden. Was andererseits zu einer verminderten Nachfrage nach konventionell hergestellten Produkten am Markt führen könnte.[292] Der große Nachteil für die Europäer wäre der Verlust ihrer Verbraucherrechte auf Information und Wahlmöglichkeit, so wie es wohl in den USA derzeitig schon der Fall ist.

Doch ist es vorstellbar, dass sich die EU auf einen uniformen Rechtsakt, auf Grundlage der „laschen"[293] US-Kennzeichnungsregeln bei GV-Lebensmitteln, einlassen würde?

Betrachtet man schon jetzt den von Seiten der europäischen Politik der Verbraucherschützer und Interessengruppen entbrannten Diskurs um dieses Thema, kann die Frage mit: „Wohl eher nicht!" beantwortet werden. Es wird befürchtet, dass in den „Geheimverhandlungen zwischen der EU-Kommission und der Obama-Verwaltung faule Kompromisse auf Kosten der Verbraucher gemacht werden"[294] könnten. So warnt auch der Europaabgeordnete und agrarpolitische Sprecher der Grünen, Martin Häusling, davor, „im Zuge eines Abkommens [...] elementare Verbraucherrechte auszuhöhlen"[295]. Sobald es um eine Missachtung der Rechte des Verbrauchers geht, ist auch eine Mobilmachung von Seiten der NGOs nicht mehr abzuwehren. So fordert Christoph Then, Geschäftsführer des Anti-Gentechnik-Vereins „Testbiotech", dass „Transparenz, Wahlfreiheit und

---

[291] Weitere Prognosen zu den positiven wirtschaftlichen Effekten im „no labeling"-Szenario in: Scandizzo, Stefania: The Labelling of Geenetically Modified Products in a Global Trading Environment, in: Evenson, Robert E. (Hg.): International Trade and Policies for Genetically Modified Products, Cambridge 2006. S. 34-41.

[292] Vgl. Wolf, Sebastian: Regulative Maßnahmen zum Schutz vor gentechnisch veränderten Organismen und Welthandelsrecht [wie FN 155].

[293] Mann, Gerald Heinrich: Transatlantische Freihandelszone [wie FN 250]. S. 208.

[294] Pauly, Christoph/ Schult, Christoph: Chlorhühnchen im Shitstorm [wie FN 70]. S. 75.

[295] Häusling, Martin: Pressemitteilung: Vorsorgender Verbraucherschutz muss bei Freihandelsabkommen USA-EU absoluten Vorrang haben, veröffentlicht am 11.04.2013. Online: http://www.martin-haeusling.eu/index.php?option=com_content&view=article&id=255:11-04-13-vorsorgender-verbraucherschutz-muss-bei-freihandelsabkommen-usa-eu-absoluten-vorrang-haben&catid=17:pressemitteilungen&Itemid=488, letzter Zugriff 11.06.2013.

das Prinzip der Vorsorge [...] in Europa nicht dem freien Warenverkehr geopfert werden"[296] dürfen. „Wir können Millionen von Bürgern mobilisieren, wenn unsere Freiheit bedroht ist"[297], so der französische Bürgerrechtler Jérémie Zimmermann. Eine uniforme Kennzeichnungsregel nach Maßstab des bisherigen US-Rechts würde die bisherige europäische Kenntlichmachung, dass ein Produkt GVO enthält, außer Kraft setzen. Sollten die Produkte also nicht mehr wie in der EU üblich gekennzeichnet werden, könnte dies zu einem allgemeinen Misstrauen der GV-Lebensmittel ablehnenden Bevölkerung führen. So wäre es durchaus denkbar, dass die EU-Verbraucher alle aus den USA kommenden Lebensmittelprodukte als potentiell „GVO-kontaminiert" wahrnehmen würden.[298] Theoretisch wäre ein solches Szenario, unter Betracht der grundlegenden Gesetze der Marktwirtschaft, durchaus möglich. Schließlich führt „Unsicherheit hinsichtlich der Produkte [...] zu Misstrauen und dieses wiederum [...] zu verminderter Nachfrage, in deren Folge die Rentabilität der Produktion von GVO-Lebensmitteln sinkt"[299]. Somit wären letztendlich alle US-Lebensmittelproduzenten von diesem theoretisch eintretenden „Embargo" der EU-Konsumenten betroffen.

Eine erste Entwarnung, dass ein solches Szenario auf Grundlage des Ursprungslandprinzips wohl eher nicht eintreten wird, gibt der EU-Handelskommissar Karel de Gucht, der selbst an den Verhandlungen um das TTIP teilnimmt. Er sagte in einem Interview, dass „[d]as Freihandelsabkommen [...] unsere bestehenden Gesetze in der EU nicht einfach ändern"[300] kann.

Wenn sich also die EU nicht auf eine uniforme Kennzeichnungsregel auf Grundlage des bisherigen US-Rechts einlassen will, bleibt noch zu klären, welche Auswirkungen ein umgekehrtes Szenario hätte. Es müsste also eine uniforme

---

[296] Then, Christoph: im Interview, in: Pauly, Christoph/ Schult, Christoph: Chlorhühnchen im Shitstorm [wie FN 70]. S. 74.

[297] Zimmermann, Jérémie: im Interview, in: Pauly, Christoph/ Schult, Christoph: Chlorhühnchen im Shitstorm [wie FN 70]. S. 76.

[298] Vgl. Fricke, Marcel: Genetisch veränderte Lebensmittel im Welthandelsrecht [wie FN 6]. S. 224.

[299] Fricke, Marcel: Genetisch veränderte Lebensmittel im Welthandelsrecht [wie FN 6]. S. 220.

[300] de Gucht, Karel: im Interview, in: Stöckel, Mirjam: Freihandel: harte Verhandlungen zwischen USA und EU [wie FN 274].

Positivkennzeichnungspflicht[301] auf beiden Seiten des Atlantiks, am Beispiel der Regelwerke der EU in den Verhandlungen um das TTIP, verabschiedet werden. Dabei kann davon ausgegangen werden, dass ein solches Szenario von den Europäern stark begrüßt werden würde. Die US-Verbraucher, die dem Einsatz der Gentechnik bei Lebensmitteln argwöhnisch gegenüberstehen sowie die „Anti-Gentechnik"-Interessenverbände in den USA würden eine damit verbundene gesamtamerikanische Kennzeichnungspflicht von GV-Lebensmitteln sicher ebenfalls befürworten. In Folge hätte der US-Bürger „endlich" das Recht auf Wahlfreiheit und Information, egal ob er sich für oder gegen den Kauf von GV-Lebensmitteln entscheidet. Dass dieses Recht allerdings von der US-Regierung bisher außen vor gelassen wurde, hat seinen berechtigten Grund. Schließlich haben die Kennzeichnungsregeln der EU, laut Ansicht der US-Politik, „ein welthandelsrechtlich nicht anerkanntes Recht des Verbrauchers auf Information als Grundlage"[302]. Wie schon festgestellt, sehen die US-Behörden bei zugelassenen GV-Lebensmitteln keine gesundheitlichen Risiken für den Verbraucher. Aus diesem Grund wird die EU VO zur Kennzeichnung von der US-Regierung als „wissenschaftlich unhaltbar"[303] und „nicht gerechtfertigt"[304] kritisiert. „Sowohl die zuständigen US-Behörden als auch die Unternehmen der biotechnischen Industrie halten das Regelwerk der USA für angemessener als die europäischen Normen"[305]. Somit wird die Wahrscheinlichkeit, dass sich die US-Gesandten für eine Transparenz bei Lebensmittelprodukten nach europäischem Vorbild bei den TTIP-Verhandlungen aussprechen, als eher unwahrscheinlich prognostiziert.[306]

Neben den enormen Kontrasten der Gesetzmäßigkeiten und Ansichten, müssen auch die wirtschaftlichen Effekte, die durch eine GVO-Kennzeichnungspflicht für die USA bzw. die GVO herstellenden und verarbeitenden Industrie entstehen könnten, beleuchtet werden. Wie schon am Anfang der Arbeit gezeigt, sind

---

[301] Dass ein einheitliches Regelwerk bezüglich der (freiwilligen) Negativkennzeichnung bei den TTIP-Verhandlungen beschlossen wird, ist wohl unwahrscheinlich. Schließlich konnte eine solche „RL" bisher noch nicht einmal gesamtstaatlich in den beiden Wirtschaftsräumen eingeführt werden.

[302] Stökl, Lorenz: Der welthandelsrechtliche Gentechnikkonflikt [wie FN 33]. S. 104.

[303] Ebd. S. 121

[304] Stökl, Lorenz: Der welthandelsrechtliche Gentechnikkonflikt [wie FN 33]. S. 114.

[305] Ebd. S. 120.

[306] Vgl. Busse, Tanja: Freihandelsabkommen mit den USA – Wie es Verbraucherrechte aushöhlen könnte [wie FN 229].

GV-Lebensmittel in den USA aufgrund der internationalen Spitzenposition im Anbau von transgenen Pflanzen, aus den Supermarktregalen nicht mehr wegzudenken. Eine Kennzeichnungspflicht nach EU-Standards würde somit nicht nur zu zusätzlichen Kosten[307] für die US-Industrie, sondern eventuell auch zu einem Stimmungsumbruch bei der US-Bevölkerung führen. Sollten die US-Konsumenten aufgrund der Kennzeichnung GV-Lebensmittel meiden, würden der Gentechnik-Industrie, der GVO-verarbeitenden Industrie, sowie den GVO-anbauenden Landwirten erhebliche Verluste drohen.[308] Um es erst gar nicht so weit kommen zu lassen, wird sich die Landwirtschafts- und Gentechniklobby wohl mit aller Macht gegen eine uniforme Positivkennzeichnungsvorschrift im Freihandelsabkommen zur Wehr setzen.[309]

Letztendlich bleibt ungewiss, welche Position die US-Vertreter bei den Verhandlungen um das TTIP einnehmen werden. Einerseits könnte das TTIP als „Sprungbrett" für eine zukünftige – vielleicht eh nicht mehr aufzuhaltende – gesamtamerikanische Kennzeichnung von GV-Lebensmittel genutzt werden, wie sie schon im Jahr 2000 von dem damaligen US-Präsidenten Clinton und Kommissionspräsidenten Prodi eingesetzten bilateralen Expertengremium gefordert wurde.[310] Andererseits könnten sich auch diesmal, wie schon am Beispiel der Proposition 37 gezeigt, die Gentechnikbefürworter (speziell die Gentechnik-Konzerne) durch ihre Lobbyarbeit bei den Verhandlungen um das TTIP durchsetzen. Häusling warnt diesbezüglich davor, dass es hier um einen modernen,

---

[307] Hierzu zählen unter anderem: Etikettierungskosten, Informationskosten (z.B. bei der Weitergabe an Zwischenhändler), kostenintensive Test- bzw. Nachweisverfahren, Kosten der Warenstromtrennung und weitere Kosten durch eine Vervielfachung des bürokratischen Aufwandes. Im Detail zu finden bei: Stökl, Lorenz: Der welthandelsrechtliche Gentechnikkonflikt [wie FN 33]. S. 96 f. *Oder auch:* Scandizzo, Stefania: The Labelling of Geenetically Modified Products in a Global Trading Environment [wie FN 291]. S. 34-41.

[308] Vgl. Struß, Jantje: Die großflächige Ausbringung von GVO in die Umwelt [wie FN 11]. S. 251.

[309] Vgl. Häusling, Martin: Pressemitteilung: Vorsorgender Verbraucherschutz muss bei Freihandelsabkommen USA-EU absoluten Vorrang haben [wie FN 295].

[310] So lautete die damalige Empfehlung Nr. 15 dieser Expertengruppe: „Consumers should have the right of informed choice regarding the selection of what they want to consume. Therefore, at the very least, the EU and U.S. should establish content-based mandatory labelling requirements for finished products containing novel genetic material." (US-EU Biotechnology Consultative Forum: Final Report, veröffentlicht im Dezember 2000, S. 16. Online: https://research.cip.cgiar.org/confluence/download/attachments/3441/F15.pdf, letzter Zugriff 22.07.2013.)

vorbeugenden Gesundheits- und Verbraucherschutz gehe, der nicht Konzerninteressen zuliebe zusammengestrichen werden dürfe.[311]

Sollten sich die USA und die EU nicht auf einen uniformen Rechtsakt zur Kennzeichnung von GV-Lebensmitteln auf der Grundlage der bisher bestehenden Regeln einigen können, bliebe noch die Möglichkeit, gewisse Mindeststandards einzuführen. Allerdings wäre auch hier die Frage, auf welcher Grundlage diese beruhen sollten. Schließlich würden die identischen Probleme wie bei den beiden zuvor geschilderten Szenarien entstehen. Bei solchen Mindeststandards „kann man sich auch nicht in der Mitte treffen"[312], schildert der Geschäftsführer des Außenhandelsverbandes BGA, Jens Nagel.

Als Quintessenz bleibt also die Frage, welche Seite sich bei den Verhandlungen durchsetzen wird.

Auch wenn sich bisher keine der beiden Parteien „zu tief in die Karten gucken lassen will"[313], da die Gespräche, laut Karel de Gucht, „zumindest teilweise vertraulich sind"[314], solle, laut Renate Künast, derzeitig Vorsitzende der Bundestagsfraktion Bündnis 90/Die Grünen, doch ein gewisses Maß an Transparenz eingehalten werden.[315] Sonst würde das Handelsabkommen an der Zivilgesellschaft in Europa scheitern, so der EU-Abgeordnete Jan Philipp Albrecht.[316]

Sollte man sich bei der Kennzeichnungsfrage von GV-Lebensmitteln nicht einig werden, bliebe zudem immer noch der „Ausweg", alles wie bisher zu belassen. Dass ein solch letztes Szenario nicht nur für die Kennzeichnung von GV-Lebensmitteln, sondern für den ganzen Bereich der Produkte der Grünen Gentechnik, „vom Labor bis auf den Teller", eintreten könnte, halten viele Experten

---

[311] Vgl. Häusling, Martin: Pressemitteilung: Vorsorgender Verbraucherschutz muss bei Freihandelsabkommen USA-EU absoluten Vorrang haben [wie FN 295].

[312] Nagel, Jens: im Interview, in: Handelsblatt (o.V.): Es darf keine Verwässerung geben [wie FN 273].

[313] Stöckel, Mirjam: Freihandel: harte Verhandlungen zwischen USA und EU [wie FN 274].

[314] de Gucht, Karel: im Interview, in: Stöckel, Mirjam: Freihandel: harte Verhandlungen zwischen USA und EU [wie FN 274].

[315] Vgl. Künast, Renate: im Interview, in: Handelsblatt (o.V.): Es darf keine Verwässerung geben [wie FN 273].

[316] Vgl. Albrecht, Jan P.: im Interview, in: Pauly, Christoph/ Schult, Christoph: Chlorhühnchen im Shitstorm [wie FN 70]. S. 76.

für wahrscheinlich.[317] Schließlich sollte es speziell den EU-Mitgliedsstaaten und deren Verbrauchern erlaubt sein, sich gegen US-Importe zu schützen, die unter „lascheren" Standards als in der EU hergestellt wurden.[318] „Freihandel darf nicht gleichbedeutend sein mit Schutzlosigkeit, sondern muss faire Rahmenbedingungen bieten"[319], sagt der deutsche Agrarfunktionär und derzeitige Präsident des europäischen Bauernverbandes COPA, Gerhard Sonnleitner.

Doch würde man sich nicht einigen und somit an den jeweiligen Regeln festhalten, existiert im TTIP kein freier Handel von Gentechnikerzeugnissen. Dabei sollte berücksichtigt werden, dass ein solches Ausklammern von bestimmten Nicht-tarifären Handelsbarrieren, bei denen die Einigungsgespräche schwierig werden könnten,[320] nicht zur Regel am Verhandlungstisch wird. Sonst ist es gut möglich, dass am Ende, anstelle Barrosos „game-changer", „nur" ein transatlantisches Freihandelsabkommen auf der Basis des oben geschilderten Zollszenarios übrig bleibt.

Zusammenfassung und Fazit

Die Gentechnik und ihre Erzeugnisse stellen die Politik und somit auch das Recht vor enorme Herausforderungen. In Bezug auf die Kennzeichnung von GV-Lebensmitteln unterscheiden sich die jeweiligen politischen Ansichten und rechtlichen Vorschriften zwischen den USA und der EU fundamental. Grund für solche divergierenden Anschauungen ist die im transatlantischen Vergleich ungleiche Abwägung politischer, wirtschaftlicher und gesellschaftlicher Positionen bei der rechtlichen Entscheidungsfindung. Dabei konnte gezeigt werden, dass in den USA, anders als in der EU, die wirtschaftlichen Interessen, insbesondere der (Gentechnik-)Industrie, den Rechten der US-Verbraucher Vorrang geboten werden. Die politisch-wissenschaftliche Begründung, warum in den USA

---

[317] Vgl. Sonnleiter, Gerhard A. J.: Freihandel beschert uns kein Schlaraffenland – Gastkommentar auf welt.de, veröffentlicht am 20.09.2001. Online: http://www.welt.de/print-welt/article476913/Freihandel-beschert-uns-kein-Schlaraffenland.html, letzter Zugriff 10.06.2013. *Oder auch:* Pauly, Christoph/ Schult, Christoph: Chlorhühnchen im Shitstorm [wie FN 70]. S. 76. *Oder auch:* Nagel, Jens: im Interview, in: Handelsblatt (o.V.): Es darf keine Verwässerung geben [wie FN 273]. *Oder auch:* Vgl. Künast, Renate: im Interview, in: Handelsblatt (o.V.): Es darf keine Verwässerung geben [wie FN 273].

[318] Vgl. Sonnleiter, Gerhard A. J.: Freihandel beschert uns kein Schlaraffenland – Gastkommentar auf welt.de [wie FN 317].

[319] Ebd.

[320] Hierzu zählen u.a. die im Kapitel „(Un-)überwindbare Konfliktthemen" aufgezählten administrativen Handelshemmnisse.

GV-Lebensmittel keiner speziellen Kennzeichnung unterliegen, lässt sich im bisher nicht nachgewiesenen (gesundheitlichen) Risiko finden. In der EU existiert in diesem Kontext eine anders geartete Auffassung. Nur weil eine tatsächliche Gefahr bisher nicht bewiesen werden konnte, heiße es nicht, dass keine potentiellen Risiken bestehen. Die GVO-Regulierung in der EU soll und kann, laut der EU-Politik, durch eine transparente Positivkennzeichnung bei GV-Lebensmitteln, vorsorglich zum Verbraucherschutz beitragen. Somit rechtfertigen nicht nur das unbekannte Risikopotential von GVO, sondern auch die Wünsche der EU-Bürger, eine gesamteuropäische Positiv- wie auch einzelstaatliche Negativkennzeichnung.

Wie gezeigt, scheint sich mittlerweile auch das Verlangen nach Wahlfreiheit und Information bei den US-Konsumenten immer weiter auszubreiten. Ob in den nächsten Jahren die US-Verbraucher bzw. deren Interessenverbände die US-Politik zu einem Umdenken hin zu einer gesamtamerikanischen Regelung bezüglich der Positiv- oder auch Negativkennzeichnung bewegen können, ist, unter jetzigen Voraussetzungen, schwer denkbar. Schließlich trugen gerade die US-Verbraucher durch ihr lange Zeit vorherrschendes Desinteresse bezüglich der Gentechnik dazu bei, dass sich die Gentechnik befürwortende Lobby eine mächtige Position in den US-politischen Reihen verschaffen konnte.

Dieser Einfluss der Wirtschaft wird sich womöglich auch bei den US-Vertretern während der TTIP-Verhandlungen widerspiegeln und somit eine Klärung der Kennzeichnungsfrage erschweren. Dabei könnte dieses ambitionierte Freihandelsprojekt dazu genutzt werden, ein für alle mal die Differenzen und Spannungen zwischen den starren Fronten in der Debatte um die Grüne Gentechnik „auszumerzen" und somit die Karten bezüglich der Kennzeichnungsfrage neu zu mischen. Wie prognostiziert, könnten sich diesbezüglich verschiedenste Regelungsszenarien ergeben. Diese haben aber meist einen gemeinsamen Nenner, der Verbraucher erhält niemals eine vollständige Transparenz darüber, was in den von ihm konsumierten Lebensmitteln tatsächlich enthalten ist. Daneben überfordern sicher schon jetzt die unübersichtlichen Regelungen, u.a. mit komplizierten Ausschlusskriterien, wie z.B. bei der VO (EG) 1830/2003, den „unaufgeklärten" Verbraucher bei seiner Kaufentscheidung. Zudem wird sicher keines der o.g. TTIP-Szenarien den derzeitigen „Glaubenskrieg" bezüglich der Grünen Gentechnik, innerhalb der EU und möglicherweise anbahnend auch in den USA, beenden. Um dieses Problem zu lösen, müsste der Verbraucher durch eine klare Informationspolitik aufgeklärt werden. Eine Möglichkeit, wie eine solche

Aufklärung letztendlich, sowohl in der EU, also auch in den USA oder im TTIP, erreicht werden könnte, wäre eine Positivkennzeichnung aller Lebensmittel, bei denen gentechnische Verfahren direkt oder indirekt angewendet wurden. Durch ein solches Schließen der bisher in der europäischen VO (EG) 1830/2003 bestehenden „Kennzeichnungslücke", würden die bislang „ahnungslosen" Verbraucher vor eine für sie sicherlich „neue" Wahrheit gestoßen werden. Gemeint ist die Tatsache, dass schon jetzt – laut Schätzungen – 60-80% aller Lebensmittelprodukte in irgendeiner Art und Weise mit der Gentechnik in Kontakt kommen. Sollten all diese Produkte gekennzeichnet sein, könnte es zu einem Umdenken der Verbraucher, egal ob in den USA oder in der EU, kommen, was vielleicht auch dem „Gentechnik-Glaubenskrieg" ein neues Gesicht aufsetzen würde. Dass eine solch verbraucherfreundliche Gentechnik-Kennzeichnung aufgrund verschiedenster Hürden, wie z.B. dem enormen bürokratischen Aufwand und den hohen Kosten für die gesamte lebensmittelverarbeitende Industrie sicher als unwahrscheinlich gilt, ist die andere Seite der Medaille.

Mit Blick auf die von den wissenschaftlichen Experten prognostizierten Chancen der Gentechnik, ergeben sich zudem völlig neue Zukunfts-Szenarien. Schließlich könnte die Einführung kostengünstigerer und/oder neuer GV-Lebensmittel mit verbesserten Eigenschaften eine Trendwende bezüglich der Haltung der Verbraucher hervorrufen. Ob letzten Endes der Nutzen des Einsatzes der Gentechnik bei der Herstellung von Lebensmitteln das Risiko überwiegt und sich somit diese Technologieanwendung nur in die Reihe der anfänglich verpönten und heute nicht mehr wegzudenkenden Technologien einfügt, bleibt die größte aller offenen Fragen. Bis diese Ungewissheit aufgeklärt werden kann, ist und bleibt die Kennzeichnung von GV-Lebensmitteln ein brisantes Konfliktthema, egal ob in der EU, in den USA oder bei den Verhandlungen um das TTIP.

Abbildungen

Abb. 1:

Ertragsverluste durch Schädlinge, Pflanzenkrankheiten und Unkräuter für verschiedene Kulturpflanzenarten (Angaben in Prozent; weltweit)

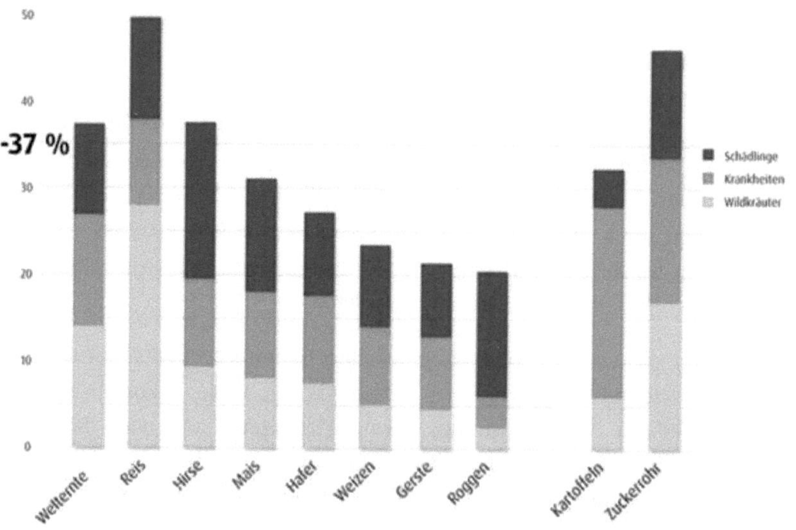

Quelle: transgen.de: Ertragsverluste durch Schädlinge, Pflanzenkrankheiten und Unkräuter für verschiedene Kulturpflanzenarten (Angaben in Prozent; weltweit), o.D. Online: http://www.transgen.de/images/zoom.php?image=/data/imagescontent/pflanzenforschung/773_diagramm-ernteverluste_context.jpg, letzter Zugriff 06.06.2013.

Abb. 2:

Weltweiter Anbau von transgenen Pflanzen (von 1996 bis 2010; in Mio. ha)

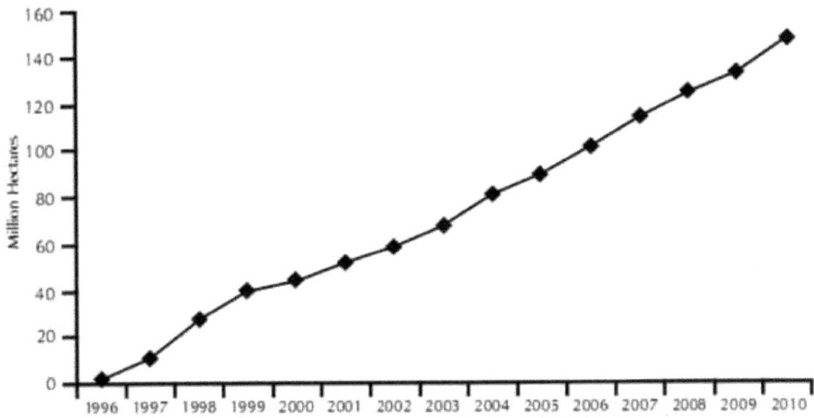

Quelle: James, Clive: ISAAA Brief 42-2010 – Global status of Commercialized biotech/GM Crops: 2010, Ithaca (NY) 2010. S. 8. Online: http://www.isaaa.org/resources/publications/briefs/42/download/isaaa-brief-42-2010.pdf, letzter Zugriff 21.05.2013.

Abb. 3:

Anteile von GV-Sorten an den weltweiten Anbauflächen von Soja, Raps, Mais und Baumwolle (Anbaujahre: 2001, 2005, 2009, 2011)

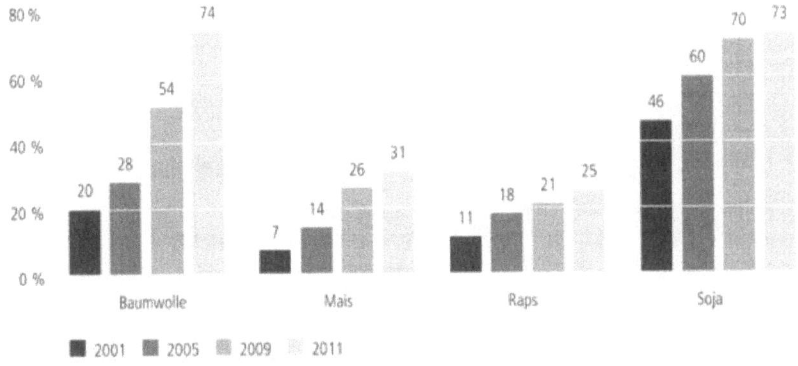

Quelle: Boysen, Mathias/ Spelsberg, Gerd/ Baron, Heike: Ökonomischer Nutzen der grünen Gentechnologie, in: Müller-Röber, Bernd u.a. (Hg.): Grüne Gentechnologie – Aktuelle wissenschaftliche, wirtschaftliche und gesellschaftliche Entwicklungen, 3. völlig neubearbeitete und ergänzte Aufl., Berlin 2013. S. 108.

Abb. 4:

Weltweite Anbaufläche der wichtigsten transgenen Pflanzenarten (2009, 2010; in Mio. ha)

Crop	2009	%	2010	%	+/-	%
Soybean	69.2	52	73.3	50	4.1	+6
Maize	41.7	31	46.0	31	4.3	+10
Cotton	16.1	12	21.0	14	4.9	+30
Canola	6.4	5	7.0	5	0.6	+9
Sugar beet	0.5	<1	0.5	<1	<0.1	--
Alfalfa	0.1	<1	0.1	<1	<0.1	--
Papaya	<0.1	<1	<0.1	<1	<0.1	--
Others	<0.1	<1	<0.1	<1	<0.1	--
Total	134	100	148	100	14.0	+10

Quelle: James, Clive: ISAAA Brief 42-2010 – Global status of Commercialized biotech/GM Crops: 2010, Ithaca (NY) 2010. S. 211. Online: http://www.isaaa.org/resources/publications/briefs/42/down load/isaaa-brief-42-2010.pdf, letzter Zugriff 21.05.2013.

Abb. 5:

Weltweite GV-Anbauflächen nach Eigenschaften der transgenen Pflanzen (von 1996 bis 2010; in Mio. ha)

Quelle: James, Clive: ISAAA Brief 42-2010 – Global status of Commercialized biotech/GM Crops: 2010, Ithaca (NY) 2010. S. 216. Online: http://www.isaaa.org/resources/publications/briefs/42/down load/isaaa-brief-42-2010.pdf, letzter Zugriff 21.05.2013.

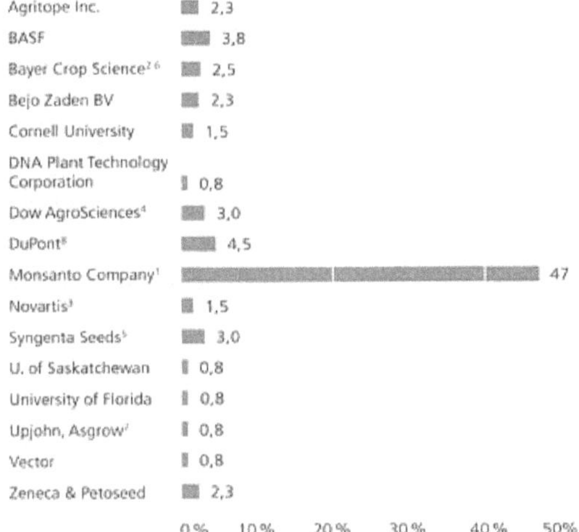

Bei Zulassungen in Kooperation werden diese für jede beteiligte Firma gezählt. ▶ [1]) Calgene Inc., Dekalb Genetics Corporation, heute Monsanto. [2]) AgrEvo, Aventis Crop Science, Plant Genetic Systems Rhône-Poulenc Inc., heute Bayer CropScience. [3]) Ciba-Geigy Corporation, heute zu Novartis. [4]) Mycogen Seeds ist ein Tochterunternehmen von Dow AgroSciences. [5]) Northrup King, heute zu Syngenta. [6]) Bayer CropScience USA LP zu Bayer CropScience. [7]) Asgrow, Tochtergesellschaft von Upjohn. [8]) Pioneer Hi-Bred International Inc. ist ein Tochterunternehmen von DuPont.

Quelle: Osterheider, Angela/ Marx-Stölting, Lilian: Daten zu ausgewählten Indikatoren, in: Müller-Röber, Bernd u.a. (Hg.): Grüne Gentechnologie – Aktuelle wissenschaftliche, wirtschaftliche und gesellschaftliche Entwicklungen, 3. völlig neubearbeitete und ergänzte Aufl., Berlin 2013. S. 244.

Abb. 7:

Mögliche Beeinflussung der Umwelt durch transgene Pflanzen

Beeinflussung	Beispiele für potentielle Risiken
chemische Interaktion mit Lebewesen	unbeabsichtigte Auswirkungen von Insektenresistenz auf „Nützlinge"; Konsequenzen der Anreicherung von Bt-Toxin im Boden
Veränderungen der Persistenz oder Invasivität von Nutzpflanzen	Überdauerungsfähigkeit bei Fruchtwechsel Einwanderung in natürliche Habitate
Horizontaler Gentransfer durch Pollenübertragung auf Unkräuter	Transfer von Herbizidresistenz auf Unkräuter; Transfer von Resistenz gegen biotischen oder abiotischen Stress auf Unkräuter
reduzierte Effektivität von Pestiziden oder Herbiziden	Entstehung von Resistenzen gegen Insektizide oder Herbizide durch Selektion resistenter Linien
Einfluss auf Biodiversität	Einsatz von Totalherbiziden
Einfluss auf Boden und Grundwasser	Veränderungen der Herbizidanwendung; Veränderung von landwirtschaftlichen Methoden

Quelle: Kempken, Renate/ Kempken, Frank: Gentechnik bei Pflanzen – Chancen und Risiken, 3. überarb. Aufl., Kiel 2006. S. 191.

Abb. 8:

Die Haltung der EU-Bürger zu GV-Lebensmitteln (Eurobarometer 73.1/ 2010)

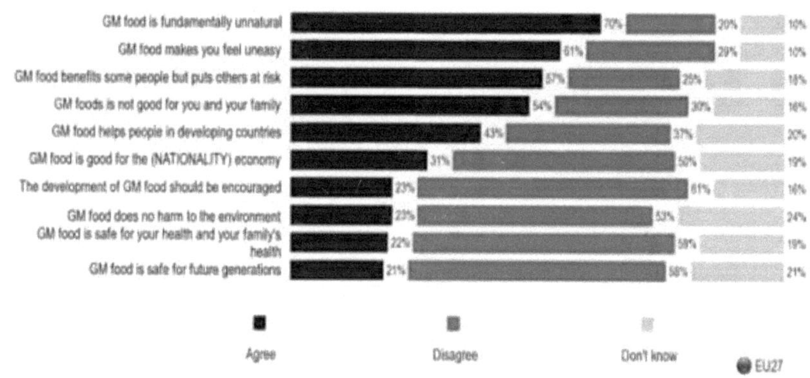

Quelle: TNS Opinion & Social (o.V.): Eurobarometer 73.1 – Biotechnology, Brüssel 2010. S. 9. Online: http://ec.europa.eu/public_opinion/archives/ebs/ebs_341_en.pdf, letzter Zugriff 29.06.2013.

Die Haltung der EU-Bürger bezüglich vier verschiedener Technologieanwendungen (Eurobarometer 64.3/ 2005)

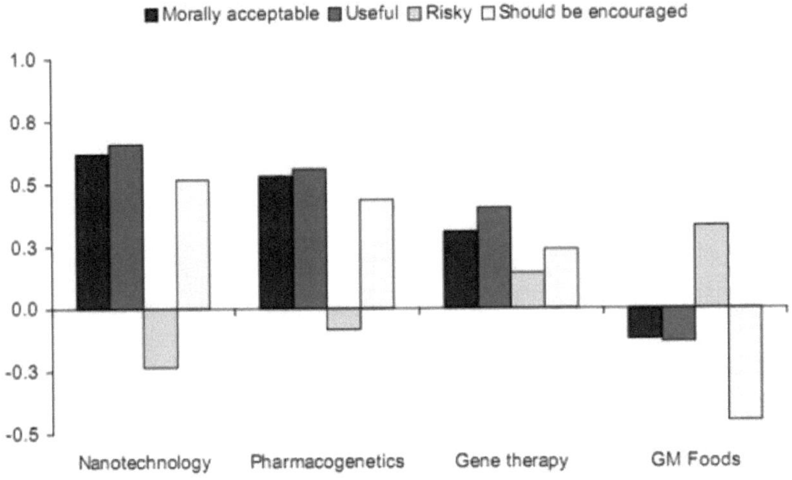

Quelle: Gaskell, G./ Allansdottir, A./ Allum, N. u.a.: Eurobarometer 64.3 – Europeans and Biotechnology in 2005: Patterns and Trends, o.O. 2006. S. 17. Online: http://ec.europa.eu/research/press/2006/pdf/pr1906_eb_64_3_final_report-may2006_en.pdf, letzter Zugriff 29.06.2012.

Abb. 10:

Anzahl der Verstöße gegen die (Positiv-)Kennzeichnungsvorschrift in Deutschland bei Soja und Mais (von 2000 bis 2011)

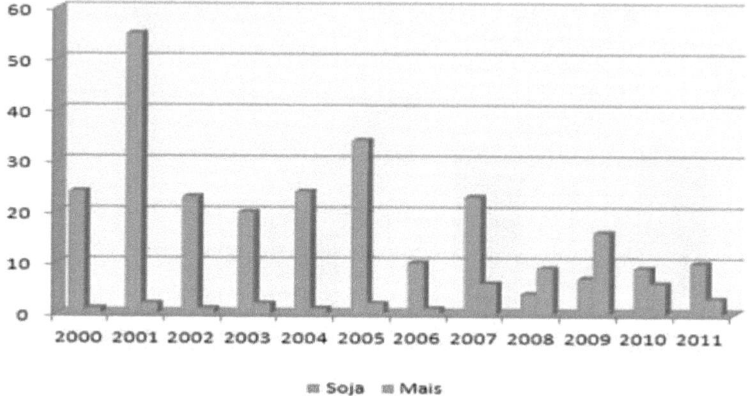

Quelle: zusammengefasste Zahlen der einzelnen Ergebnisse der Lebensmittelüberwachungsbehörden mehrerer Bundesländer. Online: http://www.transgen.de/lebensmittel/ueberwachung/688.doku.html, letzter Zugriff 07.07.2013.

Beispiel der Kennzeichnung von Futtermitteln mit GV-Soja (links: Big-Pack mit Futtermitteln/rechts oben: Zutatenliste des Big-Packs/rechts unten: Vergrößerung der Zusammensetzung mit Wortlaut aus Art 4, Abs. 6 VO (EG) 1830/2003)

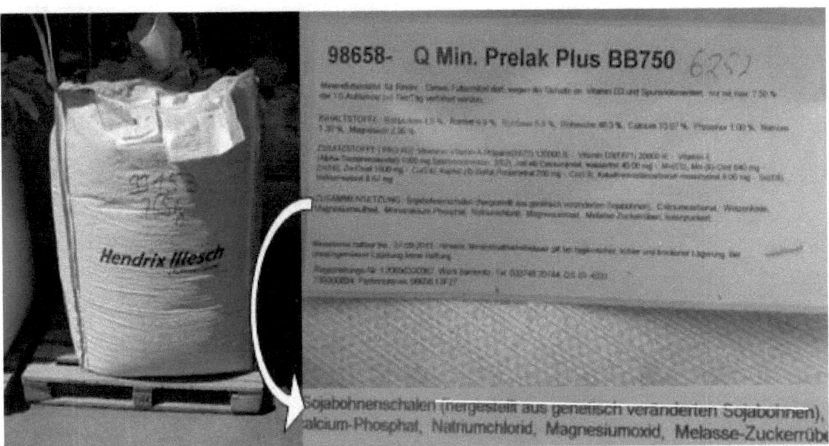

Quelle: Eigene Aufnahmen im Familienunternehmen: Hendrix Illesch Futtermittel GmbH.

Abb. 12:

Zeitraum vor Gewinnung des Lebensmittels, innerhalb dessen eine Verfütterung von GV-Futtermitteln unzulässig ist

Tierart	Zeitraum
bei Equiden und Rindern (einschließlich Bubalus und Bison-Arten) für die Fleischerzeugung	zwölf Monate und auf jeden Fall mindestens drei Viertel ihres Lebens
bei kleinen Wiederkäuern	sechs Monate
bei Schweinen	vier Monate
bei milchproduzierenden Tieren	drei Monate
bei Geflügel für die Fleischerzeugung, das eingestallt wurde, bevor es drei Tage alt war	zehn Wochen
bei Geflügel für die Eierzeugung	sechs Wochen.

Quelle: EGGenTDurchFG: Anlage (zu § 3a Abs. 4 Satz 2).

„Ohne Gentechnik"-Label auf dem Kronkorken und dem Etikett von Oettinger Export Bier

Quelle: Homepage der Oettinger Brauerei GmbH. Online: http://oettinger-bier.de/ohne-gentechnik/images/slide/s5.jpg, letzter Zugriff 21.07.2013.

Abb. 14:

Auflistung der 10 wichtigsten Sponsoren der Proposition 37

YES ON PROPOSITION 37: $9.2 million raised in total

Rank	Contributor Name	Total
1	MERCOLA.COM HEALTH RESOURCES LLC	$1,199,000
2	KENT WHEALY	$1,000,000
3	NATURE'S PATH FOODS U.S.A. INC. FINE NATURAL FOOD PRODUCTS	$660,709
4	DR. BRONNER'S MAGIC SOAPS ALL-ONE-GOD-FAITH INC.	$620,883
5	ORGANIC CONSUMERS FUND	$605,667
6	ALI PARTOVI	$288,975
7	MARK SQUIRE	$258,000
8	WEHAH FARM, INC., DBA LUNDBERG FAMILY FARMS	$251,500
9	AMY'S KITCHEN	$200,000
10	THE STILLONGER TRUST, MARK SQUIRE TRUSTEE	$190,000

NO ON PROPOSITION 37: $46.0 million raised in total

Rank	Contributor Name	Total
1	MONSANTO COMPANY	$8,112,867
2	E.I. DUPONT DE NEMOURS & CO.	$5,400,000
3	PEPSICO, INC.	$2,485,400
4	GROCERY MANUFACTURERS ASSOCIATION	$2,002,000
5	KRAFT FOODS GLOBAL, INC.	$2,000,500
6	BAYER CROPSCIENCE	$2,000,000
7	DOW AGROSCIENCES LLC	$2,000,000
8	BASF PLANT SCIENCE	$2,000,000
9	SYNGENTA CORPORATION	$2,000,000
10	COCA-COLA COMPANY	$1,700,500

Quelle: MapLight Research Organization: A MapLight analysis of campaign finance data from the California Secretary of State, veröffentlicht am 09.03.2013. Online: http://maplight.org/data-release/data-release-failed-ca-prop-37-gmo-labeling-funding-profile-55m-raised, letzter Zugriff 13.07.2013.

Abb. 15:

Label des „Non-GMO Projects" auf Produktverpackungen

Quelle: Homepage des CNN. Online: http://i2.cdn.turner.com/cnn/dam/assets/130625084256-non-gmo-label-story-top.jpg, letzter Zugriff 21.07.2013

Abb. 16:

Mögliche Wohlfahrtseffekte im „Zollszenario" (ausgewählte Länder)

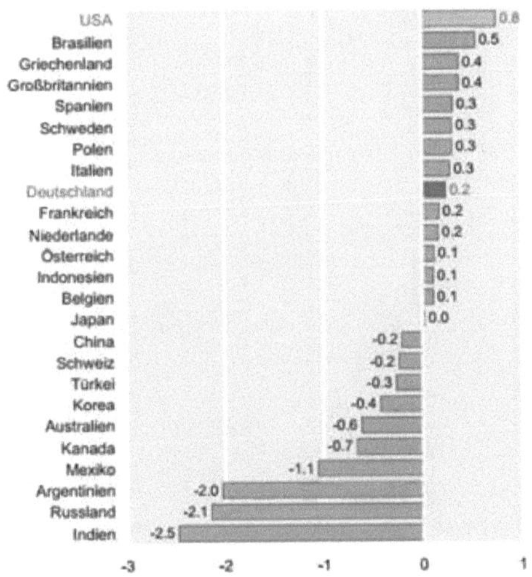

Quelle: Felbermayr, Gabriel/ Larch, Mario/ Flach, Lisandra/ Yalcin, Erdal/ Benz, Sebastian/ Krüge, Finn: Dimensionen und Effekte eines transatlantischen Freihandelsabkommens, in: ifo Schnelldienst, Heft 4/2013, München 2013. S. 27.

Abb. 17:

Mögliche Wohlfahrtseffekte bei umfassendem Freihandel (ausgewählte Länder)

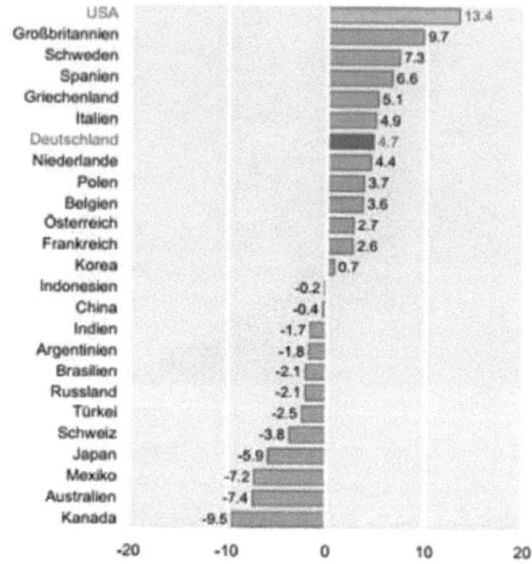

Quelle: Vgl. Abb. 16.

Literaturverzeichnis

ABC News (o.V.): Food Safety – Modified Foods Give Consumers Pause, veröffentlicht am 15.07.2003. Online: http://abcnews.go.com/images/pdf/930a1FoodSafety.pdf, letzter Zugriff 13.07.2013.

Ahrens, Sylvie: Jetzt sollen die EU-Staaten selbst entscheiden, auf: Tagesschau.de, veröffentlicht am 13.07.2010. Online: http://www.tagesschau.de/wirtschaft/gentechnik108.html, letzter Zugriff 25.05.2013.

Aigner, Ilse: "Mein Auftrag ist Kennedy 2.0" – Bundesministerin Aigner zum Weltverbrauchertag, Pressemitteilung Nr. 71 vom 15.03.2012. Online: http://www.bmelv.de/SharedDocs/Pressemitteilungen/2012/71-AI-Weltverbrauchertag.html, letzter Zugriff 02.07.2013.

Barroso, José M. D.: Statement by President Barroso on the Transatlantic Trade and Investment Partnership, veröffentlicht am 13.02.2013. Online: http://europa.eu/rapid/press-release_SPEECH-13-121_en.htm, letzter Zugriff 24.06.2013.

BASF (o.V.): Bio – und Gentechnologie: Schlüsseltechnologie des 21. Jahrhunderts, o.D. Online: http://www.basf.com/group/corporate/de/products-and-industries/biotechnology/index, letzter Zugriff 13.06.2013.

Bernert, Irina: Wenn Tomaten Gene haben … – Die Kennzeichnung „gentechnisch veränderter Nahrungsmittel" im Lichte verfassungs- und europarechtlicher Vorgaben, in: Neue Juris-tische Monografien, Band 31, Wien 2004.

Biosicherheit.de (o.V.): Interview mit Prof. Dr. Wolfgang van den Daele, veröffentlicht am 16.04.2007. Online: http://www.biosicherheit.de/debatte/495.unbehagen-legitimen-ausdruck-risiko.html, letzter Zugriff 30.06.2013.

Biotechnologie.de (o.V.): Was ist Biotechnologie?, o.D. Online: http://www.biotechnologie.de/BIO/Navigation/DE/Hintergrund/basiswissen.htm l, letzter Zugriff 13.06.2013.

BloombergBusinessweek (o.V.): Labeling of modified foods heads to Conn.governor, ver-öffentlicht am 03.06.2013. Online:

http://www.businessweek.com/ap/2013-06-03/labeling-of-modified-foods-heads-to-conn-dot-governor, letzter Zugriff 05.06.2013.

BMELV (Hg.): Lebensmittel und Gentechnik – Die wichtigsten Fakten, Berlin 2013. Online: http://www.bmelv.de/SharedDocs/Downloads/Broschueren/OhneGentechnikSiegel.pdf?__blob=publicationFile, letzter Zugriff 05.07.2013.

Boysen, Mathias/ Spelsberg, Gerd/ Baron, Heike: Ethische Bewertung der grünen Gentechnologie, in: Müller-Röber, Bernd u.a. (Hg.): Grüne Gentechnologie – Aktuelle wissenschaftliche, wirtschaftliche und gesellschaftliche Entwicklungen, 3. völlig neubearbeitete und ergänzte Aufl., Berlin 2013.

Boysen, Mathias/ Spelsberg, Gerd/ Baron, Heike: Gesellschaftliche Resonanz auf die grüne Gentechnologie, in: Müller-Röber, Bernd u.a. (Hg.): Grüne Gentechnologie – Aktuelle wissenschaftliche, wirtschaftliche und gesellschaftliche Entwicklungen, 3. völlig neubearbeitete und ergänzte Aufl., Berlin 2013.

Boysen, Mathias/ Spelsberg, Gerd/ Baron, Heike: Mögliche Auswirkungen auf Gesundheit und Umwelt, in: Müller-Röber, Bernd u.a. (Hg.): Grüne Gentechnologie – Aktuelle wissenschaftliche, wirtschaftliche und gesellschaftliche Entwicklungen, 3. völlig neubearbeitete und ergänzte Aufl., Berlin 2013.

Boysen, Mathias/ Spelsberg, Gerd/ Baron, Heike: Ökonomischer Nutzen der grünen Gentechnologie, in: Müller-Röber, Bernd u.a. (Hg.): Grüne Gentechnologie – Aktuelle wissenschaftliche, wirtschaftliche und gesellschaftliche Entwicklungen, 3. völlig neubearbeitete und ergänzte Aufl., Berlin 2013.

Boysen, Mathias/ Spelsberg, Gerd/ Baron, Heike: Politischer Rahmen der grünen Gentechnologie in Deutschland und der EU, in: Müller-Röber, Bernd u.a. (Hg.): Grüne Gentechnologie – Aktuelle wissenschaftliche, wirtschaftliche und gesellschaftliche Entwicklungen, 3. völlig neubearbeitete und ergänzte Aufl., Berlin 2013.

Charisius, Hanno: Gentechnik auf dem Teller, in: DIE ZEIT, Heft 31, Hamburg 2010. Online: http://www.zeit.de/2010/31/N-Gentechnik-Kennzeichnung/seite-3, letzter Zugriff 11.06.2013.

Cleveland, Lauriel: USDA approves voluntary GMO-free label, veröffentlicht am 25.06.2013. Online: http://eatocracy.cnn.com/2013/06/25/usda-approves-voluntary-gmo-free-label/, letzter Zugriff 15.06.2013.

Consumers International (o.V.): Rechte der Verbraucher, o.D. Online: http://www.consumersinternational.org/who-we-are/consumer-rights#.UdV50m1C4Ro, letzter Zugriff 02.07.2013.

DER SPIEGEL (o.V.): Grüne Gentechnik – eher ein Glaubenskrieg, Heft 21, Hamburg 2000. Online: http://www.spiegel.de/spiegel/vorab/a-77404.html, letzter Zugriff 15.06.2013.

Engelbrecht, Claudia: Biotechnologie: Gesundes Wachstum, o.D. Online: http://www.staufenbiel.de/naturwissenschaftler/dossier-biotechnologie/biotechnologie-gesundes-wachstum.html, letzter Zugriff 13.06.2013.

Engeln, Henning/ Auf dem Kampe, Jörn: Wie gefährlich ist der Eingriff ins Pflanzengenom? – Interview mit dem Biologen Arnold Sauter, in: GEOkompakt, Heft 30, Hamburg 2012.

Enquete-Kommission: Chancen und Risiken der Gentechnologie, BT-Drs. 10/6775, o.O. 1987. Online: http://dip21.bundestag.de/dip21/btd/10/067/1006775.pdf, letzter Zugriff 13.06.2013.

Europäische Kommission: EU Register of authorised GMOs. Online: http://ec.europa.eu/food/dyna/gm_register/index_en.cfm, letzter Zugriff 20.06.2013.

FDA: Statement of Policy – Food for human consumption and animal drugs, feeds, and related products: Foods derived from new plant varieties, policy statement Nr. 22984, veröffentlicht am 29.05.1992. Online: http://www.fda.gov/Food/GuidanceRegulation/GuidanceDocumentsRegulatoryInformation/Biotechnology/ucm096095.htm, letzter Zugriff 12.07.2013.

Felbermayr, Gabriel/ Larch, Mario/ Flach, Lisandra/ Yalcin, Erdal/ Benz, Sebastian/ Krüge, Finn: Dimensionen und Effekte eines transatlantischen Freihandelsabkommens, in: ifo Schnelldienst, Heft 4/2013, München 2013.

Förster, Susanne: Internationale Haftungsregeln für schädliche Folgewirkungen gentechnisch veränderter Organismen, in: Wolfrum, Rüdiger u.a. (Hg.): Beiträge zum ausländischen öffentlichen Recht und Völkerrecht, Band 181, Berlin 2006.

Fricke, Marcel: Genetisch veränderte Lebensmittel im Welthandelsrecht, in: Bruha, Thomas u.a. (Hg.): Europäisches und internationales Integrationsrecht, Band 5, Hamburg 2004.

Gaskell, G./ Allansdottir, A./ Allum, N. u.a.: Eurobarometer 64.3 – Europeans and Biotechnology in 2005: Patterns and Trends, o.O. 2006. Online: http://ec.europa.eu/research/press/2006/pdf/pr1906_eb_64_3_final_report-may2006_en.pdf, letzter Zugriff 29.06.2012.

Gebhardt, Wiebke: Gentechnik und Koexistenz nach der Gesetzesnovelle von 2008: Zivilrechtliche Haftung im Vergleich Deutschland und USA, in: Säcker, Franz Jürgen (Hg.): Veröffentlichungen des Instituts für deutsches und europäisches Wirtschafts-, Wettbewerbs- und Regulierungsrecht der Freien Universität Berlin, Band 20, Berlin 2010.

Goehl, Susanne A.: Gentechnik, Recht und Handel – Genmanipulierte landwirtschaftliche Produkte als Gegenstand des öffentlichen Wirtschaftsrechts, Hamburg 2009.

Greanpeace.org: Gentech Landwirtschaft, Video-Podcast vom 09.11.2009. On-line: http://www.greenpeace.org/switzerland/de/Themen/Landwirtschaft/Gentech/, letzter Zugriff 19.05.2013.

Gross, Dominique: Das gemeinschaftsrechtliche Genehmigungsverfahren bei der Freisetzung und dem Inverkehrbringen gentechnisch veränderter Organismen, in: Gauch, Peter (Hg.): Arbeiten aus dem iuristischen Seminar der Universität Freiburg Schweiz, Basel 2006.

Hampel, Jürgen/ Ortwin, Renn: Gentechnik in der Öffentlichkeit – Wahrnehmung und Bewertung einer umstrittenen Technologie, Frankfurt am Main 2001.

Hampel, Jürgen: Die Auseinandersetzung über den Umgang mit der grünen Gentechnik – ein Beispiel für ein Mehrebenenregulierungssystem, in: Massing, Peter (Hg.): Gentechnik – eine Einführung, Schwalbach am Taunus 2007.

Handelsblatt (o.V.): Es darf keine Verwässerung geben, veröffentlicht am 05.03.2013. On-line: http://www.handelsblatt.com/politik/deutschland/freihandelsabkommen-gruene-wollen-agrarbereich-ausklammern/7878410-2.html, letzter Zugriff 21.05.2013.

Handelsblatt (o.V.): Grüne wollen Agrarbereich ausklammern, veröffentlicht am 05.03.2013. Online: http://www.handelsblatt.com/politik/deutschland/freihandelsabkommen-gruene-wollen-agrarbereich-ausklammern/7878410.html, letzter Zugriff 21.05.2013.

Hauner, Andrea (Autorin): Risiko Gen-Nahrung?, Video-Podcast der Reihe 45min auf NDR.de, veröffentlicht am 04.10.2011. Online: http://www.ndr.de/ratgeber/gesundheit/ernaehrung/minuten179.html, letzter Zugriff 13.06.2013.

Häusling, Martin: Pressemitteilung: Vorsorgender Verbraucherschutz muss bei Freihandelsabkommen USA-EU absoluten Vorrang haben, veröffentlicht am 11.04.2013. Online: http://www.martin-haeusling.eu/index.php?option=com_content&view=article&id=255:11-04-13-vorsorgender-verbraucherschutz-muss-bei-freihandelsabkommen-usa-eu-absoluten-vorrang-haben&catid=17:pressemitteilungen&Itemid=488, letzter Zugriff 11.06.2013.

Hofmeister, Christina: Achtung: Gen-Food im KaDeWe, veröffentlicht am 15.05.2012. On-line: http://www.greenpeace.de/themen/gentechnik/nachrichten/artikel/achtung_gen_food_im_kadewe/, letzter Zugriff 19.05.2013.

Hüfner, Martin W.: Neue Dynamik im Handel mit Amerika, veröffentlicht am 28.02.2013. Online: http://www.wallstreet-online.de/nachricht/5104858-huefners-wochenkommentar-neue-dynamik-handel-amerika, letzter Zugriff 21.05.2013.

IFIC: 2013 Food & Health Survey – Executive Summary, Washington D.C. 2013. Online: http://www.foodinsight.org/Content/3840/FINAL%202013%20Food%20and%20Health%20Exec%20Summary%206.5.13.pdf, letzter Zugriff 04.07.2013.

Industrieverband Agrar e.V. (o.V.): Grüne Gentechnik X – Raps immer wertvoller als nachwachsender Rohstoff, veröffentlicht am 27.07.2006. Online: http://m.iva.de/profil-online/forschung-technik/gruene-gentechnik-x-%E2%80%93-raps-immer-wertvoller-als-nachwachsender-rohstoff, letzter Zugriff 11.07.2013.

IAGb (o.V.): Kernaussagen und Handlungsempfehlungen, in: Müller-Röber, Bernd u.a. (Hg.): Grüne Gentechnologie – Aktuelle wissenschaftliche, wirtschaftliche und gesellschaftliche Entwicklungen, 3. völlig neubearbeitete und ergänzte Aufl., Berlin 2013.

ISAAA: ISAAA Brief 43-2011: Executive Summary, o.O. 2011. Online: http://www.isaaa.org/resources/publications/briefs/43/executivesummary/default.asp, letzter Zugriff 02.06.2013.

ISAAA: ISAAA Brief 44-2012: Highlights, o.D. Online: http://www.isaaa.org/resources/publications/briefs/44/highlights/pdf/Brief%2044%20-%20Highlights%20-%20German.pdf, letzter Zugriff 02.06.2013.

ISAAA: ISAAA Brief 44-2012: Press Release, veröffentlicht am 20.02.2013. Online: http://www.isaaa.org/resources/publications/briefs/44/pressrelease/pdf/Brief%2044%20-%20Press%20Release%20-%20German.pdf, letzter Zugriff 02.06.2013.

ISAAA: ISAAA Brief 44-2012: Top Ten Facts about Biotech/GM Crops in 2012, o.D. Online: http://www.isaaa.org/resources/publications/briefs/44/toptenfacts/default.asp, letzter Zugriff 02.06.2013.

Kempken, Renate/ Kempken, Frank: Gentechnik bei Pflanzen – Chancen und Risiken, 3. überarb. Aufl., Kiel 2006.

Ketchum Pleon GmbH (Hg.): Die Nährwertkennzeichnung – ein Rückblick, o.D. Online: http://www.naehrwertkompass.de/cms/upload/Downloads_allgemein/GDA_Geschichte.pdf, letzter Zugriff 09.06.2013.

Knigge, Michael: BASF und Bayer kämpfen gegen Gen-Label für US-Lebensmittel, veröffentlicht am 19.10.2012. Online: http://www.dw.de/basf-und-bayer-k%C3%A4mpfen-gegen-gen-label-f%C3%BCr-us-lebensmittel/a-16318534, letzter Zugriff 08.06.2013.

Landmesser, Wolfgang: Freihandelsträume trotz Spähprogramm, veröffentlicht am 08.07.2013. Online: http://www.tagesschau.de/wirtschaft/freihandelsabkommen-eu-usa100.html, letzter Zugriff 17.07.2013.

Libert, Nicola: Transatlantischer Konsumwahn, veröffentlicht am 14.02.2013. Online: http://www.taz.de/!111055/, letzter Zugriff 19.05.2013.

Löhr, Wolfgang: Volksabstimmung über Genfood, veröffentlicht am 31.10.2012. Online: http://www.taz.de/!104619/, letzter Zugriff 10.06.2013.

Mann, Gerald Heinrich: Transatlantische Freihandelszone, in: Schwarz, Jürgen (Hg.): Studien zur Internationalen Politik, Band 8, Frankfurt am Main 2007.

Meier, Alexander: Risikosteuerung im Lebensmittel- und Gentechnikrecht, in: Rengeling, Hans-Werner (Hg.): Schriften zum deutschen und europäischen Umweltrecht, Band 23, Augsburg 2000.

MKULNV: Europäische Netzwerk-Regionen diskutieren über europaweite „Ohne Gentechnik"-Kennzeichnung bei Lebensmitteln, Presseerklärung vom 06.09.2012. Online: http://www.nrw.de/landesregierung/konferenz-des-europaeischen-netzwerkes-gentechnikfreier-regionen-in-erfurt-13354/, letzter Zugriff 27.05.2013.

Monsanto.com (o.V.): Food, Inc. Movie, o.D. Online: http://www.monsanto.com/food-inc/Pages/default.aspx, letzter Zugriff 22.06.2013.

Monsanto.com (o.V.): Sustainable Yield Initiative, o.D. Online: http://www.monsanto.com/improvingagriculture/Pages/default.aspx, letzter Zugriff 22.06.2013.

Müller-Röber, Bernd/ Boysen, Mathias/ Marx-Stölting, Lilian u.a.: Einleitung und methodische Einführung, in: Müller-Röber, Bernd (Hg.): Grüne Gentechnologie – Aktuelle wissenschaftliche, wirtschaftliche und gesellschaftliche Entwicklungen, 3. völlig neubearbeitete und ergänzte Aufl., Berlin 2013.

Müller-Röber, Bernd/ Marx-Stölting, Lilian/ Krebs, Jonas: Stand der Wissenschaft und der Technik, in: Müller-Röber, Bernd u.a. (Hg.): Grüne Gentechnologie – Aktuelle wissenschaft-liche, wirtschaftliche und gesellschaftliche Entwicklungen, 3. völlig neubearbeitete und ergän-zte Aufl., Berlin 2013.

Müller-Röber, Bernd: Die Zukunft der Pflanzenforschung. (Mögliche) Antworten auf die kon-kreten Herausforderungen, in: Müller-Röber, Bernd u.a. (Hg.): Grüne Gentechnologie – Aktuelle wissenschaftliche, wirtschaftliche und gesellschaftliche Entwicklungen, 3. völlig neubearbeitete und ergänzte Aufl., Berlin 2013.

Non-GMO Projekt (o.V.): The "Non-GMO Project verified" seal, o.D. Online: http://www.nongmoproject.org/learn-more/understanding-our-seal/, letzter Zugriff 15.07.2013.

Obama, Barack H.: State of the Union Address, Video-Podcast auf tagesschau.de, veröffentlicht am 13.02.2013. Online: http://www.tagesschau.de/multimedia/video/video1262722.html, letzter Zugriff 11.06.2013.

Osterheider, Angela/ Marx-Stölting, Lilian: Daten zu ausgewählten Indikatoren, in: Müller-Röber, Bernd u.a. (Hg.): Grüne Gentechnologie – Aktuelle wissenschaftliche, wirtschaftliche und gesellschaftliche Entwicklungen, 3. völlig neubearbeitete und ergänzte Aufl., Berlin 2013.

Pauly, Christoph/ Schult, Christoph: Chlorhühnchen im Shitstorm, in: DER SPIEGEL, Heft 9/2013, Hamburg 2013.

Pickardt, Thomas: Was ist Grüne Gentechnik?, in: Heine, Nicole u.a. (Hg.): Basisreader der Moderation zum Diskurs Grüne Gentechnik des BMVEL, Osnabrück 2002. Online: http://www.transgen.de/pdf/diskurs/reader.pdf, letzter Zugriff 13.06.2013.

PRWeb.com (o.V.): IFIC 2012 Survey Reveals Most Americans Support Existing Food Biotech Labeling Policy, Favor Sustainable Food Production Practices, veröffentlicht am 10.05.2012. Online: http://www.prweb.com/releases/2012/5/prweb9495238.htm, letzter Zugriff 02.07.2013.

Ries, Charles: TAFTA: Mittelstand würde stark profitieren, o.D. Online: http://www.internationaltradenews.com/de/articles/24000/TAFTA-Mittelstand-wuerde-stark-profitieren.html, letzter Zugriff 08.06.2013.

Sander, Gerald G./ Sasdi, Andreas: Welthandelsrecht und „grüne" Gentechnik – Eine trans-atlantische Auseinandersetzung vor den Streitbeilegungsorganen der WTO, in: EuZW, Heft 5, Stuttgart 2006.

Satish, Jennifer: Nationale Handlungsspielräume beim Anbau von gentechnisch veränderten Organismen (GVO), in: Gornig, Gilbert (Hg.): Schriften zum internationalen und zum öffent-lichen Recht, Band 104, Frankfurt am Main 2012.

Scandizzo, Stefania: The Labelling of Geenetically Modified Products in a Global Trading Environment, in: Evenson, Robert E. (Hg.): International Trade and Policies for Genetically Modified Products, Cambridge 2006.

Secretary of State of California: Statement of Vote, Stand: 06.11.2012. Online: http://www.sos.ca.gov/elections/sov/2012-general/sov-complete.pdf, letzter Zugriff 08.06.2013.

Sippel, Birgit: Datenschutz ist ein europäisches Grundrecht, veröffentlicht am 16.07.2013. Online: http://www.spd.de/aktuelles/104818/20130716_sippel_nsa.html, letzter Zugriff 19.07.2013.

Sonnleiter, Gerhard A. J.: Freihandel beschert uns kein Schlaraffenland – Gastkommentar auf welt.de, veröffentlicht am 20.09.2001. Online: http://www.welt.de/print-welt/article476913/Freihandel-beschert-uns-kein-Schlaraffenland.html, letzter Zugriff 10.06.2013.

Stiglitz, Joseph E.: Die Schatten der Globalisierung, Aus dem Englischen von Schmidt, Thorsten, Berlin 2002.

Stöckel, Mirjam: Freihandel: harte Verhandlungen zwischen USA und EU, Kommentar zur Sendung: „Bericht aus Brüssel", auf WDR, veröffentlicht am 12.03.2013. Online: http://www.wdr.de/tv/bab/sendungsbeitraege/2013/0313/freihandel.jsp, letzter Zugriff 20.05.2013.

Stökl, Lorenz: Der welthandelsrechtliche Gentechnikkonflikt, in: Oppermann, Thomas (Hg.): Tübinger Schriften zum internationalen und europäischen Recht, Berlin 2002.

Struß, Jantje: Die großflächige Ausbringung von GVO in die Umwelt, in: Schlacke, Sabine u.a. (Hg.): Umweltrechtliche Studien, Band 41, Bremen 2010.

Süddeutsche.de (o.V.): Keine Genmais-Spuren in Kuhmilch, veröffentlicht am 11.05.2010. Online: http://www.sueddeutsche.de/wissen/gentechnik-keine-genmais-spuren-in-kuhmilch-1.402077, letzter Zugriff 12.06.2013.

Tagesschau.de (o.V.): Nulltoleranz für unsichere Gentechnik in Lebensmitteln, veröffentlicht am 11.06.2012. Online: http://www.tagesschau.de/inland/gentechnik126.html, letzter Zugriff 01.06.2013.

Tagesschau.de (o.V.): Wer profitiert vom Freihandel?, veröffentlicht am 13.02.2013. Online: http://www.tagesschau.de/wirtschaft/faq-freihandelszone-eu-usa100.html, letzter Zugriff 11.06.2013.

Transgen.de (o.V.): Abstimmung in Kalifornien: Keine Mehrheit für Kennzeichnung von Gentechnik-Lebensmitteln, veröffentlicht am 07.11.2012. Online: http://www.transgen.de/aktuell/1694.doku.html, letzter Zugriff 13.07.2013.

Transgen.de (o.V.): Futter für Europas Nutztiere: In der Regel mit gentechnisch veränderten Sojabohnen, veröffentlich am 16.04.2013. Online: http://www.transgen.de/lebensmittel/einkauf/1095.doku.html, letzter Zugriff 20.06.2013.

Transgen.de (o.V.): Schnell wachsende Lachse: Das ewige Zulassungsverfahren, veröffentlich am 15.05.2013. Online: http://www.transgen.de/tiere/145.doku.html, letzter Zugriff 18.06.2013.

Uhlmann, Friedrich: Internationaler Handel mit gentechnisch veränderten pflanzlichen Erzeugnissen: Der Versuch einer Statusbeschreibung, Braunschweig 2003.

United States Department of Agriculture: 2011 Certified Organic Production Survey, Washington 2012. Online: http://usda01.library.cornell.edu/usda/current/OrganicProduction/OrganicProduction-10-04-2012.pdf, letzter Zugriff 07.05.2013.

United States Department of Agriculture: Petitions Table. Online: http://www.aphis.usda.gov/biotechnology/petitions_table_pending.shtml, letzter Zugriff 20.06.2013.

US-EU Biotechnology Consultative Forum: Final Report, veröffentlicht im Dezember 2000, Online: https://research.cip.cgiar.org/confluence/download/attachments/3441/F15.pdf, letzter Zugriff 22.07.2013.

VLOG (o.V.): Vergabe des Siegels, o.D. Online: http://www.ohnegentechnik.org/das-siegel/vergabe-des-siegels.html, letzter Zugriff 09.07.2013.

Welt.de (o.V.): Die Forschung ist zu einem Angriff auf die Natur geworden – WELT-Gespräch mit Biochemiker Erwin Chargaff, veröffentlicht am 13.08.1996. Online: http://www.welt.de/print-welt/article654106/Die-

Forschung-ist-zu-einem-Angriff-auf-die-Natur-geworden.html, letzter Zugriff 11.06.2013.

Whole Foods Market IP. L.P.: Whole Foods Market commits to full GMO transparency, o.D. Online: http://media.wholefoodsmarket.com/news/whole-foods-market-commits-to-full-gmo-transparency, letzter Zugriff 28.05.2013.

Wolf, Sebastian: Regulative Maßnahmen zum Schutz vor gentechnisch veränderten Organismen und Welthandelsrecht, in: Tietje, Christian u.a. (Hg.): Arbeitspapiere aus dem Institut für Wirtschaftsrecht, Heft 6, 2002. Online: http://telc.jura.uni-halle.de/sites/default/files/altbestand/Heft6.pdf, letzter Zugriff 14.05.2013.

World Health Organization: Environmental Health Criteria 6: Principles and Methods for Evaluating the Toxicity of Chemicals, Part 1, Genf 1978. Online: http://www.inchem.org/documents/ehc/ehc/ehc006.htm, letzter Zugriff 27.06.2013.

Zagon, J./ Crnogorac, L./ Krohl, L./ Lahrssen-Wiederholt, M./ Broll, H. (Hg.): Nachweis von gentechnisch veränderten Futtermittel, in: BfR-Wissenschaft, Heft 5, Berlin 2006.

Zentralverband der Deutschen Schweineproduktion e.V. (o.V.): USA: Kennzeichnung von Gentechnik-Lebensmittel knapp gescheitert, veröffentlicht am 22.11.2012. Online: http://www.zds-bonn.de/usa_kennzeichnung_von_gentechnik_lebensmittel_knap.html, letzter Zugriff 04.06.2013.

Steffen Bauer (2010): Gentechnologie als Beitrag einer modernen Agrarrevolution zur Hunger- und Armutsbekämpfung in Entwicklungsländern

Einleitung

Die Welt hat sich in den letzten 100 Jahren stärker verändert als in den fünf Jahrhunderten zuvor. Die Bevölkerung hat in den letzten 50 Jahren rasant zugenommen und wächst vor allem in Entwicklungsländern noch immer sehr stark (UNO 2010). Elektrizität, fließendes Wasser und Nahrungsmittel stehen nur einem Teil der Weltbevölkerung konstant zur Verfügung. Der Großteil der Menschheit aber muss auf diese Annehmlichkeiten verzichten. Die Erde ist aufgeteilt in Industriestaaten und Entwicklungsländer. Die Erklärungen, wie es zu einem solchen Unterschied kommt, sind so unterschiedlich wie die Lösungsansätze für einen Weg aus der Armut. Zu den ohnehin schon schwierig zu lösenden Problemen der Unterentwicklung und Nahrungsmittelknappheit in einigen Regionen der Erde kommt seit einigen Jahren die Befürchtung eines bevorstehenden Klimawandels. Prognosen gehen davon aus, dass einige Regionen der Erde trockener werden, während andere an zu häufigen und starken Niederschlägen leiden werden (UNFCCC 2010). Die Aussicht auf ein baldiges Aufbrauchen fossiler Brennstoffe sorgt nicht nur für steigende Preise auf den Rohstoffmärkten, sondern führt auch zu steigenden Preisen bei Lebensmitteln. Der Grund dafür liegt unter anderem darin, dass landwirtschaftliche Flächen, die ursprünglich für die Versorgung mit Nahrungsmitteln gedacht waren, für den Anbau von Pflanzen für Biotreibstoff benutzt werden. Die Landwirtschaft ist in einem besonderen Maße von Veränderungen betroffen und Teil eines interagierenden Geflechtes. Fast drei Milliarden Menschen arbeiten als Landwirtinnen und Landwirte und auch wenn sich ein großer Teil der Weltbevölkerung scheinbar von der Landwirtschaft gelöst hat, so müssen die Überschüsse aus der Landwirtschaft die restliche Bevölkerung ernähren (FAO 2010 a). Für das Jahr 2050 wird eine Weltbevölkerung von 9,1 Milliarden Menschen vorhergesagt (FAO 2010 a). Die Landwirtschaft steht unter enormem Druck, mit einer steigenden Weltbevölkerung, einem sich verändernden Klima, und einer Welt, die auf der Suche nach alternativen Energiequellen ist, fertig zu werden. In den Medien ist eine Diskussion entbrannt, wie man den bevorstehenden Herausforderungen am besten gerecht werden kann. Der Ruf nach einer Revolution der Landwirtschaft zur Verbesserung und Steigerung der Erträge wird laut. Doch diese Forderung ist keineswegs neu. Die Landwirtschaft hat sich schon immer einem ständigen Wandel unterzogen, um sich einer verändernden Umwelt sowie einer im Laufe der Zeit gestiegenen Nachfrage anzupassen. Eine erste geplante, überregionale Agrarrevolution begann bereits in den 1960er Jahren. Die sogenannte Grüne Revolution hat die Landwirtschaft vor allem in Asien nachhaltig verändert. „Since the mid-1960s the world has managed to raise cereal production by almost a billion tonnes. Over the next 30 years it must do so again" (FAO 2010 b). Inzwischen steht die Welt erneut vor einer Revolution der Landwirtschaft: der gentechnischen oder auch gelben Revolution. Auf sie werden große Hoffnungen gesetzt und Befürworter versprechen, dass es durch die Gentechnik möglich sein wird, nachhaltig und ökologisch zu produzieren, eine wachsende Weltbevölkerung zu ernähren, sowie Armut und Hunger weltweit zu bekämpfen. Die Kritiker der Gentechnik sehen dagegen eine ökologische und gesundheitliche Katastrophe auf die Menschheit zukommen. Unabhängig von beiden Meinungen zeigen Statistiken, dass gentechnisch veränderte Pflanzen in einigen Ländern der Erde auf dem Vormarsch sind, während andere Länder sich weigern, eine Zulassung für den Anbau von gentechnisch veränderten Pflanzen zu erlassen. Die Fronten zwischen Gentechnik-Befürwortern und Gegnern sind verhärtet. Die vorliegende Arbeit wird sich vor allem auf die Situation in Entwicklungsländern beziehen und soll dazu beitragen, die Diskussion um die Gentechnik als Hilfe zur Armuts- und Hungerbekämpfung sowie das Für und Wider einer Anwendung in der Landwirtschaft, sachlich zu betrachten. Um die aktuelle Situation zu verstehen, ist es nötig, einen Blick in die Vergangenheit zu werfen und das Vorgehen, sowie das Ausmaß der Grünen Revolution in Entwicklungsländern zu untersuchen. Es wird versucht, etwaige Parallelen zwischen der Grünen und der Gelben Revolution zu ziehen. In einer sachlichen Sichtweise sollen die Argumente der Befürworter sowie der Kritiker der Gentechnik dargestellt und analysiert werden. Eine Betrachtung der aktuellen Situation bezüglich Anbau und Akzeptanz von Gentechnik in Entwicklungsländern soll zeigen, inwieweit diese neue Art der Pflanzenzucht bereits zur Realität geworden ist. Natürlich ist es nicht möglich, in dieser Arbeit eine gesamte Bestandsaufname darzustellen. Vielmehr wird versucht, durch Betrachtung und Analyse einzelner Ausschnitte, einen Einblick in die Diskussion und ihre Auswirkungen bezüglich der Gentechnik zur Armuts- und Hungerbekämpfung in Entwicklungsländern zu ermöglichen. Abschließend soll keine Empfehlung dargebracht werden, sondern eine sachliche Betrachtung von Vor- und Nachteilen dazu beitragen, die aktuellen Vorgänge und Diskussionen zu verstehen.

Die Grüne Revolution

Unter der Grünen Revolution versteht man eine „Agrarentwicklungsstrategie, die auf Ertragssteigerung von Nahrungspflanzen durch kombinierten Einsatz von Hochertragssaatgut [...], Agrochemikalien und Bewässerung abzielt" (Spielmann 1989). Die Forschung nahm ihren Anfang in den 1930er Jahren in den USA, wo gezielt Hochertragssaatgut (High Yielding Varieties: HYV) gezüchtet wurde. Die Rockefeller Stiftung mit Sitz in New York initiierte erstmals in den 1940er Jahren Projekte zur Entwicklung ertragreicherer Mais- und Weizensorten, mit dem Ziel, die Nahrungsmittelversorgung in Entwicklungsländern zu verbessern (The Rockefeller Foundation 2010). In den 1960er Jahren wurde auf den Philippinen das Internationale Reisforschungsinstitut gegründet, das die Entwicklung von Hochertrags-Reissorten zur Aufgabe hatte. Die Grüne Revolution hatte zur Folge, dass sich sowohl die Ernteerträge bestimmter Grundnahrungsmittel, als auch die Bevölkerung in der zweiten Hälfte des 20. Jahrhunderts in Lateinamerika und Asien fast verdoppelten (Rockefeller Foundation 2010, Spielmann 1989). Die Grüne Revolution ist als Paket von Strategien zu sehen, das nicht nur die landwirtschaftliche, sondern auch die ländliche Entwicklung zum Ziel hatte und noch immer hat.

Der Ablauf der Grünen Revolution am Beispiel der Philippinen

Am Beispiel der Philippinen soll verdeutlicht werden, wie die Grüne Revolution nachhaltig ein ganzes Land veränderte. Die Philippinen stehen hierbei als Paradebeispiel für viele andere asiatische Länder. Die Grüne Revolution hat sich zwar in jedem Land anders abgespielt, jedoch können viele Parallelen gezogen werden.

Ausgangslage

Das Grundnahrungsmittel auf den Philippinen war und ist Reis. Da das Land nicht in der Lage war, selbst genügend Reis zu produzieren, wurde Reis jahrhundertelang importiert (Pelegrina 2001: 23). Wie Tabelle 1 zeigt, wurde aus dem Reis-Import-Land im Zuge der Grünen Revolution ein Reis-Export-Land. Im Folgenden soll diese Entwicklung und ihre Auswirkungen auf die Landwirtinnen und Landwirte näher betrachtet werden. Wie bereits erwähnt, werden aufgrund der besonders guten Untersuchung viele Bespiele aus den Philippinen verwendet, die sich aber in ähnlicher Weise auch in anderen Entwicklungsländern vollzogen haben.

Tab. 1: Deckung des Landesbedarfs an Reis der Philippinen durch Eigenproduktion und Import

	Anteil des Landesbedarfs in % durch lokale Produktion abgedeckt	Anteil des Landesbedarfs in % durch Importe abgedeckt
1920-1950	90-95	10
1950-1962	>94	<6
1963-1966	90	10
1968	100	Export von Überschüssen

Verändert nach Pelegrina 2001: 24

Der Ablauf der Grünen Revolution

Die Regierung der Philippinen gründete 1960 in Kooperation mit der Rockefeller Stiftung das International Rice Research Institute (IRRI), das die Erforschung und Neuzüchtung von besseren Reissorten zur Aufgabe hatte. Im Jahre 1962 wurde von der philippinischen Regierung das Reisprogramm initiiert, das eine Eigenversorgung der Bevölkerung mit Reis und Mais zum Ziel hatte. Der Reisertrag sollte um 30% erhöht werden. Die Strategie zum Erreichen dieses Zieles beinhaltete unter anderem eine gesicherte Saatgutversorgung, den Einsatz von chemischen Düngemitteln und Pestiziden sowie umfangreiche Kredit- und Beratungsprogramme für die ländliche Bevölkerung (Pelegrina 2001: 24-26). Dem IRRI gelang es durch Einkreuzen verschiedenster asiatischer Reissorten, eine Sorte zu züchten, die weniger hoch wuchs, dafür aber schneller und mehr Ertrag brachte als andere Reissorten. 1966 wurde mit der intensiven Produktion von Saatgut der Reissorte, die IR8 genannt wurde, begonnen. Weitere Hochertragssorten folgten. (Hargrove & Coffmann 2006: 37). Damit HYVs wie etwa die IR8 Reissorte mehr Ertrag abwerfen als konventionelle Reissorten, bedarf es Investitionen bezüglich Düngemittel und Maschinen. Die Regierung der Philippinen gewährte den Kleinbauern Kredite mit einer Verzinsung von einem Prozent, ohne dass diese Land oder andere Besitztümer als Sicherheiten vorweisen mussten, solange die Bauern Technologien der Grünen Revolution anwendeten. Dieses Kreditvergabesystem wurde unter dem Namen Masagana 99 vermarktet. Der Name wurde bewusst ausgewählt. Masagna ist das philippinische Wort für

„Überfluss", während die Zahl 99 für den angestrebten Ertrag steht (99 Sack ungeschälter Reis pro Hektar) (Pelegrina 2001: 26). Die Philippinen wurden innerhalb von drei Jahren von einem traditionellen Importeur zu einem Nettoexporteur von Reis. Die Hochertragssorten können, bei richtigem Anbau, einen Ertrag von bis zu sechs Tonnen pro Hektar erbringen. Die traditionell angebauten Sorten auf den Philippinen schafften dagegen nur etwa 1,7 Tonnen pro Hektar (Pelegrina 2001: 25-26). Das Ziel der Grünen Revolution schien erreicht, da das Land sich selbst versorgen konnte und die Bäuerinnen und Bauern aufgrund höherer Ernteerträge auch auf ein höheres Einkommen hoffen durften. Wie auf den Philippinen hat die Grüne Revolution auch in anderen Entwicklungsländern dazu beigetragen, die Ernteerträge vor allem bei Reis zu erhöhen. „Überall, wo die Grüne Revolution gezielt gefördert wurde, stieg die Produktionsmenge signifikant an" (Leisinger 1987: 18). Moderne Reissorten wurden im Jahr 2000 in Süd- und Ostasien auf etwa 80% der Anbaufläche angebaut, während es im Jahr 1970 weniger als 10% waren (Weltentwicklungsbericht 2008: 60). Die HYVs haben sich durchgesetzt und können, betrachtet man die mengenmäßige Steigerung, durchaus als Erfolg betrachtet werden. Es gibt allerdings auch Stimmen, die die Grüne Revolution als gescheitert ansehen, da sie angeblich mehr Probleme aufgeworfen hat, als es vor der Umstellung der Landwirtschaft gab. Zudem wird kritisiert, dass nicht alle Teile der Welt gleichermaßen von den Vorteilen der Grünen Revolution profitiert haben. Vor allem in Afrika, so die Kritiker, hat die Grüne Revolution nur wenig Positives bewirken können.

Die Grüne Revolution in Afrika

Während in Asien und Lateinamerika sowohl die Erträge je Hektar, als auch die Pro-Kopf-Produktion anstiegen, ist der Ernteertrag je Hektar im südlich der Sahara gelegenen Afrika kaum gestiegen. Bei Betrachtung der Pro-Kopf-Produktion ist sogar eine Verschlechterung zu verzeichnen. Afrika wurde im Zuge der Grünen Revolution nicht etwa vernachlässigt, vielmehr wirkten geplante Verbesserungen dort nicht oder anders als in Asien und Lateinamerika. Die Ursachen hierfür liegen in völlig unterschiedlichen Lebensbedingungen der afrikanischen Bevölkerung zu Beginn der Grünen Revolution. Afrika besitzt eine viel komplexere Agrarökologie als Asien und Lateinamerika und es werden mehr Anbaumethoden praktiziert als dies in Entwicklungsländern auf anderen Kontinenten der Fall ist. Die Landbevölkerung lebt teilweise zerstreuter als in Asien oder Lateinamerika. Während in Subsahara-Afrika 29 Einwohner pro Quadratkilometer leben, sind es in vielen Gebieten Asiens fast zehnmal so viele Menschen (Weltentwicklungsbericht 2008, 63).

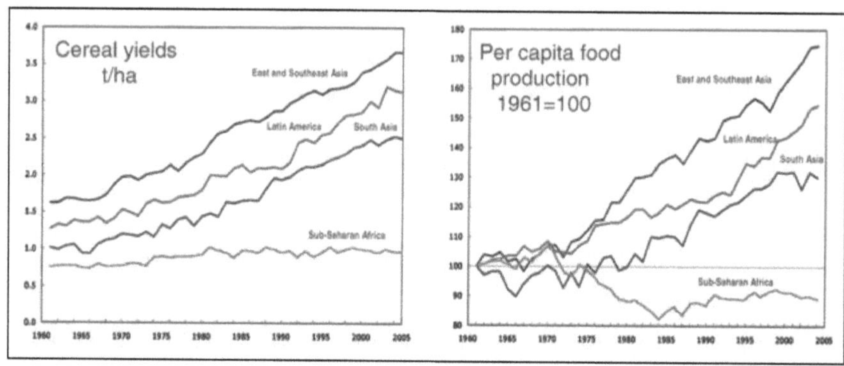

Abb. 1: Getreideernte in Tonnen je Hektar und prozentuale Veränderung der Nahrungsmittelproduktion pro Kopf seit 1961

Quelle: Toenniessen et al 2008: 235.

Zum Teil ist diese geringe Bevölkerungsdichte auch der Grund dafür, dass es nur wenige oder schlechte Straßen und ein nur spärlich ausgebautes Schienennetz in Afrika gibt. Ein großer Teil der Bevölkerung hat keinen Marktzugang und somit auch keine Absatzmöglichkeiten für Ihre Produkte. In Asien waren zu Beginn der Grünen Revolution bereits eine ausreichende Infrastruktur und genügend Straßen vorhanden, was die Transaktionskosten und Marktrisiken anders als in Afrika niedrig hielt. In Subsahara-Afrika liegt der Prozentsatz der Bevölkerung mit schlechtem Marktzugang auch heute noch bei 30%, während die Zahl in Südasien bei nur 5% und in Ostasien bei etwa 17% liegt (Weltentwicklungsbericht 2008: 64-65) (vgl. Abb. 14). Die fehlende Infrastruktur und die schlecht entwickelten Märkte sind mit Schuld daran, dass Afrika auch im Bereich des Düngemitteleinsatzes hinterher hinkt. „Im Schnitt müssen die Bauern in Subsahara-Afrika doppelt so viel Getreide verkaufen wie asiatische oder lateinamerikanische Bauern, um bei hohen Düngerpreisen ein Kilo Düngemittel zu kaufen" (Weltentwicklungsbericht 2008: 63). Ein weiterer Grund für das Scheitern der Grünen Revolution in Afrika ist die Tatsache, dass in Afrika die Methode des Bewässerungsanbaus nur wenig verbreitet war und ist. Viele HYVs jedoch können nur mit intensiver Bewässerung kultiviert werden. Während in Subsahara-Afrika vor der Grünen Revolution etwa 4% der Anbaufläche bewässert wurden, waren es in Asien 34% (Weltentwicklungsbericht 2008: 63). Die Investitionskosten, die für eine Umstellung der Landwirtschaft auf Bewässerungsfeldbau nötig gewesen wären, konnten von Afrika nicht getragen werden. Die Strategien der Grünen Revolution, die die Produktion in Asien und

Lateinamerika steigerten, waren für die eher homogene Landwirtschaft in Asien und Lateinamerika geeignet (Frison 2008: 190). Für Afrika waren diese Strategien aufgrund der heterogenen Landwirtschaft und den gänzlich anderen Bedingungen eher unpassend. Noch immer ist die Landwirtschaft in Afrika verglichen mit anderen Regionen eher unproduktiv. Die HYVs, die man im Zuge der Grünen Revolution einführte, wurden in internationalen Agrarforschungszentren entwickelt und nationalen Instituten zur Verfügung gestellt. Diese Sorten sollten dann durch Kreuzung mit einheimischen Sorten an die örtlichen Verhältnisse angepasst werden. In Afrika gibt es aber seit Jahrzehnten keine oder nur unzureichende öffentliche Agrarforschung, die diese Aufgabe übernehmen könnte. Der Anteil der Landwirtschaft an den öffentlichen Ausgaben betrug in Afrika 1980 etwa 6%, in Asien dagegen 15%. Im Jahr 1998 sind die Ausgaben auf 5% in Afrika gesunken, in Asien auf etwa 10% (Hoering 2007: 33). Weitere Gründe sind laut Kritikern das historische Erbe des Kolonialismus und die Agrarsubventionen in den Industrieländern (Hoering 2007: 32-33). Alle Faktoren im Detail zu erläutern, würde den Rahmen dieser Arbeit sprengen, zumal es unterschiedliche Meinungen bezüglich der Grünen Revolution in Afrika gibt. Deshalb beschränkt sich diese Arbeit auf den Hinweis, dass es viele Faktoren sind, die in Afrika zusammenspielen und den Erfolg, den die Grüne Revolution in anderen Regionen erzielte, deutlich schmälern. „What Africa needs is a ‚rainbow‘ of crop improvement revolutions that combine productivity growth for many different crops and place greater emphasis on farmer participation, local adaption, strengthening national and local institutions, and the building of agricultural value chains that enables farmers to generate profits from surplus production" (Toenniessen et al. 2008: 235).

Kritik an der Grünen Revolution

Wie bereits erwähnt, sind die Ernteerträge durch die Grüne Revolution vor allem in Asien stark angestiegen. Dies kann als positives Ergebnis der Grünen Revolution angesehen werden. Es muss jedoch auch erwähnt werden, dass es berechtigte Kritik gibt. Teilweise sind die negativen Seiten der Grünen Revolution erst verspätet bekannt geworden oder machten sich schleichend bemerkbar, so dass sie in älterer Literatur nicht zu finden sind, wohl aber als Ergebnisse neuerer Untersuchungen. Im Folgenden sollen einige dieser negativen Auswirkungen dargestellt werden.

Ausschluss der Landbevölkerung von Saatgutzucht

Anfang der 1970er Jahre stellte sich auf den Philippinen heraus, dass viele neue Hochertragssorten anfälliger gegenüber Krankheiten und Schädlinge waren als herkömmliche Landsorten. Die Bauern waren gezwungen, nach sinkenden Ernteerträgen verbessertes Saatgut zu kaufen (Pelegrina 2001: 29). Dass Saatgut gekauft werden musste, war neu. „Saatgut ist das entscheidende Bindeglied zur Produktion, wer die Kontrolle über Saatgut hat, kontrolliert die gesamte Landwirtschaft und damit das Leben der Bäuerinnen und Bauern" (Pelegrina 2001: 29). Während früher Saatgutzucht ausschließlich in der Hand der Bäuerinnen und Bauern lag, waren sie mit Beginn der Grünen Revolution von Zucht, Verteilung und Herstellung des Saatgutes praktisch ausgeschlossen. Eine Abhängigkeit von zunehmend privatisierten Saatgutfirmen war und ist die Folge. Zudem findet die Zucht von HYVs in Laboren oder Forschungseinrichtungen unter Ausschluss der Öffentlichkeit statt. Vor der Grünen Revolution wurden lokale Besonderheiten, wie etwa der Geschmack oder das Aussehen von Feldfrüchten bei der Auslese und Zucht berücksichtigt. Heute haben sich die Landwirtinnen und Landwirte von der Sortenzucht weitgehend getrennt und die Zucht wird Saatgutfirmen überlassen (Pelegrina 2001: 28-30; Lipton & Longhurst, 1989: 34-42).

Abhängigkeit von Düngemittel

Hochertragssorten sind so gezüchtet, dass sie Nährstoffe effizienter nutzen als herkömmliche Sorten. Die Pflanzen holen sich die Nährstoffe aus dem Boden und verwenden sie unter anderem bei der Produktion ihrer Samenkörner. Mit jeder Ernte werden Körner entnommen, die aus Nährstoffen, welche im Boden lagerten, gebildet wurden. Der Boden verliert durch diese konstante Entnahme an wichtigen Mineralien, die wieder zugefügt werden müssen, wenn die Ernte nicht geringer ausfallen soll. Es gibt verschiedene Maßnahmen, um eine Regeneration des Bodens zu erreichen. Auf den Philippinen war es beispielsweise üblich, den Anbauzyklus den Regenzeiten, mit längeren Perioden der Brache dazwischen, anzupassen. Auch wurden Leguminosen gepflanzt, die nicht nur eine wichtige Proteinquelle darstellten, sondern auch eine entscheidende Rolle in der Bodenregeneration spielten. Die Knöllchenbakterien, mit denen die Wurzeln der Leguminosen eine Symbiose eingehen, reichern den Boden mit Stickstoff an. Eine Düngung des Bodens mit künstlich hergestelltem Stickstoff ist daher in den meisten Fällen nach dem Anbau oder der Mischkultur mit Leguminosen nicht mehr nötig. Diese traditionelle Behandlung des Bodens änderte sich im Zuge der Grünen Revolution in vielen Entwicklungsländern grundlegend. Mit Hilfe von künstlicher Bewässerung war es nun möglich, Reis ununterbrochen und ohne Brachezeiten anzubauen. Der Anbau von Hülsenfrüchten wurde als nicht lukrativ angesehen und in vielen Gebieten fast gänzlich eingestellt. Der Entzug von Nährstoffen machte es nötig, den Boden künstlich zu düngen. Ein intensiver Einsatz von Harnstoff als alleiniger Dünger zur Aufwertung des Bodens mit Stickstoff war die Folge. Diese Düngung führte dazu, dass dem Reis im Laufe der Zeit wichtige Spurenelemente wie Zink und Schwefel fehlten (Pelegrina 2001: 30). „Trotz dieser Erkenntnis empfahl die Weltbank in einem 1980 veröffentlichten Memorandum die Verdoppelung des Harnstoffeinsatzes auf 60 Kilogramm pro Hektar und gleichzeitig den vierfachen Einsatz an Phosphat, das heißt 30 Kilogramm pro Hektar" (Pelegrina 2001: 30). Vor der Grünen Revolution gab es in den meisten Entwicklungsländern keinen Markt für mineralische Düngemittel. Auf den Philippinen etwa wurden vor 1960 keine Düngemittel verwendet, deren Basis Mineralien waren. Im Zuge der Grünen Revolution stieg der Verbrauch sprunghaft an. Der Import von Dünger erhöhte sich von 21 Millionen US-Dollar im Jahr 1976 auf 87 Millionen US-Dollar im Jahr 1980 (Pelegina 2001:31). Da die philippinische Landwirtschaft nicht mehr ohne Dünger auskam und die wichtigsten Lieferanten von Dünger-Ausgangsstoffen die USA und Japan sind, wurden die Philippinen immer abhängiger von diesen Ländern und deren Düngerpreisen. Auch hier stehen die Philippinen als regionales Beispiel, dass sich in anderen Entwicklungsländern ähnlich abgespielt hat. Der großzügige Einsatz von Düngemitteln in der Landwirtschaft machte sich nicht nur wirtschaftlich bemerkbar. Die langfristige Anwendung führte auch zu sauren Böden, dem Auslaugen von Nitraten in die Wasserläufe und Felder und damit zu großen Umweltproblemen. Diese Verschmutzungen können sich negativ auf die Ernährung von Tieren und Menschen auswirken (Pelegina 2001:32).

Einsatz von Spritzmitteln

Wie auch beim Dünger, gab es vor der Grünen Revolution in den meisten Entwicklungsländern keinen Markt für Pestizide. Auf den Philippinen beispielsweise wurde es erst durch das Masagana-99-Programm den Bäuerinnen und Bauern möglich, Pestizide zu erwerben. Die aufwändige Methode des Absammelns von Schädlingen wurde durch Pestizide und das Jäten von Unkräutern per Hand durch chemische Mittel ersetzt. Die meisten Pestizide, die eingesetzt werden, sind Breitbandpestizide und vernichten nicht nur Schädlinge, sondern auch nützliche Insekten und Mikroorganismen im Boden. Eine langzeitliche Anwendung bewirkt in vielen Fällen, dass die Schädlinge eine Resistenz entwickeln, was wiederum zur Folge hat, dass das Pestizid in höheren Dosen ausgebracht werden muss, um zu wirken. Schleichende Vergiftungen, die durch langfristigen Pestizideinsatz hervorgerufen werden, sind nur schwer nachzuweisen, da die Symptome wie etwa Epilepsieen, Gehirntumoren und Schlaganfälle nicht eindeutig dem Einsatz von Spritzmittel zugeordnet werden können (Pelegrina 2001: 30). Aus einer philippinischen Untersuchung geht allerdings hervor, dass es eine hohe Korrelation zwischen der Sterblichkeitsrate der Landbevölkerung und dem erhöhten Einsatz von Pestiziden gibt (Conway & Barbier 1990: 49-51). Der Meinung einiger Kritiker der Grünen Revolution zufolge benötigt man beim Anbau von Reis in den Tropen viel geringere Mengen an Pestiziden, als derzeit ausgebracht werden. Anders als in den gemäßigten Zonen soll es beim Reisanbau in den Tropen keinen ökonomischen Schwellenwert von Schädlingen geben, bei dem eine chemische Bekämpfung sinnvoll wäre (Pelegrina 2001: 34, Shiva 2000: 122). Unter dem ökonomischen Schwellenwert ist das Ausmaß der Schädlingspopulation gegenüber nützlichen Insekten gemeint, das zu einem signifikanten Verlust an Ertrag führen würde. Aufgrund des vorherrschenden Klimas erreichen Schädlingspopulationen entweder den Schwellenwert gar nicht oder sinken sofort nach Erreichen wieder ab (Pelegrina 2001: 34). Diese Tatsache ist erst seit kurzem bekannt, doch noch immer werden große Mengen an Pestiziden ausgebracht. Der Grund hierfür liegt laut Kritikern im mangelnden Willen zur Aufklärung und ist nicht verwunderlich, angesichts der Strukturen und Zusammenhänge im Bereich der Pestizidhersteller. Die Philippinen zum Beispiel werden fast ausschließlich von lokalen Niederlassungen ausländischer Pestizidhersteller beliefert. Diese Pestizidfirmen sind oftmals gleichzeitig Düngemittelhersteller oder Tochtergesellschaften von Düngerherstellern (Pelegrina 2001: 31). „Das IRRI erforscht und entwickelt neue Reissorten, die über private Verteilerkanäle produziert werden, die ihrerseits wieder an Pestizid und Düngemittel produzierenden Agrochemieunternehmen beteiligt sind" (Pelegrina 2001: 31). Die Grüne Revolution hat dazu geführt, dass mehr giftige Substanzen in der Landwirtschaft verwendet werden, die von den Landwirtinnen und Landwirten erst bezogen werden müssen. Eine reine Subsistenzwirtschaft ist daher nicht mehr möglich.

Quantität statt Qualität

Ein weiterer Kritikpunkt an der Grünen Revolution besteht darin, dass sich zwar die Menge an Nahrung erhöht, die Qualität der Nahrung aber gleichzeitig verringert hat. Durch die Grüne Revolution ist die Produktion von Getreide gestiegen. Dies hat zu einem prozentualen Anstieg von Nahrung geführt, die vor allem viele Kalorien und Proteine enthält. Im gleichen Maß ist allerdings der Anteil der Nahrung, welcher reich an Vitaminen und Spurenelementen ist, gesunken. Vor allem der Verzehr von Obst und Gemüse ist zurückgegangen (Grain 2001: 64-65). Die Grüne Revolution hatte zur Folge, dass Reis und andere Getreidearten in Monokulturen angebaut wurden. Arbeitsintensive Mischkulturen, beispielsweise mit Leguminosen und Hausgärten galten als rückständig und wurden in den Hintergrund gedrängt. Gerade diese Mischkultur und vor allem die in den Hausgärten zu findenden Obst- und Gemüsearten stellen eine wichtige Quelle von Vitaminen und Spurenelementen dar (Shiva 2000: 122).

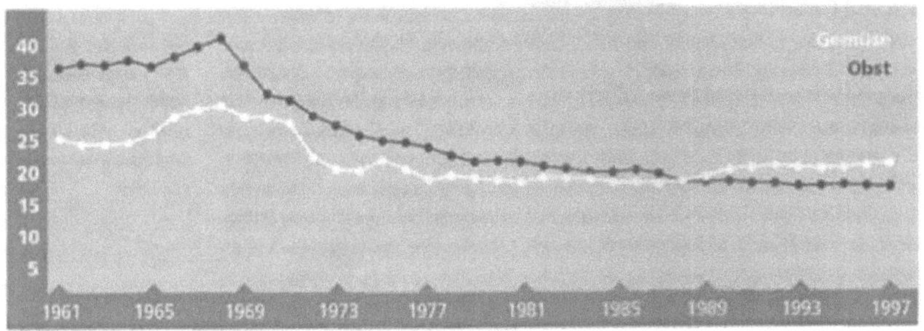

Quelle: Zusammenstellung von GRAIN auf Grundlage einer Nahrungsmitteltabelle der FAO, Stand 21. Juni 1999.

Abb. 2: Zugang zu Obst und Gemüse in Bangladesch in Kg/Kopf/Jahr

Quelle: Grain 2001: 66

Wie in Abb. 2 ersichtlich, sank der Konsum von Gemüse in Bangladesch ab dem Jahr 1968 um ein Drittel, bei Obst um die Hälfte. Dieser Rückgang fällt genau mit der Einführung neuer Hochertragssorten durch die Grüne Revolution zusammen. Der Konsum von Reis stieg in Bangladesch von 300g pro Tag und Person im Jahre 1965 auf 500g Getreide pro Tag und Person im Jahr 1997 an (Grain 2001: 64). Somit wurde durch die Grüne Revolution zwar eine erhöhte Kalorienzufuhr erreicht, das Problem von Mangelerscheinungen durch einseitige Ernährung wurde jedoch nicht gelöst. Einige Kritiker sind der Meinung, dass die Grüne Revolution die Ernährungssituation eher verschlechtert hat. „Von rund zehn Millionen Kindern, die jährlich im Alter von unter fünf Jahren in Entwicklungsländern sterben, fallen Schätzungen zufolge fast 60% [...] versteckten Hunger zum Opfer – und nicht dem klassischen Kalorienmangel" (Frison 2008: 190).

Verlust an Agrarbiodiversität

Die Gefahren eines Anbaus in Monokultur liegen auf der Hand. Wird nur eine Sorte im großen Stil angebaut, so ist bei einem Schädlingsbefall, einer Krankheit oder schlechten klimatischen Bedingungen die gesamte Ernte in Gefahr. Beim Anbau vieler Sorten verringert sich dieses Risiko, da in der Regel nicht alle Sorten gleich auf den Ungunstfaktor reagieren. Allein die Philippinen waren vor der Grünen Revolution Heimat von mindestens 3000 bekannten Reissorten (Pelegrina 2001: 34). Diese Vielfalt entstand durch jahrhundertelanges Züchten von sogenannten Landsorten. „Diese zeichnen sich dadurch aus, dass es sich um lokal angebaute Sorten handelt, die durch LandwirtInnen in einem langen Prozess an die speziellen Umweltbedingungen des jeweiligen Gebietes angepasst wurden" (Wullweber 2004: 20). Nicht nur die Umweltbedingungen, sondern auch die lokalen Essgewohnheiten wurden bei der Züchtung der Landsorten berücksichtigt. Diese Vielfalt ist unersetzlich für die moderne Pflanzenzucht auf der gesamten Erde. „Landsorten haben den Vorteil, dass sie eine ganze Anzahl an möglichen Resistenzen enthalten können, da sie sich in der Natur gegen den Angriff vieler Schädlinge und Krankheiten behauptet haben" (Wullweber 2004: 25). Gerade diese Eigenschaften sind es, die die Landsorten so wertvoll für die moderne Landwirtschaft machen. Die Pflanzenzüchtung ist regelmäßig auf neue genetische Ressourcen, also das Einkreuzen von noch nicht hochgezüchteten Landsorten, angewiesen. „Von vielen Getreidepflanzen haben wir die ursprüngliche Variation der Wildform heute nicht mehr vorliegen, so dass die Pflanzen neuen Herausforderungen wie globaler Erwärmung, Änderung in der UV-Strahlung oder Widerstand gegen neue Krankheitserreger mit einem eingeschränkten genetischen Inventar gegenüberstehen" (Streit 2007: 98). Nicht nur Hochleistungsreis ist auf ständiges Einkreuzen von Genen angewiesen, auch andere Kulturpflanzen sind davon betroffen. Die HYVs sind durch das Einkreuzen von verschiedenen Landsorten entstanden, verdrängen aber gleichzeitig die Sortendiversität in den Tropen und auf der ganzen Welt. Auf den Philippinen werden auf 80% der Anbaufläche nur noch fünf Reissorten angebaut, die alle aus Kreuzungen der IR8-Zucht hervorgegangen sind (Pelegrina 2001: 32). Die Eigenschaften der vielen verschwundenen Reissorten sind für zukünftige Einkreuzungen für immer verloren gegangen. Es kommt zu dem Paradoxon, dass die moderne Pflanzenzüchtung mit den Hochleistungssorten ihre Grundlage in Gestalt der Landsorten verdrängt und so auf lange Sicht zerstört (Wullweber 2004: 27).

Zwischenfazit

Die Grüne Revolution ist mit dem Ziel angetreten, den Hunger auf der Erde und insbesondere in Entwicklungsländern zu bekämpfen. Es ist nicht leicht, die Auswirkungen der Grünen Revolution als gut oder schlecht zu beurteilen. Trotz erheblicher Probleme, die die Grüne Revolution mit sich brachte, war sie ein gutes Instrument, um die Landwirtschaft zu erneuern und auf eine steigende Weltbevölkerung angemessen zu reagieren. Sie darf nicht als eine einmalige Steigerung der Produktionsraten in den 1960er bis 1980er Jahren verstanden werden. Vielmehr muss man die Grüne Revolution als eine langfristige Veränderung begreifen, die noch immer anhält. Eine theoretisch reine Subsistenzwirtschaft ist bei der Nahrungsmittelherstellung im großen Stil nicht möglich, da ein Teil der Menschen in Städten lebt und nicht in der Landwirtschaft tätig ist. Dieser wachsende Teil der Menschheit muss von der Landwirtschaft ernährt werden. Die Landwirtschaft war schon immer Veränderungen unterlegen und hat sich diesen angepasst. Sowohl Anbauformen als auch Pflanzensorten wurden ständig weiterentwickelt und verbessert. Die Grüne Revolution hat genau dies weitergemacht. Der große Unterschied ist die Geschwindigkeit, mit der diese Veränderungen geschahen. Bis zu Beginn des 19. Jahrhunderts vollzogen sich Veränderungen in der Landwirtschaft nur sehr langsam und konnten mehrere Jahrhunderte dauern. Die Grüne Revolution änderte die Landwirtschaft grundlegend innerhalb weniger Jahrzehnte. Heute verstehen wir die Grüne Revolution als einen Begriff, der sich vor allem auf die gestiegene Produktion in den Entwicklungsländern Asiens und Lateinamerikas bezieht. Doch ihren eigentlichen Ursprung nahm sie in den Industriestaaten. In Europa und Amerika begann die moderne Industrialisierung und Spezialisierung der Gesellschaft früher als in andere Teilen der Erde. Darauf musste die Landwirtschaft reagieren. Man kann sagen, dass sich die Grüne Revolution synchron mit andern technischen und gesellschaftlichen Fortschritten vollzog. Die moderne Landwirtschaft, die von den Industrieländern geprägt wurde, ist in Entwicklungsländer exportiert und dort, je nach Entwicklungsstand, unterschiedlich aufgenommen worden. Wie bereits erwähnt wurde, interagiert die Landwirtschaft mit anderen Bereichen der Gesellschaft und kann nicht isoliert betrachtet werden. Dies kann ein Grund sein, warum die Grüne Revolution in einigen Entwicklungsländern Erfolge erzielte, während sie in andern Regionen keine positiven Effekte auslöste. In Asien waren die Infrastruktur, Bildung und andere Faktoren weiter entwickelt als in Afrika und die Gesellschaft war bereit für eine an die Moderne angepasste Landwirtschaft. Viele Teile Afrikas sind noch heute sehr weit von einer modernen Lebensweise entfernt. Dabei soll betont werden, dass eine moderne Lebensweise in

Entwicklungsländern nicht unbedingt der Lebensweise der Industriestaaten Europas und Nordamerikas entsprechen muss. Die Landwirtschaft, die im Zuge der Grünen Revolution nach Afrika exportiert werden sollte, war den örtlichen Gegebenheiten nicht angepasst. Es muss daher einen ganz eigenen, afrikanischen Weg geben, der mit der Entwicklung in anderen Bereichen einhergeht. Das Scheitern der Grünen Revolution in Afrika hat gezeigt, dass es nicht die Landwirtschaft alleine sein kann, die den Menschen aus der Armut hilft. Sie ist ein wichtiger Teil, der aber nicht isoliert entwickelt werden kann. Negative Auswirkungen der Grünen Revolution dürfen nicht übersehen werden. Die Forschung hat die Aufgabe, diese Auswirkungen zu untersuchen und Verbesserungen zu erarbeiten. Vor allem die nationalen Forschungsinstitute müssen sich dieser Aufgabe annehmen. Hier soll das IRRI erwähnt werden, das bei der Grünen Revolution auf den Philippinen eine wichtige Rolle gespielt hat. Nationale Forschungseinrichtungen können helfen, die Landwirtschaft nachhaltig zu verbessern. Die Forschungseinrichtungen spielen auch eine entscheidende Rolle bei der Entwicklung und Einführung von gentechnisch veränderten, oder auch gentechnisch modifiziert (GM) genannten Pflanzen in der Landwirtschaft. Es ist umstritten, ob die Gentechnik als eine Art neue Revolution in der Landwirtschaft angesehen werden muss, oder ob sie als eine logische Weiterentwicklung der bereits bestehenden Grünen Revolution angesehen werden kann. Inwieweit die Gentechnik bereits Realität geworden ist und ob sie ein Hilfsmittel in der Armutsbekämpfung in Entwicklungsländern sein kann, soll im nachfolgenden Teil dieser Arbeit betrachtet werden.

Gentechnik in der Landwirtschaft

Gentechnologie und Biotechnologie werden häufig in ein und demselben Kontext verwendet, obwohl es sich um unterschiedliche Disziplinen handelt. Biotechnologie wird vom Menschen bereits seit 10.000 Jahren praktiziert. Man versteht darunter die gezielte Herstellung oder Veränderung chemischer Verbindungen mit Hilfe lebender Organismen. So wurden schon sehr früh Brot, Joghurt, Essig, Bier usw. mit Hilfe von Bakterien und Pilzen hergestellt (Kleesattel 2002: 11-12). Die Gentechnologie, oder kurz Gentechnik, ist ein Teilgebiet der Biotechnologie. „Man versteht [...] [darunter] die gezielte Übertragung artfremder genetischer Informationen von einem Lebewesen auf ein anderes, welches dadurch neue Eigenschaften erhält" (Kleesattel 2002: 12). Diese Technologie ist erst wenige Jahrzehnte alt. Die konventionelle Züchtung beschränkte sich Jahrtausende auf die Auslese, mittels derer bestimmte Eigenschaften verstärkt, beziehungsweise geschwächt wurden. So ist im Laufe der Jahrtausende die Vielfalt an Nutztieren und Nutzpflanzen entstanden. Es dauerte aber bis zur Mitte des 19. Jahrhunderts, bis die Menschen die Gesetze der Vererbung erforscht hatten. Mit Hilfe dieses Wissens war es möglich, gezielter zu züchten. Viele neue, ertragreichere Sorten waren die Folge und steigerten die Leistung der Landwirtschaft vor allem in den Industrieländern. Das 20. Jahrhundert brachte eine Vielzahl neuer Erkenntnisse. Erstmals gelang es durch die sogenannte Protoplastenfusion, Kombinationen von Pflanzenarten zu erhalten, die auf sexuellem Wege nicht kreuzbar sind. „Protoplasten sind pflanzliche Zellen, deren Zellwand entfernt wurde. Die bei der Fusion von Protoplasten entstehenden ‚Kreuzungsprodukte‘ der verschiedenen Pflanzenarten lassen sich unter geeigneten Bedingungen zu ganzen Pflanzen regenerieren" (BASF Plant Science et al. 2003 : 14). Auch ist das Verfahren der Hybridzüchtungen eine Errungenschaft des 20. Jahrhunderts. Hierbei entstehen Pflanzen durch gezielte Kreuzung von genetisch einheitlichen Inzuchtlinien. Hybridpflanzen können bis zu 30% mehr Ertrag liefern als konventionelle Züchtungen (BASF Plant Science et al. 2003: 14). Seit den 1960er Jahren ist es außerdem möglich, Saatkörner radioaktiv zu bestrahlen oder mit chemischen Substanzen zu behandeln, die das Erbgut verändern. Diese Veränderungen im Erbgut sind jedoch meist unvorteilhaft. In wenigen Ausnahmen entstehen bei Pflanzen Eigenschaften, die für eine weitere Züchtung von Vorteil sind. Das erste gentechnische Experiment gelang im Jahre 1973. Damals wurde einem Bakterium ein fremdes Gen eingeschleust, das dieses in sein Erbgut aufnahm und nach Vorlage des neuen Gens einen neuen Eiweißstoff produzierte. Dies war die Geburtsstunde der modernen Gentechnik, wie wir sie heute kennen (BASF Plant Science et al. 2003:15). Die entstandenen Lebewesen, in deren Erbgut Gene eingeschleust wurden, die nicht von ihrer eigenen Art stammen, bezeichnet man als transgene Organismen. „Im Prinzip kann man mit den heutigen Methoden jede Zelle transgen machen" (Mohr 1997: 47). Die erste gentechnisch modifizierte Pflanze (GM-Pflanze) wurde 1983 in den USA entwickelt. Es handelte sich um eine Tabakpflanze, auf die man ein Antibiotikaresistenz-Gen aus einem Bakterium übertrug. Seitdem ist eine Vielzahl von verschiedenen Pflanzenarten gentechnisch verändert worden.

Die wichtigsten Verfahren in der Gentechnik

Die Gentechnik hat verschiedene Ziele und Techniken, um diese zu erreichen. Unter anderem ist es ein erklärtes Ziel der Gentechnikfirmen, den Gewinn der Landwirtinnen und Landwirte durch verminderten Einsatz von chemischen Mitteln und höheren Ernteerträgen zu steigern. Hierzu gibt es bereits eine Vielzahl von Errungenschaften, die aber bis auf wenige Ausnahmen noch nicht im großen

Stil angewendet werden. Es gibt zwar Erfolge im Bereich von Pilz- und Virustoleranzen bei Nutzpflanzen, allen voran bei Kartoffeln, die in den kommenden Jahren kommerziell angebaut werden könnten, doch bisher sind es vor allem Insekten- und Herbizidtoleranz bei Nutzpflanzen, die das Bild der Gentechnik prägen (TransGen.de 2010 c). Die wichtigsten Technologien und solche, die vor allem für Entwicklungsländer interessant werden könnten, sollen im Folgenden dargestellt werden. Technologien wie Pilz- und Virustoleranz sowie andere gentechnische Veränderungen wurden bewusst ausgelassen, da sie sich noch im Entwicklungsstadium befinden und sich in der Vorgehens- und Wirkungsweise nicht stark von den anderen Technologien unterscheiden.

Insektentoleranz

Pflanzen, die mit Hilfe der Gentechnik resistent gegenüber bestimmten Insekten gemacht wurden, werden als Bt-Pflanzen bezeichnet. Die Abkürzung „Bt" steht für Bacillus thuringiensis, ein Bakterium, welches im Boden lebt und ein zur Insektenbekämpfung nützliches Protein bildet. Dieses wird erst durch spezielle Enzyme des Darmsaftes aktiv, wenn es in den Verdauungstrakt bestimmter Insekten gelangt. Durch die Nahrung vom Insekt aufgenommen, führt es zum Tod durch Perforation der Darmwand (Biosicherheit.de 2007). Mit Hilfe von gentechnischen Verfahren ist es gelungen, das Gen, welches für die Herstellung des Bt-Proteins verantwortlich ist, zu isolieren und in die DNA von Nutzpflanzen zu integrieren. Die nun gentechnisch veränderten Pflanzen bilden ebenso wie das Bacillus thuringiensis ein Toxin, welches für bestimmte Fraßinsekten tödlich wirkt. Es gibt verschiedene Bt-Toxine, deren Wirkung jeweils auf eine bestimmte Insektengruppen beschränkt ist (Biosicherheit.de 2010 a). „Da die Bt-Toxine beim Menschen im Magen-Darmtrakt schnell abgebaut werden, lösen die Stoffe nach derzeitigem Kenntnisstand keine Allergien aus" (LfL 2004: 97). Die Bt-Technik wird vor allem bei Baumwoll- und Maispflanzen angewandt. „Bt cotton was among the first genetically modified (GM) crops to be used in commercial agriculture" (Qaim & de Janvry 2005: 179). Die wichtigsten Schadinsekten, die man versucht, mit Hilfe des Einbringens von Bt-Toxinen in Pflanzen zu bekämpfen, sind der Kapselbohrer (Helicoverpa zea), eine Falterart, deren Raupen Baumwollkapseln befällt, der Maiszünsler (Ostrinia nubilalis), eine Nachtfalterart, deren Raupen sich von Maispflanzen ernähren, und der Maiswurzelbohrer (Diabrotica virgifera), eine Käferart, die die Wurzeln von Maispflanzen befällt.

Herbizidtoleranz

Unkräuter konkurrieren auf den Anbauflächen mit Kulturpflanzen um Nährstoffe, Wasser und Licht. Um sie zu bekämpfen, müssen die unerwünschten Pflanzen mechanisch entfernt oder durch den Einsatz von Herbizid abgetötet werden. „[Herbizide] [...] sind synthetisch hergestellte organische Verbindungen, mit denen Pflanzen abgetötet werden können" (Diepenbrock et al. 2005: 115). Herbizide können selektiv, also gezielt gegen eine Pflanzenart oder als Breitbandherbizid gegen jegliches pflanzliche Leben wirken. Die meisten in der konventionellen Landwirtschaft eingesetzten Herbizide sind selektiv und wirken nur gegen bestimmte Unkräuter, um einen Schaden an den Kulturpflanzen zu vermeiden. Der Vorteil von herbizidtoleranten Nutzpflanzen liegt auf der Hand: Es muss nur noch ein Herbizid eingesetzt werden, um alle unerwünschten Pflanzen zu bekämpfen. Eine Toleranz gegen bestimmte Herbizide konnte erreicht werden, indem man geeignete Gene von bodenbewohnenden Bakterien in das Erbgut von Nutzpflanzen integrierte. Die Firma Monsanto integrierte ein Gen des Bakteriums Agrobacterium tumefaciens in Nutzpflanzen und machte es so resistent gegen das hauseigene Herbizid Roundup Ready, dessen Wirkstoff Glyphosat ist (Stein & Rodriguez-Cerezo 2008: 23-25). Einzig die Firma Bayer hat ein Konkurrenzprodukt entwickelt, indem sie Gene des Bakteriums Streptomyces viridochromogenes in Nutzpflanzen integrierte und diese resistent gegen Glufosinat-Ammonium machte, den Wirkstoff des Bayer eigenen Herbizids Liberty (Stein & Rodriguez-Cerezo 2008: 23-25, Bayercropsciences 2010). Den größten Teil der herbizidresistenten GM-Pflanzen machen Sojabohnen mit 70% aus. Von diesen 70% sind 80% Entwicklungen von Monsanto und demnach resistent gegen Roundup Ready. Die restlichen 20% sind resistent gegen das Produkt Liberty, das von Bayer unter patentrechtlichem Schutz steht (Diepenbrock et al. 2005: 325, Bayercropsciences 2010). Herbizidtolerante Pflanzen werden als Ht-Pflanzen bezeichnet oder tragen je nach Resistenz den Namen des Herbizides z.B. Roundup-Soja oder Liberty-Mais.

Stresstoleranz

Noch nicht marktreif, aber dennoch hervorzuheben, ist die durch gentechnische Veränderung erreichte Trockentoleranz bei Nutzpflanzen. Diese Technologie kann möglicherweise bei der Armutsbekämpfung in Entwicklungsländern, gerade in Hinblick auf einen bevorstehenden Klimawandel, eine Schlüsselrolle spielen. Die Firma Monsanto hat in Zusammenarbeit mit BASF eine Maissorte entwickelt, die trockenresistenter ist als herkömmliche Sorten (VBIO.de 2009). Der trockenresistente Mais soll erstmals im Jahr 2012 angebaut werden. Anträge hierfür sind bereits in den USA, Kolumbien und bei der EU gestellt. Weitere trockenresistente Pflanzensorten sind in Entwicklung. Die gesteigerte Resistenz gegen Trockenheit wurde erreicht, indem ein Gen des Bakteriums Bacillus subtilis in die DNA der Maispflanze eingebracht wurde. Das Bakterium lebt normalerweise in extremer Kälte und ist somit einem permanenten Stressfaktor ausgesetzt. „[...] Untersuchungen zeigten, dass das [...] Gen auch Pflanzen in Stresssituationen wie Trockenheit helfen kann" (VBIO.de 2009). Desweiteren wird nach nützlichen Genen in der DNA von Hefen und Bakterien gesucht, die mit extremer Hitze, Salzwasser und anderen Stresssituationen zurechtkommen. Die Forschung mit Stressbewältigung bei Pflanzen befindet sich zwar noch im Anfangsstadium, allerdings werden große Hoffnungen in sie gesetzt. Salztoleranz, Hitze-, Kälte- und Dürrebewältigung sind vor allem für Entwicklungsländer interessant, zumal sich unter den Pflanzen, mit denen geforscht wird, auch Hirse, Erdnüsse und Kartoffeln befinden. Dies sind Nutzpflanzen, die vor allem von Landwirtinnen und Landwirten in Entwicklungsländern angepflanzt werden (TransGen.de 2010 d, VBIO.de 2009).

Erhöhter Nährstoffgehalt

Neben der bereits erwähnten Stresstoleranz, ist es vor allem eine mögliche Nährstoffaufwertung von Nutzpflanzen, die für eine verbesserte Ernährungssituation in Entwicklungsländern sorgen könnte. Gentechnisch veränderter Reis und Mais machen seit einiger Zeit in den Medien Schlagzeilen. Beide Getreidearten besitzen von Natur aus nur wenig Vitamin-A. Die Pflanzen werden so verändert, dass sie β-Carotin und Aminosäuren in einer erhöhten Konzentration bilden (Latusseck 2009). „Im Vergleich zu unbehandelten Maiskörnern enthielten die Körner behandelter Pflanzen doppelt so viel B9-Vitamin, das Sechsfache an Vitamin C und die 169-fache Menge an Provitamin A" (Latusseck 2009). Diese Mehrproduktion an Provitamin-A hat zur Folge, dass die Körner vom gentechnisch veränderten Reis und Mais Gelb sind, wodurch sich der Name Goldener Reis bzw. Goldener Mais herleitet (vgl. Abb. 6 S. 32). In den Medien ist bereits von einer Goldenen Revolution die Rede, was zeigt, dass große Hoffnungen in diese Art der gentechnischen Veränderung gelegt werden. Neben der Anreicherung an Vitamin-A wird zudem an Pflanzen geforscht, die mehr Vitamin C und Vitamin B9 produzieren können (Latusseck 2009). Die Forschung ist in diesem Gebiet noch am Anfang ihrer Arbeit. Bis jetzt wird noch keine GM-Pflanze, die einen erhöhten Nährstoffgehalt besitzt, kommerziell angebaut und das, obwohl der Goldene Reis, laut Aussage seiner Entwickler, schon seit 2005 bereit ist, im großen Stil angebaut zu werden. Die Entwicklung des Goldenen Reises und die

Gründe, warum er nicht angebaut wird, werden im Kapitel „Der Goldene Reis"
gesondert behandelt.

Akteure der Gentechnik

Die Diskussion um Gentechnik in der Landwirtschaft ist sehr kontrovers und
wird oftmals nicht objektiv und sachlich geführt. Deshalb ist es bei Recherchen
und Auswertungen von Datenmaterial besonders wichtig zu wissen, welcher Ur-
heber sich dahinter verbirgt und welche Interessen er verfolgt. Auch hier ist eine
Gesamtdarstellung der Beteiligten nicht möglich. Im nachstehenden Kapitel sollen jedoch die wichtigsten Firmen, Organisationen und Wissenschaftler kurz
vorgestellt und die öffentlichen Diskussionen um sie aufgezeigt werden.

Private Firmen

Es gibt zwar eine unüberschaubare Menge von Firmen, die innerhalb der Gentechnik Forschungen an landwirtschaftlich nutzbaren Pflanzen betreiben. Doch
wohl kein anderes Unternehmen macht mehr Schlagzeilen wenn es um das
Thema GM-Pflanzen und Lebensmittel geht als die US-amerikanische Firma
Monsanto mit Sitz in St. Louis. Das Unternehmen hat im Bereich GM-Saatgut
einen Marktanteil von 90% und bezeichnet sich selbst als Life-Sciences-
Unternehmen (Agrar heute 2009, Monsanto.de 2005). An dieser Stelle soll kurz
die Entwicklung des Unternehmens aufgezeigt werden, da das Unternehmen federführend bei der Einführung von GM-Pflanzen war und ist. Seine Anfänge
nahm Monsanto bereits 1901 als Chemiewerk, das Produkte für die Nahrungs-
und Pharmaindustrie herstellte. Ab den 1940er Jahren stellte Monsanto Herbizide her. Im Jahr 1960 wurde eine eigene Abteilung für die Landwirtschaftssparte
geschaffen, in denen gezielt an Düngemitteln und Herbiziden geforscht wurde.
1976 brachte Monsanto eine Reihe von Herbiziden unter den Namen Roundup
heraus. In den Forschungslabors von Monsanto nahmen Wissenschaftlerinnen
und Wissenschaftler erstmalig gentechnische Veränderungen an Pflanzenzellen
vor. Bereits 1983 wurden die ersten gentechnisch veränderten Pflanzen in Ver-
suchstreibhäusern angepflanzt (Monsanto.de 2005). Die USA waren das erste
Land, das 1996 den kommerziellen Anbau von gentechnisch veränderten Pflanzen zuließ. Monsanto war das erste Unternehmen, das Saatgut von gentechnisch
veränderten Sojabohnen anbot. Den Pflanzen wurden Gene eines bodenbewohnenden Bakteriums eingepflanzt, um sie für das Roundup Herbizid resistent zu
machen. Die so veränderten Pflanzen überstehen den Einsatz von Roundup
problemlos, während alle anderen Pflanzen auf der gespritzten Fläche abgetötet
werden. Monsanto hat inzwischen eine ganze Reihe von Pflanzen entwickelt, die

resistent gegen Roundup sind. Eigenen Angaben zufolge wird die Umwelt geschont, da der Einsatz von Spritzmitteln gezielter erfolgen kann und eine geringere Menge an umweltschädlichen Herbiziden nötig ist (Monsanto.de 2005). Neben dem Unternehmen Monsanto gibt es noch weitere große Firmen wie etwa DuPont, Syngenta und Bayer, welche alle zusammen fast 98% der weltweit angebauten GM-Pflanzen entwickelten (Agrar heute 2009). Laut eigenen Angaben ist Monsanto ein modernes Unternehmen, das zum Wohle der Menschheit handelt und zum Ziel hat, mit Hilfe der Gentechnik eine umweltfreundlichere Landwirtschaft zu etablieren sowie das Hungerproblem auf der Welt zu lindern (Monsanto 2010).

Monopolstellung der Firmen

Die Kritik gegen Monsanto und den anderen Firmen geht in vielen Bereichen einher mit der generellen Kritik gegen Gentechnik in der Landwirtschaft. Zusätzlich zieht ein Unternehmen, welches den Markt an GM-Pflanzen zu einem Großteil für sich behaupten kann, unweigerlich Kritik auf sich. Einer der Hauptkritikpunkte an Monsanto ist daher, dass das Unternehmen durch gezielte Zukäufe von kleineren Firmen seine Monopolstellung festigt. Seit den späten 1990er Jahren kaufte das Unternehmen weltweit, vor allem private Saatgutfirmen. Inzwischen ist Monsanto neben dem US-amerikanischen Unternehmen DuPont der zweitgrößte Saatguthändler weltweit. Bei GM-Saatgut ist Monsanto weltweit führend (Agrar heute 2009).

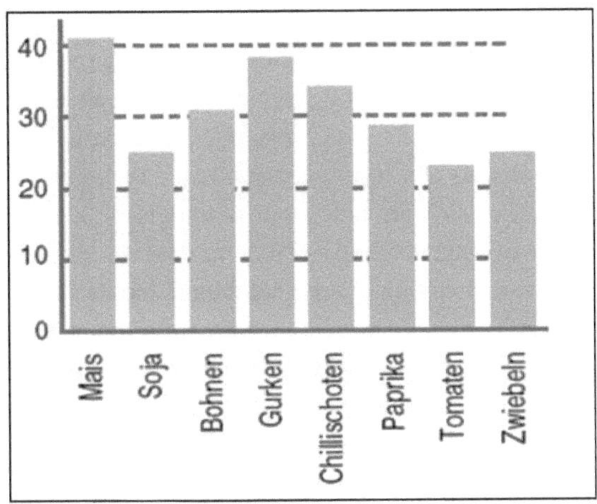

Abb. 3: Anteil von Monsanto am weltweiten Saatguthandel in Prozent

Quelle: Zukunftsstiftung Landwirtschaft 2009: 30

Kritiker sehen eine Gefahr darin, dass es Monsanto durch seine Monopolstellung möglich ist, Preise für Saatgut zu diktieren. In Argentinien etwa gehören 30% des Saatgutmarktes für Mais der Firma Monsanto und in Indien wurde das größte private Saatgutunternehmen des Landes von Monsanto aufgekauft (Charles 2001: 19-20, Greenpeace 2005). In der lebensmittelproduzierenden Landwirtschaft ist dies besonders kritisch zu betrachten, da nicht nur die ökonomische Situation der Landwirtinnen und Landwirte beeinflusst werden kann, sondern auch die Nahrungsversorgung vieler Menschen betroffen ist. Es gibt Theorien, nach denen diese Monopolstellung durch eine ablehnende Haltung vor allem von Seiten Europas gegenüber der Gentechnik gefördert wird. „Weil die Regierungen [einzelner europäischer Staaten] der agrarischen Gentechnik eher ablehnend gegenüber stehen, wird die Forschung an den staatlichen Universitäten kaum gefördert" (Spiegel Online 2009: 2). Forscher, die sich in diesem Gebiet profilieren wollen, werden von der Industrie abgeworben und Forschungsergebnisse von privaten Firmen patentiert.

Hybridsaatgut und Terminator-Technologie

Bei traditionellen Sorten ist es möglich, einen Teil der Ernte aufzuheben und beim nächsten Bestellen des Ackers erneut auszusähen. Viele der modernen Hochleistungssorten und fast alle der gentechnisch veränderten Getreidesorten sind Hybriden. Das bedeutet, dass es Kreuzungen sind, die aus verschiedenen Arten hervorgingen. Diese erzielen gegenüber konventionellem Saatgut einen höheren Ertrag, sind aber für eine erneute Aussaat weniger geeignet, da die in zweiter Generation erzielten Erträge deutlich geringer als bei der Elterngeneration sind. Es lohnt sich daher für den Landwirt in der Regel, jedes Jahr neue Hybridsamen vom Saatguthersteller zu kaufen. Die Firma Monsanto hat überdies jene Firma hinzugekauft, die die Rechte an der sogenannten „Terminator-Technologie" besitzt. Hierbei handelt es sich um eine gentechnologische Errungenschaft, die es gestattet, Pflanzen dahingehend zu verändern, dass die produzierten Samen bei erneuter Aussaat überhaupt nicht mehr keimen (Charles 2001: 20). Namhafte Kritiker wie die FAO und Nichtregierungsorganisationen wie Greenpeace haben sich gegen einen Einsatz dieser Technologie geäußert. „We demand an immediate ban of terminator and similar genetic use restriction technologies" (FAO 2002). Bisher hat sich Monsanto selbst verpflichtet, diese Technologie nicht im Bereich der Nahrungsmittelerzeugung anzuwenden. „Monsanto hat kein Produkt mit Samensterilität entwickelt oder auf den Markt gebracht. Da Monsanto viele der Bedenken in Bezug auf die Kleinbauern teilt, haben wir uns 1999 verpflichtet, die Samensterilität nicht bei Pflanzen einzuführen, die der Nahrungsmittelerzeugung dienen. Wir halten an dieser Verpflichtung fest und haben keine Pläne oder Forschungsziele, die gegen diesen Grundsatz verstoßen" (Monsanto 2010). Trotz dieses Versprechens von Monsanto sehen Kritiker darin die Gefahr, dass gerade jene Firma, welche durch massive Zukäufe versucht, den weltweiten Saatgutmarkt zu beherrschen, auch das Patent für die „Terminator-Technologie" in Händen hält (Greenpeace 2005, Charles 2001: 19-20).

International Service for the Acquisition of Agri-Biotech Applications (ISAAA)

Die International Service for the Acquisition of Agri-Biotech Applications (ISAAA) spielt eine wichtige Rolle, wenn es um die Datengrundlage und um Zahlen zum Anbau von GM-Pflanzen geht. Sie wurde 1991 gegründet. Nach eigenen Angaben ist es eine der Hauptaufgaben der ISAAA, Armut und Hunger in Entwicklungsländern durch den Einsatz von Biotechnologie zu bekämpfen (ISAAA 2010 c). Die ISAAA fördert den Transfer von Wissen bezüglich Biotechnologie und bietet Hilfe in der Vermittlung von Partnerschaften zwischen öffentlichen Institutionen und Privaten Firmen an (ISAAA 2010 a). Fast alle Statistiken bezüglich der Fläche und Menge von GM-Pflanzen, die weltweit angebaut werden, stammen von der ISAAA. Selbst vermeintlich objektive Institute wie die Bundeszentrale für politische Bildung (bpb), die Bayerische Landesanstalt für Landwirtschaft (LfL) sowie verschiedene Artikel von namhaften Forschern beziehen sich auf Zahlen der ISAAA (Weltentwicklungsbericht 2008: 209, LfL 2004: 26, Stein et al. 2008: 36-41). „ISAAA ist die einzige

Organisation, die den globalen Anbau der Genpflanzen in einem jährlich erscheinenden Bericht umfassend dokumentiert" (Bauer 2005). Der große Kritikpunkt dabei ist, dass die ISAAA nicht als objektive und unabhängige Institution gelten kann, da nach eigenen Angaben auch Firmen wie Monsanto und Bayer im Spendenverzeichnis auftauchen (ISAAA 2010 b). Diese Firmen hegen ein großes Interesse an der Bekanntmachung von Statistiken und Daten, die eine rasche Ausbreitung von GM-Technologie in der Landwirtschaft beweisen. Das zentrale Problem bei dem Datenmaterial der ISAAA ist, dass es an Erklärungen mangelt, wie die veröffentlichten Daten zustande gekommen sind. „ISAAA versichert lediglich, die Daten aus allen Ländern sorgfältig bearbeitet zu haben und verweist auf verschiedene, nicht näher konkretisierte Regierungsinstitutionen und Organisationen" (Bauer 2005). Trotz dieser Kritikpunkte wurden auch in dieser Arbeit Angaben von ISAAA verwendet, zum einen aus mangelnden Alternativen, zum anderen, weil es gerade die Daten der ISAAA sind, welche in der öffentlichen Diskussion verwendet werden und daher notwendig für ein Verstehen der Debatte um Gentechnik in der Landwirtschaft und zum Einsatz in der Armutsbekämpfung sind.

Aktuelle Situation

Bebaute Fläche und Anzahl der Landwirte

Im Jahr 2008 wurden in 25 Ländern gentechnisch veränderte Pflanzen kommerziell angebaut. In den USA liegt mit 62,5 Millionen Hektar die weltweit größte Fläche, die mit GM-Pflanzen bebaut wird (ISAAA 2009).

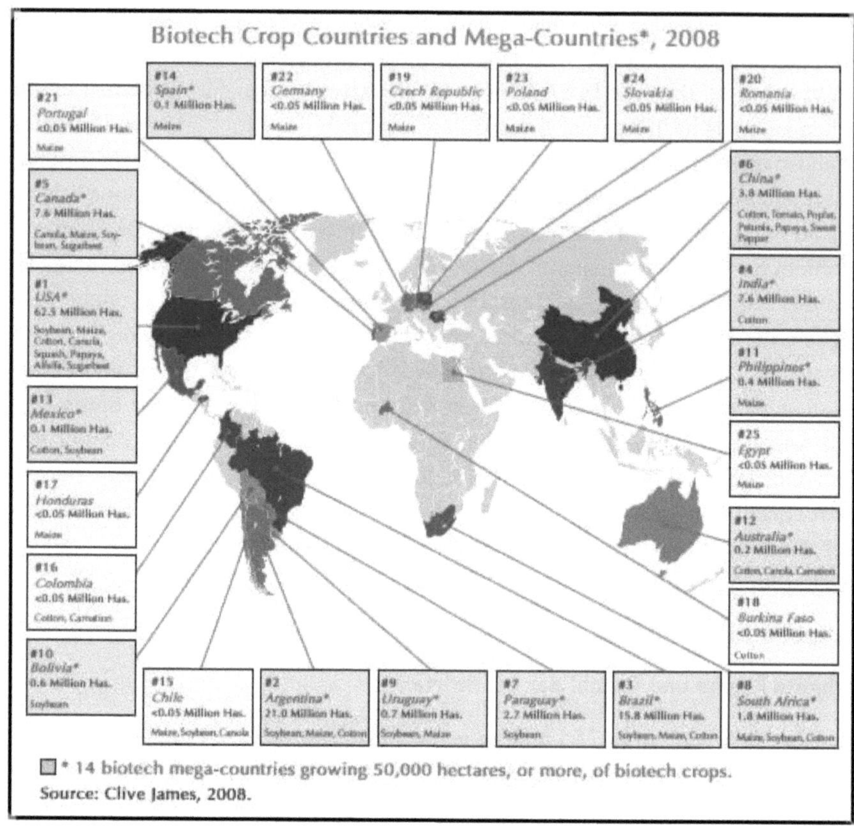

Abb. 4: Biotech Crop Countries and Mega-Countries 2008

Quelle: ISAAA 2010 d: http://www.isaaa.org/RESOURCES/PUBLICATIONS/BRIEFS
/39/executivesummary/default.html. (02.02.2010).

Obwohl die Anbaufläche für GM-Pflanzen in China und Indien im Vergleich zu den USA relativ klein ist, nehmen diese beiden Staaten trotzdem einen Spitzenplatz auf der Tabelle ein. Es ist nicht verwunderlich, dass es daher die Landwirtinnen und Landwirte in Entwicklungsländern sind, die den Großteil der Bauern stellen, die gentechnisch veränderte Pflanzen auf ihren Feldern anbauen. Alleine in China beläuft sich ihre Zahl auf 7,5 Millionen. Zusammen mit Indien sind es schätzungsweise 9,2 Millionen Landwirtinnen und Landwirte, die gentechnisch veränderte Pflanzen anbauen (Raney 2006: 2, Weltentwicklungsbericht 2008: 209).

Tab. 4: Liste der Länder, die gentechnisch veränderte Pflanzen anbauen, sortiert nach der Größe der Anbaufläche

Platz	Land	Mit GM-Pflanzen bebaute Fläche in Mio. Hektar	Angebaute GM-Pflanzen
1	USA	62,5	Sojabohne, Mais, Baumwolle, Raps, Süßkartoffel, Papaya, Luzerne, Zuckerrübe
2	Argentinien	21,0	Sojabohne, Mais, Baumwolle
3	Brasilien	15,8	Sojabohne, Mais, Baumwolle
4	Indien	7,6	Baumwolle
5	Kanada	7,6	Raps, Mais, Sojabohne, Zuckerrübe
6	China	3,8	Baumwolle, Tomaten, Pappel, Petunie, Papaya, Paprika
7	Paraguay	2,7	Sojabohne
8	Süd Afrika	1,8	Mais, Sojabohne, Baumwolle
9	Uruguay	0,7	Sojabohne, Mais
10	Bolivien	0,6	Sojabohne
11	Philippinen	0,4	Mais
12	Australien	0,2	Baumwolle, Raps, Hirse

13	Mexico	0,1	Baumwolle, Sojabohne
14	Spanien	0,1	Mais
15	Chile	<0,1	Mais, Sojabohne, Raps
16	Kolumbien	<0,1	Baumwolle, Hirse
17	Honduras	<0,1	Mais
18	Burkina Faso	<0,1	Baumwolle
19	Tschechien	<0,1	Mais
20	Rumänien	<0,1	Mais
21	Portugal	<0,1	Mais
22	Deutschland	<0,1	Mais
23	Polen	<0,1	Mais
24	Slowakei	<0,1	Mais
25	Ägypten	<0,1	Mais

Verändert nach ISAAA 2010 d: http://www.isaaa.org/RESOURCES/PUBLICATIONS/
BRIEFS/39/executivesummary/default.html. (02.02.2010).

Obwohl Argentinien und Brasilien nicht zu den klassischen Entwicklungsländern gerechnet werden können, sind sie in der Statistik der ISAAA als solche aufgeführt. Auch die Abb. 5 aus der Geographischen Rundschau behandelt Brasilien und Argentinien als Entwicklungsländer. Obwohl sich die vorliegende Arbeit auf Entwicklungsländer konzentriert, wird die Situation bezüglich des Anbaus von GM-Pflanzen in Brasilien und Argentinien betrachtet, da beide Länder eine Vorreiterstellung für andere südamerikanische Länder wie Bolivien und Peru besitzen, die unzweifelhaft als Entwicklungsländer gelten können. Die Tabelle der Anbauflächen nach Ländern zeigt, dass es, rechnet man Argentinien und Brasilien mit ein, Entwicklungsländer sind, die den Großteil derjenigen Länder stellen, die GM-Pflanzen anbauen. Trotz ihrer großen Anzahl besitzen sie aber nur 38% der Fläche, die mit GM-Pflanzen bebaut ist.

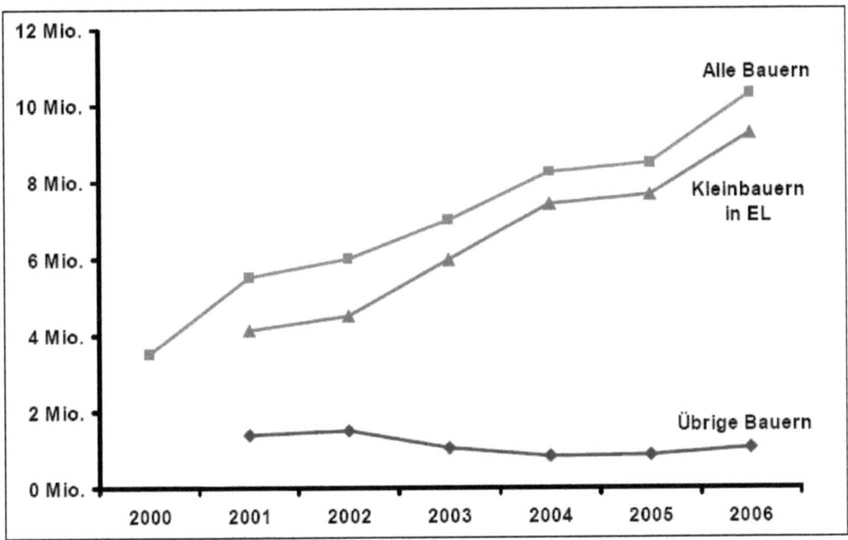

Abb. 5. Anzahl der Bauern weltweit, die gentechnisch veränderte Pflanzen anbauen

Verändert nach Stein et al. 2008: 37

Innerhalb dieser Länder sind es Brasilien und Argentinien, die zusammen fast drei Viertel der Fläche für sich beanspruchen (Raney 2006: 1, Stein et al. 2006: 37). Beides sind Länder, deren Landwirtschaft stark auf den Export ausgelegt ist. Pro Person, die in der Landwirtschaft tätig ist, ergibt sich rechnerisch eine Fläche von 42 Hektar in Argentinien und 12 Hektar in Brasilien. In China ist die Fläche je Person mit 0,67 Hektar um einiges geringer und liegt in Indien mit 0,31 Hektar sogar noch niedriger (eigene Berechnung nach Daten der FAO 2010 d). Man muss deshalb innerhalb der Entwicklungsländer sehr genau unterscheiden, wenn man die verschiedenen Entwicklungen der Gentechnik betrachten will. Die Landwirtschaft in Entwicklungsländern kann nicht als homogen bezeichnet werden. Teile der südamerikanischen Landwirtschaft etwa sind geprägt von Großbetrieben, die ihre Produktion auf den Export ausgelegt haben. In den meisten Teilen Asiens und Afrikas sind die Betriebsgrößen um ein vielfaches kleiner und zu einem größeren Teil subsistenzwirtschaftlich geprägt. Im folgenden Abschnitt soll eine Betrachtung der angepflanzten Sorten sowie einzelner ausgewählter Regionen erfolgen, um unterschiedliche Entwicklungen und etwaige Gemeinsamkeiten aufzuzeigen.

Angebaute Pflanzen

Keine andere GM-Pflanze hat sich weltweit so sehr durchgesetzt wie die GM-Sojabohne. Sie wird auf 65,8 Millionen Hektar angebaut und beansprucht damit 72% der gesamten Anbaufläche (ISAAA 2010 d). Vor allem in den USA, Argentinien und Brasilien liegen die Hauptanbaugebiete der GM-Sojabohnen. In den meisten anderen Entwicklungsländern erfolgt der Anbau von gentechnisch veränderten Pflanzen zur Nahrungsversorgung noch nicht in nennenswerter Menge. „Transgene Lebensmittel wurden von Kleinbauern in Entwicklungsländern nicht gut angenommen" (Weltentwicklungsbericht 2008: 209). Anders dagegen sieht es bei GM-Baumwolle aus. Hier stellen die Kleinbauern mengenmäßig den Großteil der Landwirtinnen und Landwirte, die GM-Baumwolle anpflanzten (Weltentwicklungsbericht 2008: 209). Weltweit wurden im Jahr 2008 insgesamt 32,9 Millionen Hektar Baumwolle angepflanzt (USDA 2010). Wie viel Fläche davon mit gentechnisch veränderter Baumwolle bepflanzt ist, kann nur schwer gesagt werden, da die Quellen zum Teil erhebliche Unterschiede aufweisen. So soll die Zahl 2007 bei etwa 10 Millionen Hektar gelegen haben (Sadashivappa & Qaim 2009: 172). Eine andere Quelle schätzte den Anbau 2008 auf 15 Millionen Hektar (ISAAA 2010 d). Wobei ein weltweiter Zuwachs um 50% innerhalb eines Jahres als eher unwahrscheinlich erscheint. Die Fläche, die mit gentechnisch veränderter Baumwolle bepflanzt wird, nimmt aber vor allem aufgrund der Entwicklungsländer zu und hat weltweit gesehen einen Anteil von etwa 47% (ISAAA 2010 d). In Indien, China und Südafrika wird Baumwolle seit 2002 kultiviert und bildet den Großteil der gentechnisch veränderten Pflanzen, die in diesen Ländern angebaut werden. Es handelt sich hierbei meist um Sorten von Bt-Baumwolle, die resistent gegen bestimmte Schädlinge sind (vgl. Kapitel „Insektentoleranz").

Der Goldene Reis

Erklärtes Ziel ist es, durch die Einführung des Goldenen Reises den Vitamin-A-Mangel, den es in großen Teilen der Tropen und in Entwicklungsländern gibt, zu bekämpfen. Vitamin-A-Mangel verursacht unter anderem Blindheit und ist verantwortlich für eine erhöhte Sterblichkeit durch geschwächte Immunsystemfunktionen (Stein et al. 2008: 40). „In vielen Ländern ist Unterernährung mit signifikanten gesundheitlichen Folgen auf Mangel an Zink, den Vitaminen C und D, Folsäure, Riboflavin, Selen und Calcium zurückzuführen, zusätzlich zu den Spurenelementen Eisen und Jod und Vitamin A, denen derzeit so viel Aufmerksamkeit geschenkt wird" (Grain 2001: 62). Weltweit leiden etwa 140 bis 250 Millionen Kinder unter fünf Jahren an einem Mangel an Vitamin A (WHO

2003). Insgesamt beläuft sich die Anzahl derjenigen, die durch Mangelernäh-
rung von einem gravierenden Vitamin-A-Mangel betroffen sind, auf etwa 800
Millionen Menschen (Heldt 2001: 25). Vitamin A kommt ausschließlich in von
Tieren stammender Nahrung wie Fleisch, Milch und Eiern vor. Pflanzliche Nahrung enthält allenfalls β-Carotin (Provitamin A), das erst im Körper zu Vitamin
A umgewandelt werden muss, um dort wirksam zu werden. Um Reis haltbar zu
machen, ist es notwendig, ihn zu schleifen. Bei diesem Vorgang werden das sogenannte Silberhäutchen und der Keimling vom restlichen Korn entfernt. Diese
beiden Bestandteile des Reiskorns sind stark ölhaltig und würden bei längerer
Lagerung oxidieren und den Reis ungenießbar machen. Durch das Entfernen
dieser Schichten ist es möglich, den Reis auch längere Zeit zu lagern. Gerade
das Silberhäutchen und der Keimling enthalten wertvolle Nährstoffe. Geschälter
Reis enthält kein β-Carotin mehr. Die große Anzahl an Menschen, die an Vitamin-A-Mangel leiden, wird verständlich, wenn man sich die Zahl derjenigen betrachtet, für die Reis ein Grundnahrungsmittel darstellt. Für etwa drei Milliarden
Menschen stellt Reis entweder die Hauptnahrungsquelle dar oder ist zumindest
ein wichtiger Teil der Nahrungszusammensetzung (IRRI 2010). Um einem Vitamin-A-Mangel vorzubeugen, bedarf es einer ausgewogenen Ernährung, die
neben Reis auch aus Gemüse, Obst und tierischen Produkten bestehen sollte. Einem großen Teil der von Reis abhängigen Menschen ist es jedoch nicht möglich,
ihren Speiseplan zu diversifizieren. Ein großer Bevölkerungsdruck und man-
gelnde Ackerflächen zwingen Landwirtinnen und Landwirte dazu, möglichst
viel energiehaltige Nahrung, wie etwa Reis, anzubauen, um zumindest eine ausreichende Kalorienversorgung zu gewährleisten. Eine Diversifizierung der Nahrung wäre zwar anzustreben, würde aber eine große Umstellung der Landwirtschaft sowie der Nahrungsgewohnheiten bedeuten, was sowohl aus finanziellen,
als auch kulturellen und politischen Gründen momentan nicht leicht durchführ-
bar ist. Der Goldene Reis soll daher eine kostengünstige Alternative für die Behebung des Vitamin-A-Mangels sein (Heldt 2002: 25).

Initiatoren des „Goldener Reis Projekts"

Der Goldene Reis sollte von Anfang an zur Armuts- und Hungerbekämpfung
eingesetzt und nicht als Hightech-Produkt einer privaten Firma vermarktet werden. Die Initiatoren setzen sich aus Stiftungen und Universitäten zusammen. Die
Forschungsteams um Ingo Potrykus, Professor an der Eidgenössischen Technischen Hochschule Zürich sowie Peter Beyer, Professor an der Universität Freiburg, sind seit den frühen 1990ern Hauptinitiatoren des Projektes (Mayer et al.
2006: 3). Es wurde sorgfältig darauf geachtet, dass die Finanzierung

ausschließlich von gemeinnützigen Institutionen übernommen wurde, damit es im Erfolgsfall möglich ist, die Ergebnisse zu verschenken und an arme Landwirtinnen und Landwirte weiterzugeben. Die Finanzierung des Projektes ist daher weitgehend der Rockefeller Stiftung in New York sowie dem Schweizer Nationalfond zu verdanken (Heldt 2002: 26). Erstere hat bereits 1985 angefangen, Projekte finanziell zu fördern, die eine biotechnologische Entwicklung von Reis zum Ziel hatten. Die bei der Erforschung und Herstellung des Goldenen Reises eingesetzten Standardtechnologien waren durch 70 Patente, die in den Händen von insgesamt 32 Firmen lagen, blockiert. Aufwendige Verhandlungen erreichten jedoch, dass alle erforderlichen Lizenzen von der Biotech-Industrie verschenkt wurden, solange die Technologien für humanitäre Nutzung eingesetzt wurden (Heldt 2002: 26, Rockefeller Stiftung 2009). „Als Definition für humanitäre Nutzung hatte man sich folgendermaßen geeinigt: Alles was zu einem Verdienst von unter 10.000 Dollar pro Jahr an Golden Rice führt, ist humanitär, alles darüber kommerziell" (Heldt 2002: 26). Somit kommt der gentechnisch veränderte Reis gerade den Subsistenzbauern, die oftmals nicht mehr als 1000 Dollar pro Jahr verdienen, zu Gute, während Agrarkonzerne, die den Reis industriell anbauen wollen, Lizenzgebühr zahlen müssen. Nationale und internationale Reisforschungsinstitute wie etwa das IRRI auf den Philippinen, sind bei der Erforschung und Züchtung beteiligt. Insgesamt sind es 18 Forschungsinstitute, die allesamt in Entwicklungsländern ansässig sind. Sie betreiben Feldversuche und unterziehen den Reis Tests, welche für eine Zulassung in dem jeweiligen Land vorgeschrieben sind. Ziel ist es außerdem, den Forschungsinstituten vor Ort zu ermöglichen, den Reis an lokale Gegebenheiten anzupassen. Es ist nicht möglich, eine einzige Reissorte zu züchten, die für alle Anbaumethoden, Böden und klimatischen Bedingungen gleichermaßen geeignet ist. Die nationalen Forschungsinstitute vor Ort haben die Möglichkeit, den gentechnisch veränderten Reis mit eigenen lokalen Sorten zu kreuzen, so dass der erhöhte Vitamin-A-Gehalt erhalten bleibt und gleichzeitig Eigenschaften hinzugefügt werden, die nötig sind, um den Reis erfolgreich im jeweiligen Gebiet anzubauen (IRRI 2010, Heldt 2002: 26, Rockefeller Stiftung 2009).

Entwicklung des Goldenen Reises

Den genauen Vorgang zu beschreiben, der notwendig war, um den Goldenen Reis zu züchten, würde den Rahmen dieser Arbeit sprengen. Vereinfacht ausgedrückt schaffte man es, durch genetische Veränderung die Reispflanze dahingehend zu verändern, dass sie in ihren Körnern bei der Reifung β-Carotin bildet. Dies wurde erreicht, indem man Gene aus der Osterglocke Narcissus pseudonarcissus sowie aus dem Bakterium Pantoea ananatis in das Genom von Reis einfügte, was dazu führte, dass die Reispflanze in ihren Reiskörnern β-Carotin in einer deutlich erhöhten Konzentration bildete. Alleine dieser Vorgang beschäftigte die Forschungsinstitute von 1992 bis 1999. Es dauerte aber bis 2005, bis schließlich der erste marktfähige Goldene Reis entstand.

Abb. 6: Die Körner des Goldenen Reises

Quelle: The Golden Rice Project 2009: http://www.goldenrice.org/Content2-How/how.html (13.01.2010).

Die Reiskörner haben aufgrund des hohen β-Carotin-Gehaltes eine gelbliche Färbung, von der sich auch der Name Goldener Reis ableitet. Seit den ersten Erfolgen mit der Züchtung von Goldenem Reis ist es gelungen, den Reis noch stärker mit β-Carotin anzureichern. Diese Sorte trägt die Bezeichnung Goldener Reis II, während die vorherige Sorte als Goldener Reis I bezeichnet wird (The Golden Rice Project 2009, IRRI 2010).

Gründe, die einen Anbau von gentechnisch verändertem Reis verzögern

Seit 2005 gibt es den Goldenen Reis, der in dieser Form zum Anbau geeignet wäre. Bisher wird der Reis in keinem Staat landwirtschaftlich angebaut. Verschiedene Gründe haben die Weitergabe des Saatgutes an Kleinbauern bisher verhindert. Einer davon ist die Finanzierung der vielen Testreihen, Untersuchungen und Auflagen, die erfüllt werden müssen, um ein gentechnisch verändertes Lebensmittel auf den Markt zu bringen. Es muss sichergestellt werden, dass der Reis nach Einführung weder der Gesundheit von Mensch und Tier, noch der Umwelt schadet. Der Goldene Reis soll keinen Gewinn für private Firmen abwerfen, da er für die kostenlose Vitaminversorgung der ärmeren Bevölkerung gedacht ist. Die Finanzierung gestaltet sich deshalb auch besonders schwer, da es selbst für die Großindustrie nicht leicht ist, ein Produkt zu fördern,

mit dem kein Geld verdient werden kann. Bisher waren alle gentechnisch veränderten Pflanzenarten, die man solch teuren Untersuchungs- und Forschungsrei-
hen aussetzte, Arten, die nach Zulassung durch Lizenzgebühren einen hohen
Gewinn versprachen, wie etwa Mais, Soja, Baumwolle und Raps. Laut Initiatoren des Goldenen Reis Projekts, sind die Kosten für eine Zulassung übertrieben
hoch, da Gegner der Gentechnik gezielt gegen einen Anbau von GM-Pflanzen in
der Öffentlichkeit werben und ganz bewusst Ängste in der Bevölkerung wecken.
Somit werden Behörden gezwungen, übervorsichtig zu reagieren und Untersuchungen extrem auszuweiten, was die Kosten enorm in die Höhe treibt (Mayer
et al 2006: 7-8, Heldt 2002: 27, The Golden Rice Project 2009). „[…] developing countries have been put under severe pressure from EU countries and NGOs
to adopt highly restrictive regulatory regimes based on a misinterpreted precau-
tionary principle" (Mayer et al 2006: 5). Trotz aller Hindernisse soll es im Jahr
2012 so weit sein, dass der Reis erstmalig an die Bevölkerung zum Anbau aus-
gegeben wird. Federführend ist dabei das IRRI auf den Philippinen (IRRI 2010).

Regionale Entwicklung

Im folgenden Kapitel soll die regionale Entwicklung in verschiedenen Entwicklungsländern beschrieben und Besonderheiten, Unterschiede sowie Gemeinsamkeiten dargestellt werden.

China

In China wuchs die Zahl der Landwirtinnen und Landwirte, die gentechnisch
veränderte Pflanzen auf ihren Feldern anbauen, von schätzungsweise 5 Millionen im Jahr 2001 auf 7,5 Millionen 2006. (Raney 2006: 2, James 2002: 14).
„Much of China's success rests on its highly developed public agricultural research system […]" (Raney 2006: 2). Der Regierung ist es gelungen, eigenständig Baumwollpflanzen gentechnisch zu verändern und zu patentieren. Die chi-
nesische Baumwolle ist eine der wenigen gentechnisch veränderten Pflanzensorten, die eine echte Konkurrenz zu den von Monsanto entwickelten Sorten darstellt. Dies spiegelt sich in den Preisen für Saatgut wieder, die in China bedeutend niedriger sind als in anderen Ländern. „Die erwiesene Fähigkeit Chinas, eigene GV-Produkte in staatlichen und anderen öffentlichen Unternehmen zu
entwickeln, ist von Bedeutung für andere Länder" (James 2002: 14). Die chine-
sische Regierung steht der Gentechnik sehr fördernd gegenüber, hat bisher aber
nur den Anbau von gentechnisch veränderter Baumwolle, Paprika, Petunien und
Tomaten zugelassen. Die landeseigenen Forschungseinrichtungen haben auch
gentechnisch veränderte Sorten von Reis, Mais und Sojabohnen entwickelt, die

zwar marktreif wären, aber noch nicht zum Anbau freigegeben wurden. Der Grund dafür ist, dass China die Exportchancen seiner Agrarprodukte durch den Anbau solcher Pflanzen gefährdet sieht, da vor allem Europa eine kritische Haltung gegenüber gentechnisch veränderten Lebensmitteln einnimmt (Biosicherheit 2002, Raney 2006: 2-3).

Indien

In Indien wurden erstmals 2002 drei verschiedene gentechnisch veränderte Baumwollsorten für den Anbau zugelassen. Entwickelt wurden diese Sorten von Monsanto in Zusammenarbeit mit der indischen Saatgut- und Biotechfirma Mahyco. Die Technologien wurden von Monsanto und Mahyco patentiert und an andere indische Firmen unter Lizenzgebühr weitergegeben. Die Entwicklung von neuen Sorten ist in Indien, anders als in China, weniger staatlich ausgeprägt. Bereits vier Jahre nach der Marktzulassung von gentechnisch veränderten Baumwollsorten sah sich die indische Regierung gezwungen, in den Saatguthandel einzugreifen. Aufgrund der hohen Preise für gentechnisch verändertes Saatgut florierte in Indien der Handel mit nichtlizensiertem Saatgut. Um dies zu unterbinden, setzte die Regierung 2006 einen gesetzlichen Höchstpreis fest. Seitdem sind die Preise gefallen und der Schwarzmarkthandel ist weniger lukrativ geworden (Sadashivappa & Qaim 2009: 177). Im Jahr 2008 wurden in Indien 131 verschiedene BT-Baumwollhybriden angebaut. Bei einer Gesamtbetrachtung der Fläche, auf der in Indien Baumwolle angebaut wird, fällt auf, dass die gentechnisch veränderten Sorten bereits die Mehrheit ausmachen. Auf 65,1% der mit Baumwolle bestellten Fläche handelt es sich um Pflanzen, die gentechnisch verändert wurden (Sadashivappa & Qaim 2009: 172-184, Stein et al 2008: 36-39). „Die meisten Produzenten sind Kleinbauern mit Betriebsflächen von weniger als fünf Hektar" (Stein et al 2008: 38). Baumwolle ist derzeit noch die einzige gentechnisch veränderte Pflanze, die von Landwirtinnen und Landwirten angebaut werden darf. Die zuständigen Behörden beschäftigen sich zurzeit mit der Zulassung für gentechnisch veränderten Reis. Da Reis ein Grundnahrungsmittel ist, soll einer Gefährdung der Nahrungsmittelsicherheit durch besondere Vorsicht entgegengewirkt werden. Der erste Anbau von gentechnisch verändertem Reis in Indien wird für das Jahr 2012 erwartet (The Golden Rice Project 2009).

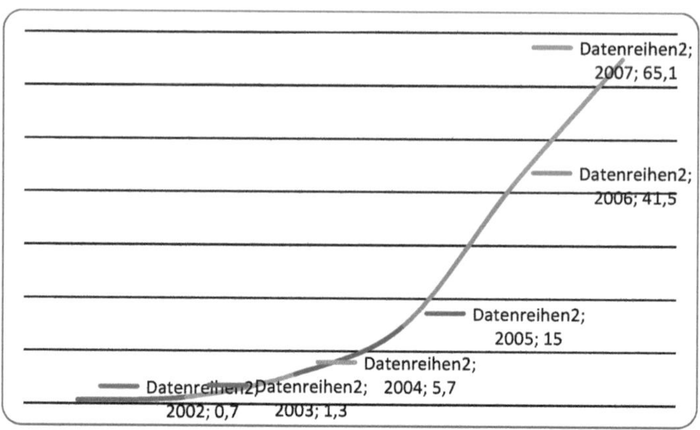

Abb. 7: Prozentualer Anteil der gentechnisch veränderten Baumwolle in Indien

Verändert nach Stein et al. 2008 38:

Südamerika

Mit Ausnahme von Peru, Venezuela, Guyana und Surinam werden in allen andern südamerikanischen Ländern gentechnisch veränderte Pflanzen angebaut. Argentinien ist nach den USA sogar die Nummer zwei im weltweiten Anbau von GM-Pflanzen. „Außer in Argentinien wurden Ende der 1990er Jahre in kaum einem Entwicklungsland GV-Pflanzen angebaut" (Stein et al. 2008: 37). Seit Mitte der 1990er Jahre wird in Argentinien und Brasilien GM-Mais und GM-Soja angebaut, der hauptsächlich zur Futter-, sowie zur Lebensmittelproduktion dient. Wie bereits erwähnt, werden in mancher Literatur Argentinien und Brasilien zu den Entwicklungsländern gerechnet. Wenn man dies tut, besitzen beide Länder zusammen etwa 72% der Anbaufläche von GM-Pflanzen in Entwicklungsländern. Zählt man sie nicht zu den Entwicklungsländern, ergibt sich eine relativ kleine Fläche von GM-Pflanzen, die in Entwicklungsländern angebaut werden. Dies könnte ein Grund dafür sein, warum es der ISAAA sehr daran gelegen ist, Brasilien und Argentinien zu den Entwicklungsländern zu zählen, um die Vorteile von GM-Anbau in Entwicklungsländern zu betonen und eine relativ große Verbreitung von GM-Pflanzen aufzuzeigen.

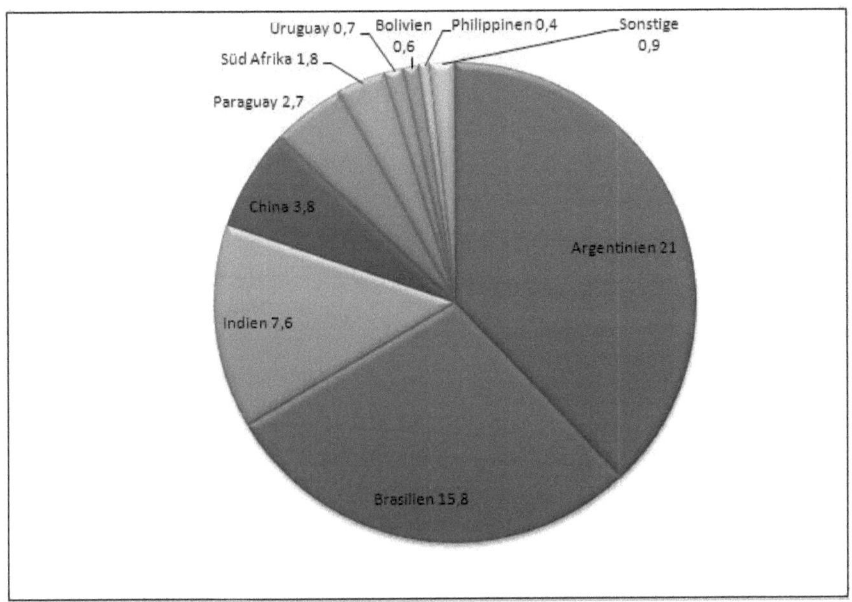

Abb. 10 Anbaufläche von GV-Pflanzen in Entwicklungsländern 2008 in Mio. Hektar

Eigene Darstellung mit Daten von ISAAA 2010 d

In Südamerika sind es vor allem Sojabohnen und Mais, die sowohl als Futterpflanzen, aber auch zum menschlichen Verzehr angebaut werden. Paraguay, das mit etwa 6,5 Mio. Einwohnern und einer Fläche von 406.000 km² zwar als kleines Land unter den Entwicklungsländern gelten kann, besitzt fast 5% der Fläche der in diesen Ländern mit GM-Pflanzen bestellten Fläche (Auswärtiges Amt 2010, Stein et al. 2008: 38). In Argentinien wird zwar auch Baumwolle angepflanzt, stellt aber im Vergleich zu China und Indien nur einen kleinen Teil der angebauten Pflanzen dar. Monsanto hält die Rechte auf gentechnisch veränderte Baumwollpflanzen in Argentinien und hat dadurch eine Monopolstellung im Land. Der Preis für Baumwollsaatgut je metrische Tonne ist im Vergleich zu China und Indien um ein Vielfaches höher und liegt mit etwa US$ 103 fast identisch mit dem Preis, der von Monsanto in den USA verlangt wird (Qaim 2003: 10). Die lokalen Bedingungen in Argentinien unterscheiden sich von denen in den USA jedoch deutlich. Trotz der Einsparung durch einen geringeren Einsatz von Pestiziden, ist der Gewinn, der den Landwirtinnen und Landwirten nach Abzug aller Kosten bleibt, nicht bedeutend höher als mit konventioneller Saat. Während in China und Indien sowie in Südafrika ein bedeutender Teil der baumwollanpflanzenden Landwirtinnen und Landwirte auf Bt-Baumwolle umgestiegen sind, liegt die Zahl drei Jahre nach der Einführung von Bt-Baumwolle in Argentinien bei nur etwa 5% (Qaim 2003: 1). Durch eine Preissenkung könnte Monsanto mehr Saatgut in Argentinien verkaufen, doch seit Jahren hält das Unternehmen die Preise auf hohem Niveau. Kritiker von Monsanto sehen dieses Verhalten als Unternehmensstrategie, um dadurch den Markt in den USA nicht zu schwächen. „Wenn entgangene Einnahmen in einem Land durch höhere Gewinne in einem anderen – vielleicht bedeutenderen – Land kompensiert werden, kann ein lokal sub-optimal erscheinender Preis aus unternehmerischer Sicht durchaus rational sein" (Qaim 2003: 11). Anders als bei Baumwolle haben die Landwirtinnen und Landwirte in Argentinien GM-Mais und GM-Sojabohnen im gleichen Zeitraum fast vollständig übernommen (Raney 2006: 2, Qaim 2003: 1).

Afrika

Eine Betrachtung der Abb. 4. zeigt, dass in Afrika im Vergleich zu anderen Kontinenten nur eine geringe Anzahl von Ländern liegt, die gentechnisch veränderte Pflanzen in der Landwirtschaft einsetzen. Doch innerhalb Afrikas gibt es große Unterschiede. Südafrika beispielsweise ist ein Land, das schon sehr früh in die Forschung bezüglich der Gentechnik investiert hat. Andere Länder wie Ägypten sind noch ganz am Anfang ihrer Forschung und betreiben den Anbau von GM-Pflanzen auf vergleichsweise kleinen Flächen. Die Unterschiedliche Entwicklung innerhalb Afrikas soll in den folgenden zwei Abschnitten genauer betrachtet werden.

Südafrika

In Südafrika ist die Landwirtschaft sehr heterogen ausgeprägt. Einerseits gibt es sehr große Farmen, die für den Welthandel produzieren, andererseits gibt es aber auch viele kleine Familienbetriebe, die Semisubsistenzwirtschaft betreiben. Bereits 1998 genehmigte die Regierung von Südafrika den Anbau von gentechnisch veränderten Pflanzen. Futtermais und Baumwolle waren die ersten Pflanzen, die in Südafrika zum Anbau freigegeben wurden. Beides waren Produkte der Firma Monsanto. Innerhalb von fünf Jahren stieg der Prozentsatz von gentechnisch veränderter Baumwolle auf 92% an (Karembu et al 2009: 12-15, Raney 2006: 2-3). Allerdings muss beachtet werden, dass der Baumwollanbau in Südafrika keine allzugroße Bedeutung hat. Die angebaute Fläche ist mit 19.700 ha sehr gering im Vergleich zu Ländern wie Indien, die eine Anbaufläche von über 10 Millionen ha besitzen.

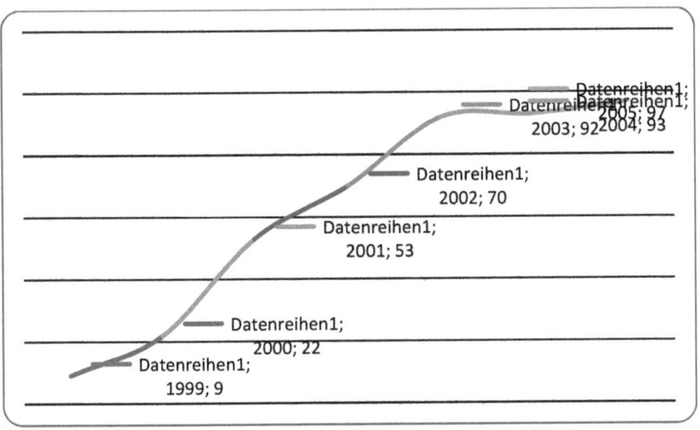

Abb. 8: Prozentualer Anteil der gentechnisch veränderten Baumwolle in Südafrika

Eigene Veränderungen nach Karembu et al. 2009: 14

Die südafrikanische Regierung fördert gezielt Biotechnologieprojekte, die zur Verbesserung der Landwirtschaft beitragen. Wie in Indien wird der Saatgutmarkt in Südafrika aber von privaten Firmen beherrscht. Monsanto hat in Südafrika eine hohe Marktstellung und versucht gezielt, kleinere Landwirte als Kunden zu gewinnen. „[…] [Free] seed was distributed by Monsanto to smallholders on a trial basis" (Raney 2006: 2). Obwohl dieses Verhalten von Monsanto äußerst kritisch betrachtet werden muss, hat sich die Verwendung von gentechnisch veränderten Pflanzen sowohl bei Großbetrieben, als auch bei kleinen Familienbetrieben und Selbstversorgern bei einigen Sorten wie etwa der Baumwolle und dem Futtermais durchgesetzt. Die südafrikanische Regierung setzt auf Gentechnik für eine Revolutionierung ihrer Landwirtschaft und erlaubt seit 2001 auch den Anbau von GM-Mais als Nahrungsmittel. Wie bei der Baumwolle haben beim Maisanbau die gentechnisch veränderten Pflanzensorten die konventionellen mengenmäßig bereits überholt. Auf 62% der Maisanbaufläche in Südafrika wächst gentechnisch veränderter Mais (Karembu et al 2009: 14).

Andere Länder innerhalb Afrikas

Während in Südafrika gezielt geforscht wird, um die Landwirtschaft zu verbessern, ist dies in vielen anderen Teilen Afrikas nicht der Fall. Der prozentuale Anteil der Staatsausgaben für Landwirtschaft liegt in einigen Teilen Afrikas unter 4%, obwohl der Großteil der Bevölkerung von der Landwirtschaft lebt. Im Jahr 2003 einigten sich die Mitgliedsstaaten des Comprehensive Africa Agriculture Development Programme (CAADP) darauf, ihre Ausgaben für die

Entwicklung der Landwirtschaft auf mindestens 10% ihres jährlichen Budgets zu erhöhen (CAADP 2008). Dies ist vielen afrikanischen Ländern noch nicht gelungen. Das Fehlen von Forschungsinstituten und Institutionen, die sich um die Zulassung und Erforschung von neuem Saatgut kümmern, ist einer der Gründe, warum GM-Pflanzen in Afrika im Vergleich zu anderen Regionen weniger verbreitet sind. Trotz der unterfinanzierten Forschung gibt es Projekte, die das Ziel haben, GM-Pflanzen für den Anbau in Afrika zu züchten. Neben Südafrika ist der Anbau von GM-Pflanzen in zwei weiteren Ländern legal. Seit 2008 wird in Ägypten und Bukina Faso GM-Baumwolle und GM-Mais angebaut (ISAAA 2010 d). Bei der Einführung und Entwicklung des GM-Saatgutes half Südafrika, das sich zur Aufgabe gemacht hat, anderen afrikanischen Ländern bei der Erneuerung ihrer Landwirtschaft zu unterstützen.

Tab. 5: Prozentualer Anteil der Ausgaben für Landwirtschaft der Mitgliedsstaaten des CAADP, gemessen am Gesamtbudget eines Landes

< 5 %	5% - 10 %	mind. 10 %
Ägypten	Benin	Burkina Faso
Algerien	Äquatorialguinea	Kap Verde
Botswana	Ghana	Tschad
Burundi	Guinea	Äthiopien
D.R. Kongo	Kenia	Mali
Gabun	Lesotho	Malawi
Kamerun	Madagaskar	Niger
Liberia	Mosambik	
Mauritius	Senegal	
Nigeria	Sudan	
Ruanda	Gambia	
Sambia	Tunesien	
Sierra Leone	Simbabwe	
Tansania		
Uganda		

Verändert nach CAADP 2008: http://www.nepad-caadp.net/pdf/CAADP_Forum_Reprint1.pdf. (03.03.2010).

„South Africa plays a pivotal role in sharing its rich experience with other countries in Africa interested in exploring the potential that biotech crops offer" (Karembu et al. 2009: 16). Der Anbau von GM-Pflanzen in Burkina Faso und Ägypten findet nur auf ausgewählten kleinen Flächen statt. In Burkina Faso wurde nur der Anbau von Bt-Baumwolle genehmigt, der mit einer Fläche von 8.500 ha im Jahr 2008 als sehr gering angesehen werden kann. In Ägypten ist diese Fläche noch geringer, denn im Jahr 2008 wurden lediglich auf einer Fläche von 700 ha Bt-Mais angebaut. Abb. 9 zeigt den Status des Anbaus und der Entwicklung von GM-Pflanzen in Afrika. Viele Länder haben keine funktionierende Forschung im Bereich der Landwirtschaft. Dennoch gibt es Länder, in denen aktiv im Bereich Gentechnik zur Verbesserung der nationalen Landwirtschaft geforscht wird. In Kenia, Tansania, Ghana, Uganda, Nigeria und Mosambik gibt es Projekte, die für die zukünftige Entwicklung in Afrika von besonderer Bedeutung sein könnte, da die Forschungen besonders auf die Verbesserung lokal angebauter Nahrungsmittel abzielen.

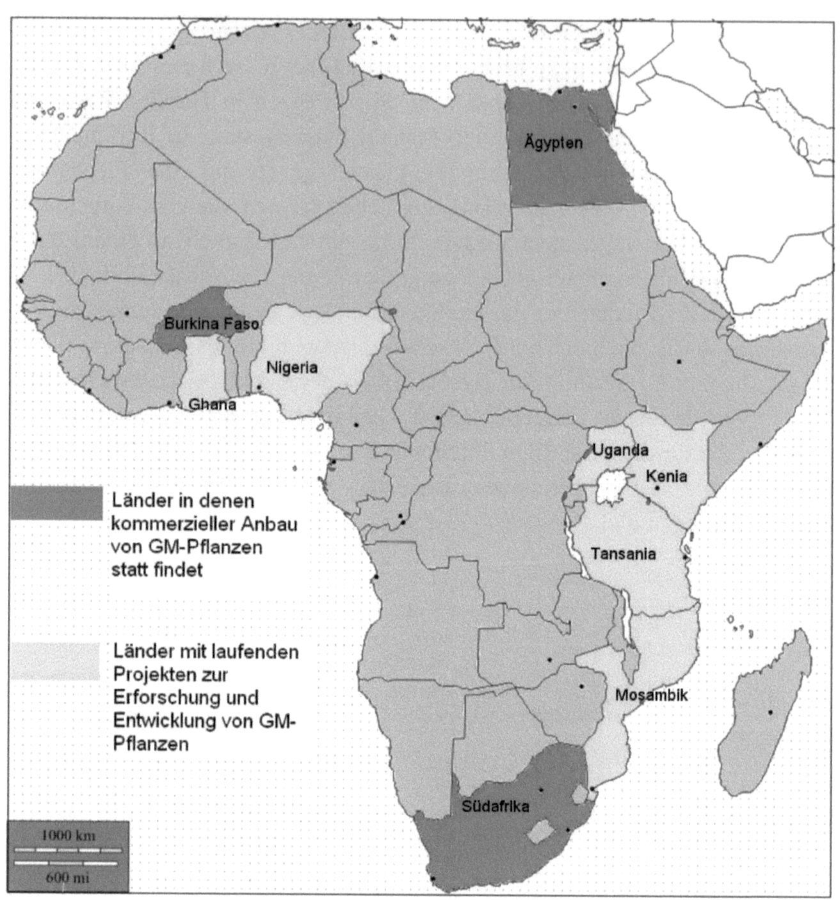

Abb. 9 Status des Anbaus und der Entwicklung von GM-Pflanzen in Afrika

Eigene Darstellung mit Daten von: Karembu et al. 2008: 12, ISAAA 2010 d, d-maps.com 2010

Die gentechnische Veränderung von Bananen, Maniok, Hirse und Bohnen zielt vor allem auf die Verbesserung der Nahrungsversorgung von subsistenzwirt-schaftendenden Familien ab (Karembu 2008: 12). Wann es zum ersten kommer-ziellen Anbau solcher Pflanzen kommt, ist jedoch schwer vorhersagbar.

Argumente der Gentechnikbefürworter

Auf der Erde leben derzeit 6,9 Mrd. Menschen. 5,6 Mrd. Menschen leben in Entwicklungsländern, davon eine Milliarde in den am wenigsten entwickelten Ländern (UNO 2010). Die Zahl der Weltbevölkerung wird bis zum Jahr 2050 auf 9 Mrd. Menschen ansteigen und damit verbunden ist ein zunehmender Bedarf an Lebensmitteln. Die Grüne Revolution der 60er und 80er Jahre hat gezeigt, dass es möglich ist, durch neue Sorten und verbesserte Anbaumethoden die Erträge an Getreide zu erhöhen. Natürlich darf nicht vergessen werden, dass dies in einigen Gebieten der Erde, allen voran in Afrika, nicht gelungen ist und der Hunger keineswegs besiegt wurde. Zudem sind ökologische Probleme wie Überdüngung der Felder und Verschmutzung von Wasser erst im Zuge der Grünen Revolution entstanden. Trotz der negativen Seiten erhöhte sich die produzierte Menge an Nahrungsmitteln in den Gebieten, in denen die Grüne Revolution erfolgreich eingeführt und angenommen wurde. Deshalb gibt es jetzt einen Ruf nach einer zweiten Grünen Revolution. Einer neuen Revolution, die die Fehler der alten behebt und auch denjenigen Menschen zu Gute kommt, denen die Grüne Revolution keinen Nutzen brachte. Die Gentechnik, so erhofft man sich, soll es schaffen, die Armut und den Hunger auf der Erde zu bekämpfen. In den Medien wird diese erhoffte Revolution auch als gelbe Revolution bezeichnet, benannt nach den gelben Reiskörnern des Goldenen Reises (vgl. Kapitel „Erhöhter Nährstoffgehalt"). Was genau die Hoffnungen der Befürworter der Gentechnik zur Armutsbekämpfung sind und was die Gentechnik bereits erreicht hat, soll im folgenden Kapitel erläutert werden.

Armutsbekämpfung durch höhere Gewinne

Die Gentechnik verspricht höhere Gewinne durch eine Kosteneinsparung bei Pestiziden und Herbiziden sowie eine gesteigerte Ernte trotz geringerem Einsatz von Dünger. Genaue und vor allem objektive Zahlen sind sehr rar, da die Studien zur Gewinnsteigerung vor allem von Gentechnikbefürwortern durchgeführt werden und sich teilweise erheblich voneinander unterscheiden. Am besten wurde die Auswirkung von Bt-Baumwolle in Entwicklungsländern auf das Einkommen von Landwirtinnen und Landwirten untersucht. Nachfolgende Grafik zeigt, dass die Insektizidkosten in allen untersuchten Ländern gesunken und gleichzeitig die Ernteerträge gestiegen sind. „Obwohl das Merkmal Insektenresistenz durch Bt-Toxin keine Wirkung auf das Ertragspotential der Sorten besitzt, konnten insbesondere in Gebieten mit hohem Schädlingsdruck die oft erheblichen Ertragsverluste reduziert werden" (Diepenbrock et al. 2005: 326). In Indien liegt die Einsparung an Pestiziden etwa bei 41% (Stein et al. 2008: 39). Berücksichtigt werden muss allerdings, dass das GM-Saatgut einen deutlich höheren Anschaffungspreis hat.

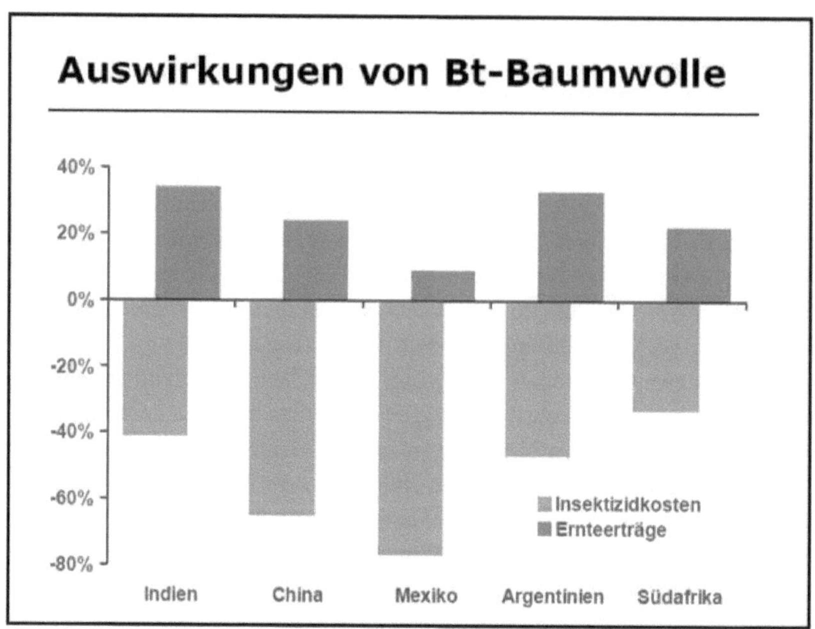

Abb. 11: Agronomische Auswirkungen beim Einsatz von Bt-Baumwolle in Prozent

Verändert nach Stein et al. 2008: 38

So liegen in Indien die Mehrkosten für Saatgut je Hektar bei 56 US$ (Stein et al. 208: 39). Dank der Kosteneinsparung bei Insektiziden und einem erhöhten Ernteertrag ergibt sich trotzdem ein höherer Gewinn gegenüber konventionellem Baumwollanbau (Stein et al. 2008: 39). Je nach Quelle wird von einer Gewinnsteigerung in Indien von 111 US$ (Stein et al. 2008: 39), 135 US$ (Qaim 2009) oder 168 US$ (Monsanto 2005) je Hektar ausgegangen. In China übersteigt der zusätzliche Gewinn angeblich den indischen Wert und liegt bei etwa 470 US$ pro Hektar (Stein et al. 2008: 39). Ein Grund für den stark erhöhten chinesischen Gewinn könnten die niedrigeren chinesischen Saatgutpreise sein (vgl. Kapitel „China"). Befürworter der Gentechnik argumentieren, dass es gerade kleinere Betriebe sind, die von GM-Pflanzen profitieren. Dies hat eine Untersuchung von Baumwollfarmen in China ergeben. „The smallest farms (less than 0,47 hectares) experienced the largest yield gains, and mid-size farmers (0,47-1,0 ha) had the largest reductions in total costs owing to less pesticide use. In terms of net income, the gains for the two smaller farmsize categories were more than twice those for the largest farms (over 1.0 ha)" (Raney 2006: 2). Diese Ertragssteigerung bei Kleinstbetrieben ist vor allem durch verminderten Schädlingsbefall zu erklären. Während sich größere Betriebe bisher leichter Herbizide leisten konnten, war dies für viele kleinere Betriebe nicht möglich. Die Bt-Technologie erlaubt nun auch kleinen Landwirtschaftsbetrieben, eine Ernte ohne größere Verluste durch Schädlinge zu erwirtschaften (Diepenbrock et al. 2005: 326). Bei all diesen Zahlen bezüglich der Ertragssteigerung bzw. Einsparung von Herbiziden handelt es sich um Durchschnittswerte, die innerhalb eines Landes große Unterschiede aufweisen können. In Indien gibt es beispielsweise Regionen, in denen GM-Baumwolle anfangs zu einem verminderten Gewinn geführt hat. Tabelle 2 zeigt, dass im indischen Bundesstaat Andhra Pradesh der Gewinn bei einem Anbau von GM-Baumwolle im Jahr 2002 um 40% gegenüber dem Anbau mit konventioneller Baumwolle zurückgegangen ist.

Tab. 2: Prozentuale Veränderung der Kosten, Erträge und des Gewinns bei Anbau von Bt-Baumwolle, gegenüber herkömmlicher Baumwolle in Indien

Provinzen	Ernte	Kosten für Dünger, Pestizide, Herbizide	restliche Kosten (Saatgut, Bewässerung, Arbeit etc.)	Gewinnveränderung
Maharashtra	+32	-44	+15	+56
Kamataka	+73	-49	+19	+172
Tamil Nadu	+43	-73	+5	+229
Andhra Pradesh	-3	-19	+13	-40
indischer Durchschnitt	+34	-41	+17	+69

Eigene Darstellung mit Daten von Qaim et al. 2006: 49-56.

Der Grund für diesen Rückgang soll in der fehlenden Anpassung an lokale Gegebenheiten gelegen haben. „[...] [The] Indian biosafety authorities had approved only four IR cotton varieties for use throughout the country" (Raney 2006: 3). Diese Zahl ist für ein Land wie Indien mit seinen vielen unterschiedlichen Klimata, Böden und Anbautechniken völlig unzureichend. Auch bei gentechnisch veränderten Pflanzen ist eine Anpassung unerlässlich. Trotz dieses Rückschlages wird die Einführung der Bt-Baumwolle in Indien als Erfolg gesehen und aus dem Fehler der unzureichenden Anpassung hat man gelernt. Innerhalb von drei Jahren ist die Zahl der genehmigten Bt-Baumwollsorten in Indien auf 20 gestiegen und die Zahl der Landwirtinnen und Landwirte, die sich für

einen Anbau von Bt-Baumwolle entscheiden, wächst stetig (Raney 2006: 3).
Auch bei Mais und anderen Nutzpflanzen dürften sich Kosteneinsparungen und
höhere Erträge ebenfalls positiv auf den Gewinn von Kleinbauern auswirken
(Qaim 2009).

Gesundheitliche und ökologische Vorteile durch Einsparung chemischer Pflanzenschutzmittel

Gentechnikbefürworter sehen in GM-Pflanzen einen Weg, die Landwirtschaft
umweltfreundlicher und nachhaltiger zu gestalten. Wie bei vielen anderen Untersuchungen zum Thema Vor- und Nachteile der Gentechnik können die Zahlen
meist nicht objektiv beurteilt werden. Im Folgenden werden solche Zahlen zwar
genannt, sollen aber eher als anschauliche Darstellung einer lebhaften Diskussion dienen. Zur Einsparung von chemischen Pflanzenschutzmitteln durch gentechnisch veränderten Pflanzenanbau gibt es eine Vielzahl von Studien. Meistens handelt es sich dabei um reine Mengenvergleiche, ohne Diskussion weiterer
Nebeneffekte. Eine mengenmäßige Einsparung heißt nicht, dass es sich um eine
umweltfreundlichere Methode handelt. Die Art des chemischen Pflanzen-
schutzmittels sowie seine Auswirkungen auf Wasser, Boden und Luft sowie
menschliches, tierisches und pflanzliches Leben müssen berücksichtigt werden.
Auch ist es wichtig, den Zeitraum des biologischen Abbaus zu beurteilen. „Eine
Verallgemeinerung auf Basis von Einzeldaten darf nicht überbewertet werden"
(LfL 2004: 32). Um eine genauere Analyse des Einflusses von chemischen Mitteln und deren Einsparung auf die Umwelt zu gestatten, bedienen sich einige
Statistiken des Environmental Impact Quotients (EIQ). Dieser berechnet sich
aus einer Vielzahl von Faktoren, die ein chemisch aktives Mittel auf Gesundheit
der Landwirte, Fauna und Flora, Sicherheit etc. haben. Der Wert für Glyphosat
ist z.B. 15,5. Bei einer hypothetischen Anwendung von 1,1 kg pro Hektar ergibt
sich ein Feld-EIQ für Glyphosat von 17,05/ha (Brookes & Barfoot 2006: 142).
Dieser Quotient hat erst im direkten Vergleich mit anderen Mitteln einen Aussa-
gewert. Die Menge an benötigten Insektiziden kann durch GM-Pflanzen zwischen 50 und 70% gesenkt werden (Diepenbrock et al. 2005: 326). Seit 1996
wurden durch die Anwendung von Bt- und Ht-Pflanzen 224 Millionen kg von
aktiven chemischen Substanzen zur Verwendung im Pflanzenschutz eingespart.
Dies entspricht einer Reduktion von 6,9% (Brookes & Barfoot 2006: 144). Der
EIQ hat sich weltweit um 15,3% verringert (Brookes & Barfoot 2006: 144). Andere Quellen beziffern den Rückgang des EIQs auf 17,2% (ISAAA 2010 d). Da
beim EIQ nicht nur mengenmäßige Werte berücksichtigt werden, ist die Reduktion vor allem als eine qualitative Reduktion zu verstehen. Tabelle 3 zeigt, dass

bei der Reduktion des EIQs die Entwicklungsländer einen größeren Anteil zu verzeichnen haben. Vor allem bei der Bt-Baumwolle liegt der Anteil der weltweiten Reduktion des EIQs mit 85% zu einem Großteil in Entwicklungsländern.

Tab. 3: Prozentualer Anteil der Gesamtreduktion des EIQs in Industrie und Entwicklungsländern 1996-2005

GM-Nutzpflanzen	Prozentualer Anteil der Gesamtreduktion des EIQs in **Industrieländern**	Prozentualer Anteil der Gesamtreduktion des EIQs in **Entwicklungsländern**
Ht Mais	53	47
Bt Mais	92	8
Ht Mais	99	1
Bt Baumwolle	15	85
Ht Baumwolle	99	1
Ht Raps	100	0
Insgesamt	**46**	**54**
Entwicklungsländer beinhalten alle Länder Südamerikas.		

Verändert nach Brookes & Barfoot 2006: 144

Einsparungen von chemischen Pflanzenschutzmitteln haben insbesondere in Entwicklungsländern einen größeren Effekt, da die Verbesserungen im Bereich Gesundheit enorm sind. „[Dies ist damit zu erklären, dass] [...] Pestizide im Kleinbauernsektor oft ohne besondere Schutzmaßnahmen für Haut oder Atemwege ausgebracht werden" (Stein et al. 2008: 39). Die Tabelle zeigt auch, dass zwischen Bt-Pflanzen, die ein eigenes Insektizid bilden und Ht-Pflanzen, die resistent gegen ein bestimmtes Herbizid sind, unterschieden werden muss. Neben der Reduzierung von gesundheitlichen Risiken, kann sich eine Reduktion von chemischen Pflanzenschutzmitteln auch positiv auf die Boden- und Landflora auswirken. Die Bt-Toxine, die die gentechnisch veränderten Bt-Pflanzen selbst bilden, gelten als ungefährlich, da sie auch künstlich hergestellt und in der ökologischen Landwirtschaft eingesetzt werden.

Schnellere Reaktion auf Veränderungen

Die steigende Weltbevölkerung wird immer wieder als Argument für eine Anwendung von Gentechnik in der Pflanzenzucht verwendet. Durch GM-Pflanzen, so die Argumente, lassen sich die Erträge steigern und dadurch auf der gleichen Fläche mehr Lebensmittel produzieren. Für das Jahr 2050 schätzt man die Bevölkerung der Erde auf rund 9 Milliarden Menschen (FAO 2010 a). Seit den 1960er Jahren sind 78% der Steigerung der Lebensmittelproduktion der Verbesserung von Pflanzensorten zuzuschreiben. Weitere 7% kommen von Verbesserungen in Anbausystemen und 15% von einer Ausweitung der Anbauflächen (FAO 2010 b). Momentan werden 1,5 Milliarden Hektar landwirtschaftlich genutzt – dies entspricht in etwa 11% der Landfläche der Erde (FAO 2010 b). Schätzungen gehen davon aus, dass es möglich wäre, Landwirtschaft auf weiteren 2,8 Milliarden Hektar zu betreiben (FAO 2010 b). Diese Werte sind allerdings nur theoretisch, denn ein Großteil der potentiellen landwirtschaftlichen Fläche wird derzeit von Regenwäldern bedeckt, befindet sich in geschützten Gebieten oder wird von Menschen bewohnt und anderweitig genutzt. Zusätzlich ist die Ausdehnung von brauchbaren landwirtschaftlichen Flächen sehr ungleichmäßig verteilt. In Subsahara-Afrika und Südamerika etwa werden nur ein Fünftel der potentiellen landwirtschaftlichen Fläche auch tatsächlich genutzt (FAO 2010 b). „At the other extreme, in the Near East and North Africa 87 percent of suitable land […] [is] already being farmed, while in South Asia the figure […] [is] no less than 94 percent. In a few countries of the Near East and North Africa, the land balance is negative – that is, more land is being cropped than is suitable for rainfed cropping" (FAO 2010 b). Dies macht deutlich, dass nicht nur allein auf eine Erhöhung der Fläche zur Steigerung von Lebensmitteln gesetzt werden kann. Es ist auch notwendig, die Erträge auf den bestehenden Flächen zu steigern. Die Gentechnikbefürworter sehen in GM-Pflanzen die Möglichkeit, auf der gleichen Fläche mehr Ertrag zu erwirtschaften. Bemerkenswert ist, dass es bisher noch keine GM-Pflanze gibt, die dahingehend verändert wurde, größere Früchte oder mehr Körner hervorzubringen. Die gesteigerten Erträge sind allein auf einen verminderten Verlust durch Schädlinge oder Unkrautbefall bei Bt- oder Ht-Pflanzen zurückzuführen (Brookes & Barfoot 2006: 144). Alleine unkrautbedingter Stress bei Pflanzen führt weltweit zu einem Ernteverlust von 14%. Insekten und Pilzbefall sorgen jeweils für 15 bzw. 13% verringerten Ertrag (Kempken 2009: 22-23). Neben der steigenden Weltbevölkerung zwingt auch der erwartete Klimawandel die Landwirtschaft dazu, zu reagieren. Eine Veränderung der Temperatur sorgt dafür, dass einige Gebiete der Erde erheblichen Wassermangel verzeichnen werden, während andere Regionen mit Überschwemmungen und ungewohnt hohen Niederschlägen zu rechnen haben (UNFCCC 2010). Die Karte des United Nations Environmental Programme (UNEP) über die voraussichtlichen Veränderungen durch den

Klimawandel in der landwirtschaftlichen Produktion im Jahre 2080 zeigt, dass es vor allem Entwicklungsländer sind, die vom Klimawandel negativ beeinflusst werden. In Afrika, Mittel- und Südamerika sowie im Nahen Osten, in Süd- und Südostasien gibt es Gebiete, die mit einem Rückgang ihrer landwirtschaftlichen Produktivität von bis zu 50% zu rechnen haben.

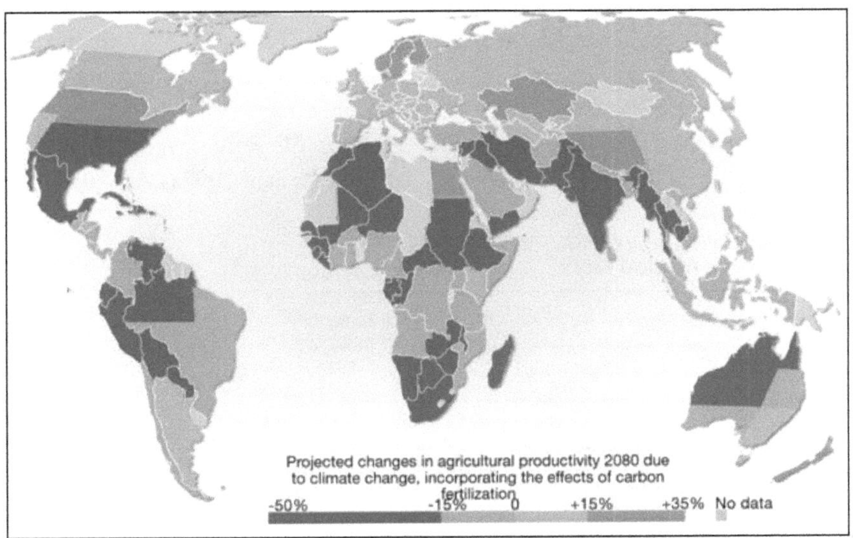

Abb. 12: Voraussichtliche Veränderungen in der landwirtschaftlichen Produktivität im Jahre 2080 verursacht durch den Klimawandel

Quelle: Ahlenius & UNEP/GRID-Arendal 2008: http://www.grida.no/files/publications/FoodCrisis_lores.pdf. (04.04.2014).

Die Landwirtschaft muss mit neuen, angepassten Sorten auf diese Veränderungen reagieren. Nina Fedoroff, die wissenschaftliche Beraterin der US-Regierung, sieht den Einsatz von Gentechnik als Notwendigkeit an, um einem Klimawandel entgegnen zu können. In einem Interview sagte sie: „Die Pflanzensorten, die nötig sind, um neun Milliarden Menschen inmitten erheblicher Klimaveränderungen zu ernähren, werden nicht allein mit klassischen Züchtungsmethoden entstehen" (Spiegel Online 2009: 2). Vor allem salz- und dürreresistente GM-Pflanzen wecken die Hoffnung, die Situation in der Landwirtschaft zu entspannen (Vgl. Kapitel „Stresstoleranz"). „Mit solchen Pflanzen können zukünftig Flächen landwirtschaftlich genutzt werden, die bislang hierfür ungeeignet waren. Davon könnte auch die Artenvielfalt und das Weltklima profitieren" (Kempken 2009: 25). Sir David King, Professor an der Universität

Oxford und Wissenschaftsberater der britischen Regierung, stimmt dem zu. Auch er sieht die Landwirtschaft unter Druck, wenn sie in Zukunft 9 Milliarden Menschen ernähren soll. Seiner Ansicht nach ist es unverantwortlich, die Gentechnik nicht als eine von vielen Methoden zur Verbesserung von Lebensmitteln anzusehen und sie zu verteufeln. Probleme wie Wasserknappheit, Klimawandel, Überfischung der Meere, Abholzung der Regenwälder interagieren und werden die Situation der Ernährungsfrage noch verschärfen (Parkes 2010). Wie bereits kleine Veränderungen in einem komplexen System große Auswirkungen auf die Ernährungssicherheit von Millionen von Menschen haben, soll folgendes Beispiel verdeutlichen: Im Jahr 2007 stieg der Preis für Reis unverhältnismäßig stark an und lag 2008 um 195% höher als der Preis im Jahr 2002 (FAO 2010 c).

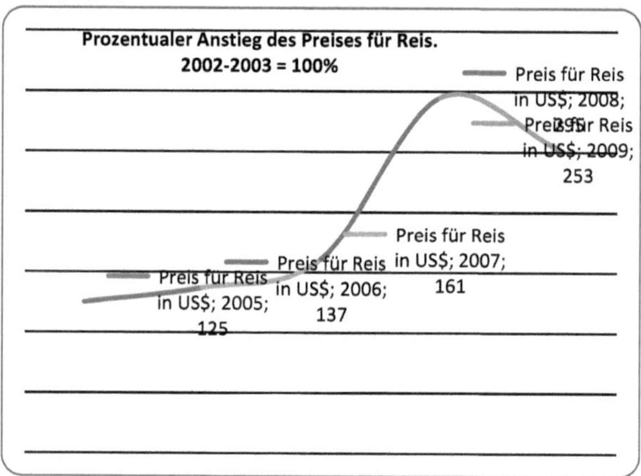

Abb. 13: Prozentualer Anstieg des Preises für Reis

Eigene Darstellung mit Daten der FAO. Quelle: FAO 2010 c:
http://www.fao.org/es/ESC/en/15/70/highlight_533.html

Die Gründe dafür lagen unter anderem in der Entscheidung der US-Regierung, mehr Flächen, die ursprünglich mit Pflanzen zur Lebensmittelherstellung bestellt waren, mit Pflanzen zur Herstellung von Biotreibstoffen zu bebauen. Dies erhöhte die Preise für Getreide. Ein weiterer Grund waren Fluten, die in weiten Teilen Asiens Reisernten vernichteten und so zu einem Engpass in der Reisversorgung führten. Die Erhöhung des Reispreises sorgte vor allem bei denjenigen Menschen für große Probleme, welche bereits vor 2008 Schwierigkeiten hatten, sich mit Nahrung zu versorgen (Parkes 2010). Das Beispiel von 2008 kann sich jederzeit und mit allen Grundnahrungsmitteln wiederholen. Laut Sir David King wäre die Gentechnik eine große Hilfe, um auf unvorhergesehene, schnell

eintretende Ereignisse angemessen zu reagieren und etwaige Katastrophen abzu-
federn. Es wäre durch die Gentechnik beispielsweise möglich, Reissorten in relativ kurzer Zeit zu züchten, die mit längeren Überflutungszeiten auskommen
(Parkes 2010). Weiterhin wird argumentiert, dass durch die landwirtschaftliche
Erschließung von Gebieten, die aufgrund von Trockenheit oder Versalzung bisher nicht oder nur wenig genutzt wurden, wertvollere Flächen, wie etwa Regenwälder, geschützt werden könnten (Kempken 2009: 23-26). Nach Berechnungen
der ISAAA hat der Einsatz von GM-Pflanzen zu einer Ertragssteigerung geführt,
die dem Anbau auf einer vergleichbaren Fläche von 43 Millionen Hektar mit
herkömmlichen Nutzpflanzen entspricht und damit beigetragen hat, wertvolle
Ressourcen wie etwa Regenwälder zu schonen (ISAAA 2010 d).

Gentechnisch veränderte Pflanzen als Klimaschützer

Laut UNFCCC ist die Agrarwirtschaft für etwa 15% des globalen Treibhausgas-
ausstoßes verantwortlich (UNFCCC 2010). Im Zuge der Diskussion um einen
bevorstehenden Klimawandel wird von Seiten der Gentechnikbefürworter argumentiert, dass durch Verwendung von GM-Pflanzen CO_2 und andere Treibhausgase eingespart werden können und somit aktiv Klimaschutz betrieben
wird. Schätzungen gehen davon aus, dass beim Behandeln von Pflanzen mit
Schutzmitteln durch maschinellen Einsatz 2,87 kg CO_2 je Hektar ausgestoßen
werden (Brookes & Barfoot 2006: 149). Durch Ht- und Bt-Pflanzen muss weniger oft Pflanzenschutzmittel auf die Felder ausgebracht werden und folglich
ergibt sich hieraus eine verbesserte CO_2-Bilanz gegenüber konventionellen
Pflanzenanbau. Eine weitere nicht zu verachtende Entwicklung ist der Wechsel
vom konventionellen hin zum bearbeitungsfreien Ackerbau. Hier wird die Bo-
denbestellung auf ein Minimum beschränkt oder ganz auf sie verzichtet. Pflan-
zenrückstände werden als Bodenbedeckung auf dem Feld belassen. Die Vorteile
sind ein höherer Gewinn durch das Einsparen von Arbeitsgängen, höhere Dürre-
resistenz durch Bodenkonservierung und eine Reduzierung der Treibhausgase
(Weltentwicklungsbericht 2008: 192). Die Form des bearbeitungsfreien Ackerbaus ist nicht auf GM-Pflanzen angewiesen, doch die Zahlen sprechen dafür,
dass sich vor allem Ht-Pflanzen zum Anbau mit dieser Technik bewährt haben.
Die Unkraut- und Schädlingsbekämpfung ist in der Regel komplexer als im
konventionellen Anbau, weswegen sich die Anwendung eines Totalherbizids in
Verbindung mit Ht-Pflanzen als einfache Alternative zu komplexen Arbeitsschritten erwiesen hat (Weltentwicklungsbericht 2008: 192, Brookes & Barfoot
2006: 149). Vor allem Sojabohnen eignen sich für die Methode des bearbeitungsfreien Ackerbaus. „In [...] [the USA and Argentina] [...], GM HT

soybeans are estimated to account for 95% of the no-tillage soybean crop area"
(Brookes & Barfoot 2006: 149). Neben der bereits erwähnten Reduktion von
Arbeitsschritten mit kraftstoffverbrauchenden Maschinen, kann die landwirt-
schaftliche Fläche, auf der bearbeitungsfreier Ackerbau betrieben wird, mehr
CO_2 speichern. Diese Speicherung erfolgt als organischer Kohlenstoff, der in
Form von pflanzlichen Rückständen im oder auf dem Boden zurück bleibt. Natürlich variiert diese Menge an gespeicherten Kohlenstoff, je nach Bodentyp, Art
der zurückbleibenden Pflanzenreste und klimatischen Bedingungen (Brookes &
Barfoot 2006: 149). "In North America, the International Panel on Climate
Change estimates that the conversion from conventional tillage to no-tillage systems stores between 50 kg carbon/ha per year and 1,300 kg carbon/ha per year"
(Brookes & Barfoot 2006: 150). Für Entwicklungsländer gibt es noch keine derartigen Werte. Die Technik des bearbeitungsfreien Ackerbaus zusammen mit
den eingesparten Fahrten für das Ausbringen von Pflanzenschutzmitteln sollen
im Jahr 2007 13,1 Milliarden kg CO_2 eingespart haben (ISAAA 2010 d).

Kritik an der Gentechnik

Fast alle NGOs und Parteien, die sich dem Umweltschutz verschrieben haben –
so die öffentliche Meinung – sind Gegner der Gentechnik. Dies ist jedoch nicht
richtig. Es gibt international gesehen große Unterschiede im Bezug auf die Meinung zur Gentechnik. Der WWF etwa nimmt in Deutschland eine ablehnende
Haltung gegenüber GM-Pflanzen ein (WWF Deutschland 2010). Auf der Inter-
netseite des WWF International und des WWF USA hingegen nimmt die Organisation keine Position für oder gegen den Anbau von GM-Pflanzen ein. Es wird
informiert sowie die Vor- und Nachteile beschrieben, aber keine Empfehlung
diesbezüglich abgegeben (WWF International 2010, WWF USA 2010). Die
weltweite Verteilung der Gentechnik in der Landwirtschaft zeigt, dass es diese
Technik vor allem in Europa bisher nicht geschafft hat, Konsumenten und
Landwirte zu überzeugen. Im nachfolgenden Abschnitt soll geklärt werden, wie
es zu einer ablehnenden Haltung gegenüber der Gentechnik kommt. Es sollen
die Argumente, die gegen einen Anbau sprechen, aufgezeigt und erörtert werden
sowie etwaige Auswirkungen der Kritik aus Industriestaaten auf die Akzeptanz
in Entwicklungsländern aufzeigen.

Institutionen und Personen

Wie bereits erwähnt, haben es sich trotz nationaler Unterschiede vor allem Um-
weltschutzorganisationen zur Aufgabe gemacht, auf Gefahren und Risiken der
Gentechnik hinzuweisen. Eine der größten NGOs im Bereich Umweltschutz ist

Greenpeace. Die Organisation vertritt die Meinung, dass Gentechnik zu risikoreich sei, als dass sie für den Einsatz in der Landwirtschaft geeignet wäre. Sowohl gesundheitliche Gefahren für Menschen und Tiere als auch biologische Gefahren können nicht ausgeschlossen werden. Zusätzlich kritisiert Greenpeace die Monopolstellung der Biotechnologiefirmen und ihren großen Einfluss (Greenpeace USA 2010). Zahlreiche Veröffentlichungen, die sich kritisch mit Gentechnik befassen, werden von Greenpeace finanziert. Hinzu kommen öffentlichkeitswirksame Aktionen, die die Gentechnik als sehr negativ darstellen. Werbefilme, die zum Ziel haben, Verbraucher dazu zu animieren, keine GM-Produkte zu kaufen, werden im Internet veröffentlicht (Greenpeace Deutschland 2010, Jangle 2005). Das Engagement von Greenpeace soll deshalb hier Erwähnung finden, da viele namhafte Zeitungen und andere Medien auf Studien von Greenpeace verweisen, wenn sie über die Gefahren und Risiken von Gentechnik berichten. Natürlich gibt es noch eine große Anzahl von anderen Organisationen, die in der Öffentlichkeit gegen einen Einsatz von Gentechnik werben. Zahlreiche Bücher und Zeitschriftenartikel beschäftigen sich mit der Kritik an der Gentechnik. Auffällig hierbei ist, dass fast alle Quellen, auch jene, die der Gentechnik kritisch gegenüber stehen, die Daten und Statistiken der ISAAA verwenden, einer Organisation, die eindeutig als Gentechnikbefürworter bezeichnet werden kann (Vgl. Kapitel „angebaute Pflanzen").

Gefährdungspotential der Grünen Gentechnik

Gesundheitliche Risiken für den Menschen

Eine potentielle gesundheitliche Gefährdung für den Menschen kann nach Meinung vieler Gentechnikgegner nicht ausgeschlossen werden. In Bt-Pflanzen wird ein Toxingen eingebracht, das die Pflanzen dazu bringt ein Gift zu bilden, das sie resistent gegen bestimmte Insekten macht (vgl. Kapitel „Insektentoleranz"). Das Bt-Toxin wird im menschlichen Verdauungstrakt laut derzeitigem Forschungsstand schnell abgebaut und wirkt sich nicht negativ auf die Gesundheit aus (LfL 2004: 97). Allerdings fehlen aufgrund der relativ neuen Technologie Langzeitstudien. Problematisch wird es, wenn toxische Wirkungen nicht sofort vorhersehbar sind. Dies könnte vorkommen, wenn an sich harmlose Gene im Zusammenspiel mit artfremden Genen eine unvorhergesehene Stoffwechselwirkung bei Pflanzen auslösen (Hartmannsberger 2007: 35). Auf eine mögliche Toxizität werden die Pflanzen zwar in Studien und Testreihen geprüft, eine absolute Sicherheit und der Ausschluss von Langzeitauswirkungen kann jedoch nicht gewährt werden. „In der Wissenschaft hat sich die Auffassung etabliert, dass quantitative und qualitative Aussagen zu möglichen toxischen Wirkungen von transgenen Pflanzen aufgrund der fehlenden wissenschaftlichen Grundlagen zum jetzigen Zeitpunkt nur bedingt gemacht werden können" (Hartmannsberger 2007: 35). Während die Toxizität einer Pflanze relativ einfach nachgewiesen werden kann, ist dies bei allergieauslösenden Stoffen schwieriger. Allergien betreffen nur einen Teil der Menschen und sind Reaktionen des menschlichen Immunsystems auf bestimmte Komponenten, meistens Proteine, die durch Atmung, Nahrungsaufnahme oder Berührung verursacht werden. Die allergene Wirkung von GM-Pflanzen wird in der Regel nicht höher eingestuft als die von konventionellen Pflanzen, allerdings können artfremde Proteine, die neu in GM-Pflanzen eingebracht wurden, Allergien auslösen, die bei einigen Menschen bisher unbekannt waren (Hartmannsberger 2007: 37). „Jemand, der auf die Speicherproteine in Paranüssen allergisch reagiert, kann auf ihren Konsum verzichten. Wird das Gen für ein solches Speicherprotein in andere, nahrungsmittelliefernde Nutzpflanzen (etwa Sojabohnen) transferiert und hier das Protein in größeren Mengen produziert, ergibt sich ein offensichtliches Problem" (Heine et al. 2002: 116). Ein weiteres Gesundheitsrisiko stellt laut Gentechnikkritikern die Übertragung von Antibiotikaresistenz bei Pflanzen dar. Antibiotikaresistenz wird als transgener Marker verwendet. Dies ist notwendig, um bei der Entwicklung von GM-Pflanzen gentechnisch veränderte von unveränderten Pflanzen zu unterscheiden. Mit den gewünschten Genen, die auf eine Pflanze übertragen werden sollen, werden auch Erbinformationen für Enzyme übertragen, die bestimmte Antibiotika außer Gefecht setzen. Später wachsen solch veränderte Pflanzen in Nährlösungen, die mit Antibiotika versetzt wurden, während unveränderte Pflanzen dies nicht können. Somit ist eine Unterscheidung zwischen gelungener und missglückter Übertragung von Genen gewährleistet (Feldmeier 2006). Es wird kritisiert, dass die Gene, welche für die Antibiotikaresistenz verantwortlich sind, im Darm von Lebewesen in dort vorhandene Mikroorganismen aufgenommen werden könnten. Es wird befürchtet, dass Bakterien entstehen könnten, die resistent gegen bestimmte Antibiotika-Arzneimittel sind. Die Wahrscheinlichkeit des Eintritts eines solchen Falles wird von vielen Wissenschaftlerinnen und Wissenschaftlern zwar als gering eingestuft, darf aber in der Diskussion um Gefahren nicht vernachlässigt werden (Feldmeier 2006, Hartmannsberger 2007: 38). „In der Tat kann nicht ausgeschlossen werden, dass eine Übertragung eines Resistenzgens auf das Chromosom eines Bakteriums im Darm erfolgt" (Hartmannsberger 2007: 38). Ein weiteres Risiko stellt nach Ansicht einiger Kritiker die Gefahr durch Viren da. Denn dadurch, dass die Artgrenze bei der Erzeugung von GM-Pflanzen überschritten wird, könnte es auch Krankheitskeimen gelingen, die Artgrenzen zu überwinden. Viren besitzen eine genetische Barriere, welche verhindert, dass unerwünschte Organismen befallen werden. Durch Transgenität könnte diese Barriere allerdings zerstört werden und Viren, die bisher auf eine Art beschränkt waren, auch andere Organismen befallen (Shiva 2001: 90). Ob dies auch ein Gefährdungspotential für den Menschen darstellt, ist noch nicht geklärt und wird innerhalb der Wissenschaft kontrovers diskutiert.

Biologische Gefährdung durch Gentransfer

Einer der größten Gefahren ist laut Gentechnikgegnern der Gentransfer zwischen GM-Pflanzen und Wild- bzw. gentechnikfreien Nutzpflanzen. Anders als bei einer chemischen Verschmutzung der Umwelt ist die genetische Verschmutzung kaum mehr rückgängig zu machen. Während chemische Substanzen im Laufe der Zeit abgebaut werden, haben Gene das Ziel, sich ständig weiter zu verbreiten. „Kommen in der näheren Umgebung von gentechnisch veränderten Nutzpflanzen verwandte, nicht kultivierte Wildpflanzen vor, so ist […] ein Auskreuzen der genetischen Veränderung auf die Wildpflanzen möglich" (Hartmannsberger 2007: 39). Eines der Szenarien, welche von Kritikern öfters genannt werden, ist die Übertragung einer Eigenschaft von GM-Pflanzen auf Wildpflanzen, welche nun gegenüber ihren unveränderten Artgenossen einen Konkurrenzvorteil besitzen und die ursprüngliche Art unwiederbringlich verdrängen würden. Ein Gentransfer zwischen Nutz- und Wildpflanzen ist nur zwischen nah verwandten Pflanzen möglich. Als besonders tragisch wird angesehen, dass auch in den Ursprungszentren der Kulturpflanzen GM-Pflanzen angebaut werden und so eine Kontamination des Genpools der einheimischen Sorten nicht ausgeschlossen werden kann (Buntzel & Sahai 2005: 128). Die Erhaltung der Wildformen in ihren Ursprungszentren ist wichtig für die globale Ernährungssicherheit. Wildformen können Eigenschaften besitzen, die für zukünftige Züchtungen unerlässlich sind. Im Jahr 2001 wurde durch die Analyse von Proben erstmals nachgewiesen, dass Bt-Mais, der in Mexiko seit 1998 angebaut wird, seine genetischen Eigenschaften auf Wildformen des Maises übertrug (Quist & Chapela 2001: 542). „Our results demonstrate that there is a high level of gene Flow from industrially produced [genetically modified] maize towards populations of progenitor landraces. As our samples originated from remote areas, it is to be expected that more accessible regions will be exposed to higher rates of introgression" (Quist & Chapela 2001: 542). Neben dem Gentransfer zwischen Wildformen und GM-Nutzpflanzen ist das Risiko einer Auskreuzung auf artgleiche Kulturpflanzen viel höher. GM-Raps und gentechnikfreier Raps, die auf benachbarten Feldern angebaut werden, könnten sich vermischen. „Die erforderliche Kompatibilität ist bei artgleichen Pflanzen im Gegensatz zu artfremden Pflanzen immer gegeben" (Hartmannsberger 2007: 41). Damit es zu einer Übertragung von Genen bei Pflanzen kommt, müssen sie sich untereinander bestäuben. Dies geschieht meist durch Wind oder Insekten. Es ist jedoch unmöglich, die Bestäubung von Pflanzen im Freien vorherzusagen. Zwar wird in den meisten Ländern, in denen der Anbau von GM-Pflanzen erlaubt ist, ein Mindestabstand zwischen den Feldern vorgeschrieben, eine Garantie für einen kontaminationsfreien Anbau ist aber nicht gegeben. „Die Idee einer sogenannten ‚Koexistenz' zwischen manipulierten und nicht manipulierten Pflanzen ist nicht praktikabel" (Umweltinstitut München e. V. 2010). Der Pollen von Raps fliegt über extrem weite Strecken, so dass durch den großflächigen Anbau von GM-Raps in Kanada kein Anbau von garantiert GM-freiem Raps mehr möglich ist. Auch Ökoanbau von Raps sowie die Produktion von gentechnikfreiem Honig ist wegen der Kontamination nicht mehr möglich (Jangle 2005, Umweltinstitut München e. V. 2010). Die bisher beschriebene Kontamination setzt eine sexuelle Reproduktion voraus. Daneben gibt es auch den Weg des horizontalen Gentransfers. Damit wird der Transfer von Genen einer Art auf das Erbgut einer anderen, fremden Art gemeint. Dies könnte z.B. geschehen, indem GM-Pflanzenmaterial im Zuge der Verrottung im Boden in Kontakt mit Bodenbakterien kommt. Wie bei der Gefahr der Übertragung von Antibiotikaresistenz auf darmbewohnende Bakterien, kann ein Transfer von veränderten Genen auf Bodenlebewesen trotz extremer Unwahrscheinlichkeit nicht völlig ausgeschlossen werden (Hartmannsberger 2007: 42). Eine unbeabsichtigte Kontamination von Boden bewohnenden Bakterien und Lebewesen hätte erhebliches Problempotential. Die Fruchtbarkeit und Beschaffenheit des Bodens könnte nachhaltig beeinflusst werden (Harmannsberger 2007: 42). „Unter optimierten Bedingungen im Labor konnte 1998 ein solcher Transfer erstmalig nachgewiesen werden, unter natürlichen Bedingungen bis heute nicht" (Biosicherheit.de 2009).

Gefährdung der Biodiversität

„Die biologische Vielfalt oder auch Biodiversität umfasst die Vielfalt an Arten und Lebensräumen wie auch die genetische Vielfalt innerhalb der einzelnen Tier- und Pflanzenarten" (BMU 2010). Diese Vielfalt sehen Kritiker im Hinblick auf die Verwendung von GM-Pflanzen in der Landwirtschaft als gefährdet an. Zum einen sollen sie die natürliche Vielfalt von Arten, Genen und Ökosystemen dezimieren, zum anderen sollen sie mit Schuld am Schwinden der Kulturpflanzendiversität haben. Eine vom Menschen betriebene Landwirtschaft beeinflusst die Umwelt immer. Während traditionelle, kleinflächige Landwirtschaft die Artendichte positiv beeinflussen kann, da sie die Habitate für Pflanzen und Tiere diversifiziert, stellt eine intensive Landwirtschaft große Herausforderungen für Tiere und Pflanzen dar (Heine et al. 2002: 93, Amman 2005: 388-389). Ein Grund für die Gefährdung der Biodiversität wurde bereits im Kapitel „Biologische Gefährdung durch Gentransfer" beschrieben und stellt die biologische Verschmutzung und die unkontrollierte Ausbreitung von GM-Pflanzen, die wilde Arten verdrängen könnten, dar. Ein anderer Grund besteht in der zunehmenden Intensivierung der Landwirtschaft. Die Gentechnik kann für diese Entwicklung nicht alleine verantwortlich gemacht werden, denn eine Intensivierung der Landwirtschaft hat praktisch immer stattgefunden. Vor allem während der letzten 100 Jahre wurde die Landwirtschaft vor allem in Europa und Nordamerika modernisiert, was die landwirtschaftliche Produktion erheblich wachsen ließ (Heine et al. 2002: 93). Veränderungen oder Intensivierungen von Anbautechniken können die biologische Vielfalt nachhaltig verändern, wie es die Erfahrungen mit der ‚Grünen Revolution' in den 60er und 70er Jahren zeigten. „Ein Anbau herbizidresistenter Kulturen ermöglicht durch den Einsatz von Totalherbiziden, die alle anderen Pflanzen abtöten, eine weitere Intensivierung der Produktion mit weiteren negativen Folgen für den Naturhaushalt in Agrarlandschaften" (BfN 2008: 9). Durch diese extremen Monokulturen, ohne jeglichen Unterwuchs von Ackerwildkräutern, können Nahrungsketten unterbrochen und auch die Anzahl nützlicher Insekten geschädigt werden. Zwar kann der verminderte Einsatz von Spritzmitteln in einem gewissen Maße als positiv beurteilt werden, andererseits ist das von Bt-Pflanzen gebildete Toxin während der gesamten Vegetationsperiode vorhanden und kann negativ bewertet werden. Das Toxin ist oftmals in allen Teilen der Pflanzen enthalten und wird mit dem Pollen auch in andere Ökosysteme übertragen und kann dort geschützte Tierarten gefährden (BfN 2008: 8). Es gibt Untersuchungen, die nachweisen, dass der Verzehr von Pollen von Bt-Pflanzen die Lebenserwartung bestimmter Insekten negativ beeinflusst (LfL 2004: 98). Durch das ständige Vorhandensein des Toxins kann es zu Resistenzbildungen bei der Population von Insekten kommen, die sich dann massenhaft vermehren und das ökologische Gleichgewicht stören. „Die Resistenzentwicklung, die z.B. durch die hohen Generationswechsel in den Tropen noch beschleunigt wird, kann zu einem schnellen Verlust des Bekämpfungserfolges [durch den Einsatz von Bt-Pflanzen] führen" (BfN 2008: 8). Das Risiko der Gefährdung von Tieren und Pflanzen durch Bt-Toxine in Gebieten mit einer besonders hohen biologischen Vielfalt, von denen eine große Anzahl in Entwicklungsländern liegt, ist noch nicht ausreichend untersucht, als dass eine Abschätzung möglich wäre (BfN 2008: 8). Neben der Gefährdung und Reduzierung der

Wildarten durch die Landwirtschaft, sehen Kritiker vor allem den Erhalt der Agrarbiodiversität durch den enormen Anstieg der Gentechnik in der Landwirtschaft als gefährdet an. Alte, lokal angepasste Landsorten, werden durch neue GM-Pflanzen ersetzt und verdrängen diese. Die Zulassung von GM-Pflanzen beschränkt sich auf eine überschaubare Anzahl je Sorte. In Indien wurden in früheren Jahren etwa 50.000 Reissorten gezählt (Wullweber 2004: 20). Sollte GM-Reis in den kommenden Jahren von der indischen Regierung zum Anbau freigegeben und dieser großflächig angebaut werden, so könnte eine große Anzahl von Landsorten verschwinden. Befürworter der Gentechnik halten dagegen, dass die Gentechnik zu einer Diversifizierung der Arten führt, da es Neuzüchtungen sind, die den Markt und damit auch die Landwirtschaft bereichern. „Dieses Argument vermag jedoch nicht zu überzeugen, da die Zahl der Neuentwicklungen im Vergleich zur Anzahl aller weltweit existierenden Pflanzen so verschwindend gering ist, dass keine signifikante Erhöhung der Artenvielalt erreicht werden kann" (Harmannsberger 2007: 43).

Keine Hungerbekämpfung durch GM-Pflanzen

Immer wieder fällt das Argument, dass das weltweite Hungerproblem nicht durch Gentechnik gelöst werden muss, da es mengenmäßig kein Problem ist, die Weltbevölkerung mit ausreichend Nahrung zu versorgen. Vielmehr handelt es sich, laut Meinung einiger Kritiker, um ein Verteilungsproblem, das dazu führt, dass es ein starkes Ungleichgewicht in der weltweiten Nahrungsversorgung gibt (Spangenberg 2003: 189). Des Weiteren konzentriert sich die Forschung vor allem auf Sorten, die zur Vermarktung in Industrieländern geeignet sind, wie etwa Mais, Raps und Sojabohnen, während die Forschung an Nahrungspflanzen, welche für Entwicklungsländer wichtig wären, zumindest von der Industrie vernachlässigt wird (Spangenberg 2003:189). Die Technologien, welche sich bisher durchgesetzt haben, die Bt- und Ht-Technologie, sind für die Armuts- und Hungerbekämpfung eher ungeeignet. Vor allem die Bt-Technologie benötigt, um den vollen Ertrag zu erwirtschaften, das dazugehörige Pestizid. Wie bereits im Kapitel „Quantität statt Qualität" beschrieben, ist ein mengenmäßig gesteigerter Ertrag bei GM-Pflanzen nur auf die reduzierten Verluste durch Insektenfraß und der besseren Bekämpfung von Unkräutern zurückzuführen. „[…] [Der Anbau von GM-Pflanzen] setzt eine agroindustrielle Produktionsform mit Einsatz von Pflanzenschutzmitteln, Düngemitteln, Wachstumsregulatoren, einem hohen Mechanisierungsgrad und häufig den Übergang von der niederschlagsgebundenen zur Bewässerungslandwirtschaft voraus" (Spangenberg 2003: 189). Die Mehrkosten von Pestiziden und chemischem Dünger können vor allem von

Landwirtinnen und Landwirten, die Subsistenzwirtschaft betreiben, nicht getragen werden (Rottach & Walter 2007: 83). Die Gentechnik stärkt somit diejenigen Landwirtinnen und Landwirte, die bereits eine gute finanzielle Stellung und einen ausreichenden Mechanisierungsgrad besitzen. Um die GM-Pflanzen anbauen zu können, müssten ärmere Landwirtinnen und Landwirte einen Teil ihrer Ernte verkaufen, um die Mehrkosten zu bezahlen, die Saatgut und chemische Mittel kosten. Dies bedeutet eine Umstellung von Subsistenzwirtschaft auf ein teilweise marktorientiertes Wirtschaften. Ernteüberschüsse, GM-Saatgut, Pestizide und Dünger müssen erstanden beziehungsweise verkauft werden. Der Marktzugang ist jedoch gerade in Entwicklungsländern ein großes Problem. Vor allem in Subsahara-Afrika, Nordafrika und Zentralasien ist der Bevölkerungsanteil, welcher von der Landwirtschaft abhängig ist, aber einen schlechten Marktzugang besitzt, mit mehr als 30% sehr hoch (Weltentwicklungsbericht 2008: 64-65).

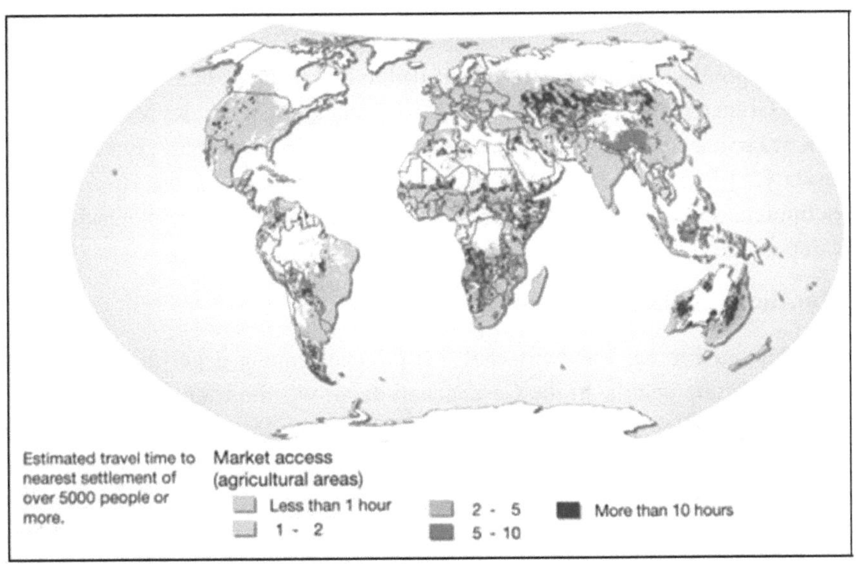

Abb. 14: Marktzugang in Agrargebieten

Verändert nach: Nelson, A., UNEP/GRID-Arendal (2008):
http://www.grida.no/files/publications/FoodCrisis_lores.pdf. (04.04.2014)

Es gibt Bemühungen seitens verschiedener Organisationen, die Gentechnik für die ärmsten Landwirtinnen und Landwirte kostenlos zur Verfügung zu stellen. Bisher ist dies jedoch noch nicht gelungen. Das GM-Saatgut ist durch Lizenzen geschützt, die bei jeder Aussaat an die Saatgutfirma gezahlt werden müssen.

Landwirtinnen und Landwirte geben, wenn sie sich für GM-Saatgut entscheiden, ihre Autonomie auf und begeben sich in eine Abhängigkeit, die in der traditionellen Subsistenzwirtschaft nicht gegeben ist (Rottach & Walter 2007: 83). Subsistenzwirtschaft in Gebieten mit schlechtem Marktzugang muss die Menschen mit allen wichtigen Nährstoffen versorgen. Deshalb wird auf Feldern oft in Mischkultur angebaut, um die Ernährung zu diversifizieren. Auch Ackerbegleitflora kann in der Subsistenzwirtschaft einen wichtigen Beitrag zur Ernährung leisten. Beim Anbau von GM-Pflanzen, die ihren Mehrertrag nur in Verbindung mit dem richtigen Pestizid leisten können, fällt diese Diversifizierung durch Mischanbau und Ackerbegleitflora weg, da sie in Monokultur angebaut werden (Rottach & Walter 2007: 83). Wie auch bei der Grünen Revolution könnte sich beim Einsatz von Gentechnik die Menge an erzeugter Nahrung erhöhen, die Qualität der Nahrung im Hinblick auf die Nährstoffzufuhr allerdings sinken (Vgl. 2.3.4). Es gibt Kritiker, die die Gentechnologie deshalb verurteilen, da sie Ihrer Meinung nach nur die Fehler der Grünen Revolution reparieren will, indem Nutzpflanzen mit Nährstoffen angereichert werden. Die eigentlichen Ursachen wie etwa politische Instabilität werden dadurch aber nicht berücksichtigt. Wie bei der Grünen Revolution wird sich die Ernährungssituation, der Meinung einiger Kritiker nach, nur quantitativ verbessern (Grain 2001: 62-65). „Ein logischer Ansatz […] [zur Hungerbekämpfung] muss daher versuchen, die Ursachen zu bekämpfen, und darf sich nicht auf Reparaturansätze durch technologische Mittel verlassen" (Grain 2001: 62-63).

Öffentliche Diskussion um die Gentechnik

Veränderungen in der Landwirtschaft hat es schon immer gegeben, doch kaum eine Erneuerung polarisiert die Gesellschaft derart wie die Einführung von GM-Pflanzen. Die Diskussion um Gentechnik wird in der Presse von Gegnern und Befürwortern nur selten sachlich geführt. Befürworter sehen in den Kampagnen der Gegner eine „[…] beispiellose journalistische Hetzjagd […]" (Pinstrup-Andersen & Schiøler 2001: 155). Die andere Seite hingegen argumentiert, dass die Gegner gezielt gefälschte und beschönigte Daten verwenden (Bauer 2005). Vor allem die Europäer stehen Gentechnik in der Landwirtschaft und insbesondere in der Lebensmittelherstellung sehr kritisch gegenüber. Dabei wirkt sich die Haltung der Europäer auch auf das Verhalten von Entwicklungsländern aus, die um den europäischen Absatzmarkt bangen. „In […] zumeist kleineren Entwicklungsländern hängt die Zurückhaltung in Bezug auf GV-Pflanzen zum einen mit der ablehnenden Haltung wichtiger Abnehmerländer von Agrarprodukten in den Industriestaaten zusammen. Zum anderen spielen auch fehlende Ressourcen eine

Rolle" (Stein et al. 2008: 38). Gentechnikbefürworter sehen diese Haltung als gefährlich an und weisen darauf hin, dass ärmere Länder die Chance verpassen könnten, eigene Forschungen im Bereich der Gentechnik zu etablieren. Ein Beispiel für die Angst vor sinkenden Absatzchancen durch verunreinigtes Saatgut ist das Verhalten Simbabwes. Obwohl das Land im Jahr 2002 von einer massiven Lebensmittelknappheit heimgesucht wurde, lehnte es eine Hilfslieferung von Mais aus den USA ab. Begründet wurde dieses Verhalten damit, dass die USA nicht garantieren konnten, dass das Saatgut gentechnikfrei sei. Die Behörden befürchteten, dass die Menschen die Maiskörner als Saatgut hätten verwenden können und damit die landeseigenen Sorten verunreinigt hätten. Erst als die Maiskörner zu Mehl gemahlen wurden, durfte die Hilfslieferung ins Land (Meldrum 2002). Das Beispiel verdeutlicht, dass die Angst vor gesundheitlichen Gefahren durch den Verzehr von GM-Lebensmitteln in Simbabwe eher gering ist, während wirtschaftliche Schäden als größeres Übel angesehen werden. Dies dürfte auch in anderen Entwicklungsländer der Fall sein, während in Europa vor allem Lebensmittel, die GM-Pflanzen enthalten, durch das ablehnende Verhalten der Verbraucher keine Chance haben (Pinstrup-Andersen & Schiøler 2001: 181). Ein Erklärungsversuch dieses Verhaltens liegt darin, dass die Mehrheit der Menschen in Entwicklungsländern auf dem Land lebt und dort direkt oder indirekt von der Landwirtschaft abhängig ist. Verbesserungen in der Landwirtschaft durch neue Methoden und GM-Saatgut sind dort eher erkennbar, als in Gesellschaften, in denen nur ein kleiner Teil der Bevölkerung in der Landwirtschaft tätig ist (Stein et al. 2008: 37-38). In Deutschland waren 2009 nur 2,15% der Bevölkerung in der Landwirtschaft beschäftigt (DESTATIS 2010). Der Anteil der Bevölkerung, der abhängig von Saatgut ist und etwaige Verbesserungen als positiv beurteilen kann, hält sich daher in Grenzen. Die Relevanz der Vorteile spielt eine entscheidende Rolle in der Akzeptanz von Gentechnik in der Landwirtschaft. In Europa sind es nicht die Landwirte, die einem Anbau von GM-Pflanzen verhindern, sondern das Konsumverhalten der Verbraucher. Die Menschen in Europa besitzen bereits eine ausreichend vielfältige und qualitativ hochwertige Versorgung mit Nahrungsmitteln. Die Vorteile, die sich ihrer Meinung nach durch GM-Pflanzen ergeben, sind geringer als die Risiken, die der Anbau von gentechnisch veränderten Pflanzen mit sich bringt. Genau umgekehrt ist das Verhalten in Gesellschaften, die keine ausreichende Versorgung mit Nahrungsmitteln besitzen. Dort nimmt man Risiken in Kauf, um die eigene, schlechte Lage zu verbessern. Gentechnik, die im medizinisch- pharmazeutischen Bereich angewendet wird, hat auch in Industriestaaten eine hohe Akzeptanz. Dies kann dadurch erklärt werden, dass die Menschen einen klaren Vorteile erkennen und direkt davon profitieren (Stein et al. 2008: 38). Was diese Diskussion allerdings außer Acht lässt, ist, dass die USA und Kanada sehr wohl Gentechnik in der Landwirtschaft akzeptieren und gleichzeitig eine ausreichende Versorgung mit Nahrungsmitteln besitzen. Der wirtschaftliche und soziale Stand einer Gesellschaft kann daher nicht alleine verantwortlich für eine zustimmende oder ablehnende Haltung gegenüber GM-Lebensmitteln sein. Viele Faktoren wie Nahrungsgewohnheiten, geschichtlicher Hintergrund, Aufklärung etc. spielen bei der Meinungsbildung und schließlich bei der Akzeptanz oder Ablehnung eine Rolle (Bauer 2005, Pinstrup-Andersen & Schiøler 2001: 181).

Abschließende Bewertung

Die Diskussion um die Gentechnik zeigt, dass sowohl Befürworter als auch Gegner nicht immer mit wissenschaftlichen Argumenten arbeiten, um die Bevölkerung von ihrer Meinung zu überzeugen. Statistiken werden beschönigt, Rückschläge verschwiegen und offensichtliche Vorteile sowie Nachteile nicht als solche akzeptiert. Der Ruf nach einer offenen, objektiven Diskussion wird lauter, um sowohl die Vorteile als auch die Risiken und Nachteile der Gentechnik in der Landwirtschaft wissenschaftlich und objektiv abzuwägen und Kompromisse auszuhandeln. „Eine große Chance zur Agrarentwicklung im Sinne der Armen beizutragen wird versäumt werden, wenn die potentiellen Nutzen und Risiken von Transgenen keiner objektiven Bewertung auf Basis der bestmöglichen wissenschaftlichen Beweisführung unterzogen werden und wenn die öffentliche Risikowahrnehmung nicht berücksichtigt wird" (Weltentwicklungsbericht 2008: 211). Die Gentechnik soll weder verteufelt noch glorifiziert werden. Es ist gefährlich zu behaupten, die Zukunft der Ernährung hänge von der Gentechnik ab und nur durch sie sei Armut zu bekämpfen. Ebenso ist es aber unverantwortlich, Fortschritte in der Gentechnik bereits als negativ zu bezeichnen, ohne wissenschaftliche Untersuchungen vorangehen zu lassen. Einer der Gründe für den negativen Ruf der Gentechnik ist die Tatsache, dass der Markt an GM-Saatgut von nur wenigen Großunternehmen beherrscht wird. Namhafte Befürworter der Gentechnik wie Nina Fedoroff, die Wissenschaftsberaterin der US-amerikanischen Regierung und Sir David King, Professor an der Universität Oxford und Wissenschaftsberater der britischen Regierung, argumentieren, dass es gerade die Gentechnikgegner sind, die zu den Monopolstellungen einzelner Firmen geführt haben. Der Druck der Gentechnikgegner hat Regierungen gezwungen, ihre Investitionen in öffentliche Forschungsprojekte bezüglich der Gentechnik zu verringern oder ganz einzustellen und die Entwicklung von GM-Pflanzen der Privatwirtschaft zu überlassen (Spiegel Online 2009: 2-3, Parkes

2010). Diese Privatfirmen orientieren sich meist an der Landwirtschaft der Industriestaaten und weniger an den Bedürfnissen von Landwirtinnen und Landwirten, die auf oftmals sehr kleinen Flächen ihren Lebensunterhalt verdienen müssen. In diesem Bereich könnte durch mehr öffentliche Forschung die Entwicklung der Landwirtschaft gefördert werden, um auch denjenigen Menschen ein sicheres Leben zu ermöglichen, die nur sehr wenig Land zur Verfügung haben. Allerdings darf nicht argumentiert werden, dass die Gentechnik Erträge steigern kann und folglich die Landwirtschaft revolutioniert und dadurch Armut bekämpft wird. Dies wäre zu einfach und ließe die vielen Gründe der Armut in Entwicklungsländern unbeachtet. Zu den bereits vorhandenen, komplexen Problemen wie politische Unruhen, Handelsbeschränkungen und eine unzureichende Infrastruktur, kommen noch Veränderungen, die zukünftig eine immer größere Rolle spielen werden. Der Klimawandel und eine wachsende Weltbevölkerung werden die Menschen in Entwicklungsländern vor eine große Aufgabe stellen. Die Landwirtschaft ist nur ein Teilbereich, der die Pflicht hat, auf die Veränderungen angemessen zu reagieren. Hierbei kann die Gentechnik als eines von vielen möglichen Instrumenten angesehen werden, um die Landwirtschaft zu verbessern. Dabei muss aber berücksichtigt werden, dass es nicht möglich ist, einer Region eine neue Form der Landwirtschaft aufzuzwingen ohne die örtlichen Gegebenheiten zu berücksichtigen. Mindestens ebenso wichtig ist es, die Infrastruktur zu stärken, Bildung zu erhöhen und Nachhaltigkeit als ein Grundprinzip in der Landwirtschaft einzuführen. Dies muss nicht zwangsläufig mit GM-Pflanzen geschehen. Alternative Anbaumethoden, wie sie von vielen Organisationen propagiert werden, sind ebenso in der Lage, Erträge zu erhöhen und ein nachhaltiges Wirtschaften zuzulassen. Die globale Ernährungssicherheit ist zu wichtig, als dass man sich auf nur eine Form der Landwirtschaft verlassen sollte. Eine Weiterentwicklung der Landwirtschaft muss in alle Richtungen gehen und kann nicht darauf setzen, dass die Gentechnik alle zukünftigen Probleme lösen wird. Was vielen Menschen Angst macht, ist, dass die Gentechnik in einer nie dagewesenen Geschwindigkeit Land für Land „erobert" und die traditionellen Sorten und Anbaumethoden verdrängt. Dies alles wird gesteuert von wenigen Großfirmen, die Patentrechte besitzen und Lizenzgebühren verlangen. Die Angst ist verständlich, denn der Anbau von GM-Pflanzen ist eine sehr junge Form der Landwirtschaft und unerprobt, während sich andere Methoden des Anbaus seit Jahrtausenden bewährt haben. Die Art, wie die Gentechnik in der Landwirtschaft aktuell eingesetzt wird, ist kritisch zu betrachten und hat zu einem negativen Image bei einem Teil der Bevölkerung geführt. Die Monopolstellung einiger weniger Firmen darf keine Basis für eine Landwirtschaft sein, deren Aufgabe es ist, eine wachsende Weltbevölkerung zu ernähren. Doch muss man dieses Problem getrennt von der Frage betrachten, ob der Anbau von GM-Pflanzen generell sinnvoll ist oder nicht. Die Monopolisierung des GM-Saatgutmarktes ist eher dem Thema Globalisierung zuzuordnen und sollte in einem von der Sinnhaftigkeit von GM-Pflanzen getrennten Diskurs behandelt werden. Die Gentechnik kann nur dann ihr negatives Image überwinden, wenn sie nicht mehr als ein fremdes Instrument angesehen wird, das gewaltsam versucht, die Landwirtschaft zu verändern. Dazu ist es nötig, Gentechnik als eine Teildisziplin in der modernen Pflanzenzucht anzuerkennen, in die Forschung nationaler Institute zu integrieren und die Bevölkerung in einer sachlichen Diskussion über GM-Pflanzen aufzuklären. Wie die Erfahrungen aus der Grünen Revolution in Afrika gezeigt haben, gelingt es nicht, eine Form der Landwirtschaft von außen in ein nicht darauf vorbereitetes System zu übertragen. Die Industriestaaten können daher einen Beitrag leisten, indem sie bei der Finanzierung und beim Aufbau von nationalen Forschungsinstituten in Entwicklungsländern helfen, welche die Aufgabe haben, die lokale Landwirtschaft zu verbessern. Dabei ist es nötig, Fortschritte in der Forschung auf internationaler Ebene zu teilen und nicht durch Patentierung einzelnen Firmen Vorteile zu überlassen. Erste Ansätze dazu sind bereits zu erkennen. So hat die Entwicklung des goldenen Reises großteils an europäischen Universitäten stattgefunden und wird in Zusammenarbeit mit nationalen Forschungseinrichtungen, wie dem IRRI auf den Philippinen, in lokale Sorten eingekreuzt, um den Reis an die philippinische Landwirtschaft anzupassen. Auch innerhalb von Entwicklungsländern macht sich ein Wissenstransfer erkennbar. Südafrika beispielsweise hat gezielt Biotechnologieprojekte gefördert, die zur Verbesserung der Landwirtschaft beitragen (Vgl. Kapitel „Südafrika"). Inzwischen hat das Land ein Netzwerk an Instituten aufgebaut, die sich der Erforschung von GM-Pflanzen widmen. Andere afrikanische Länder profitieren von dieser Forschung, da Südafrika ihnen bei der Einführung von GM-Pflanzen und beim Aufbau von Forschungsinstituten hilft. Südafrika hat Ägypten in den letzten Jahren bei der Entwicklung und Einführung von GM-Mais geholfen (Karembu et al. 16). „It is encouraging to note that the country already participates in technology transfer programmes with other countries and is engaged in training and human resource development programmes within the continent" (Karembu et al. 2009: 16). Der Aufbau von Forschungsinstituten in Afrika und den ärmsten Ländern der Erde wird nur langsam zu schaffen sein, denn neben finanzieller Unterstützung braucht es für eine Modernisierung der Landwirtschaft auch politischen Willen und vor allem Stabilität, die oftmals nicht gegeben sind. Die Gentechnik kann daher kein Allheilmittel zur Armuts- und

Hungerbekämpfung sein. Als Teilgebiet der modernen Pflanzenzucht kann sie aber sehr wohl einen Beitrag zur ständigen Erneuerung und Verbesserung in der Landwirtschaft leisten. Wichtig ist, dass es eine Transparenz aller Beteiligten gibt und dass keine Minorität, die mehr als genug Lebensmittel besitzt, dem anderen, größeren Teil der Menschheit vorschreibt, wie er zu handeln hat. Die ablehnende Haltung der Europäer ist von andern Staaten ebenso als eine funktionierende Möglichkeit der Landwirtschaft zu akzeptieren wie das Verwenden von GM-Pflanzen in Entwicklungsländern. Die nächsten Jahre und Jahrzehnte werden zeigen, welche Richtung die Gentechnik einschlagen wird. Die Möglichkeiten sind offen und es ist nicht sicher, ob sich Gentechnik in allen Ländern großflächig durchsetzen, oder eher eine Art Marktnische besetzen wird, die helfen kann, spezifische Lösungsansätze in der Pflanzenzucht zu finden, in denen man mit konventioneller Zucht nicht mehr weiterkommt.

Literaturverzeichnis

Printmedien

Amman, K. (2005): Effects of biotechnology on biodiversity: herbicide-tolerant and insect-resistant GM crops. In: TRENDS in Biotechnology Vol.23 No. 8 August 2005. S. 388-394.

BASF Plant Science, Bayer CropScience, Dow AgroSciences, Du Pont/Pioneer Hi-Breed International, Monsanto Agrar Deutschland, Syngenta Deutschland (Hrsg.) (2003): Kompendium Gentechnologie und Lebensmittel. Band 5: Meinungen und Stellungnahmen. Darmstadt.

Buntzel, R., Sahai, S. (2005): Risiko Grüne Gentechnik. Wem nützt die weltweite Verbreitung gen-manipulierter Nahrung? Frankfurt am Main.

BfN – Bundesamt für Naturschutz (Hrsg.) (2008): Welternährung, Biodiversität und Gentechnik. Kann die Agro-Gentechnik zur naturverträglichen und nachhaltigen Sicherung der Welternährung beitragen? Positionspapier des Bundesamt für Naturschutz. Bonn.

Brookes, G., Barfoot, P. (2006): Global impact of biotech crops: Socio-economic and environmental effects in the first ten years of commercial use. In: AgBioForum Jg. 9, H. 3, S 139-151.

Charles, D. (2001): Biotech, Big Money, and the Future of Food. In: Buttel, F. H., Goodman, R. M. (Hrsg.): Of Frankenfoods and Golden Rice. Risks, Rewards, and Realities of Genetically Modified Foods. Madison/Wisconsin.

Conway, G. R., Barbier E. B. (1990): After the green revolution. Sustainable agriculture for development. London.

Diepenbrock, W., Ellmer, F., Léon, J. (2005): Ackerbau, Pflanzenbau und Pflanzenzüchtung. Stuttgart.

Feldmeier, H. (2006): Antibiotika-Resistenz: Welche Folgen hat die Nutzung gentechnisch veränderter Pflanzen? In: Der Tagesspiegel, 27.09. 2006. http://www.tagesspiegel.de/magazin/wissen/gesundheit/art300,2239662. (10.02.2010).

Franke, G. (1994): Faserpflanzen. In: Franke, G. (Hrsg.): Nutzpflanzen der Subtropen. Bd. 2: Spezieller Pflanzenbau. Stuttgart.

Frison, E. (2008): Unentbehrliche Ressourcen. In: E+Z Entwicklung und Zu-sammenarbeit Jg. 49. H. 5, S. 190-193.

Grain – Genetic Resources Action International (2000): Genmanipulation gegen Unterernährung. In: Klaffenböck, G., Lachkovics, E., Südwind Agentur (Hrsg.): Biologische Vielfalt. Wer kontrolliert die globalen genetischen Ressourcen. Frankfurt am Main. S. 61-76.

Greenpeace Deutschland (2005): Monsanto. Ein Gentechnik-Gigant kontrolliert die Landwirtschaft. Hamburg.

Hargrove, T., Coffmann, W. R. (2006): Breeding History. In: Rice Today. Vol. 5. No. 4. 2006: 35-38.

Heine, N., Heyer, M., Pickardt, T. (2002): Gesundheit und Grüne Gentechnik. In: BMVEL – Bundesministerium für Verbraucherschutz, Ernährung und Landwirtschaft (Hrsg) (2002): Basisreader der Moderation zum Diskurs Grüne Gentechnik des Bundesministerium für Verbraucherschutz, Ernährung und Landwirtschaft – BMVEL. Bonn.

Heldt, W. (2002): Goldener Reis: Ein Beitrag zur Behebung eines gravierenden Vitaminmangels in Asien. In: Akademie – Journal 1/2002, S. 25-27.

Hoering, U. (2007): Agrar-Kolonialismus in Afrika. Hamburg.

James, C. (2002): Der weltweite Einsatz von gentechnisch veränderten Pflanzen. Ziele, Ergebnisse und Sachstand. Bad Neunahr.

Karembu, M., Nguthi, F., Ismail, H. (2009): Biotech Crops in Africa. The Final Frontier. ISAAA AfriCenter. Nairobi.

Kempken, F. (2009): Mit Grüner Gentechnik gegen den Hunger? In: Aus Politik und Zeitgeschichte. Beilage zur Wochenzeitung Das Parlament. S. 21-26. (02.02.2009).

Kleesattel, W. (2002): Gentechnik. Berlin.

Leisinger, K. M. (1987): Die „Grüne Revolution" im Wandel der Zeit: Techno-logische Variablen und soziale Konstanten. Basel.

LfL – Bayerische Landesanstalt für Landwirtschaft (Hrsg.) (2004): Anbau gen-technisch veränderter Pflanzen (GVP): Auswirkungen auf den Verbrauch von Pflanzenschutzmitteln und Bewertung möglicher Veränderungen hinsichtlich der Belastung der Umwelt und des Naturhaushaltes. Freising-Weihenstephan.

Lipton, M., Longhurst, R. (1989): New seeds and poor people. London.

Mayer, J. E., Beyer, P., Potrykus, I. (2006): The Golden Rice Project. http://www.goldenrice.org/PDFs/The_Golden_Rice_Project_Mayer_et_al_2006. pdf. (14.02.2010).

Mohr, H. (1997): Brauchen wir wirklich transgene Pflanzen?. In: Brandt, P. (Hrsg.): Zukunft der Gentechnik. Basel.

Palmer, I. (1976): The new rice in Asia. Conclusions from four country studies. Genf.

Pelegrina, W. (2001): Die Grüne Revolution und ihre Hinterlassenschaft. In: Klaffenböck, G., Lachkovics, E., Südwind Agentur (Hrsg.): Biologische Vielfalt. Wer kontrolliert die globalen genetischen Ressourcen. Frankfurt am Main. S. 23-41.

Pinstrup-Andersen, P., Schiøler, E. (2001): Der Preis der Sattheit. Gentechnisch veränderte Lebensmittel. Wien.

Qaim, M., de Janvry, A. (2005): Bt Cotton and pesticide use in Argentina. Economic and environmental effects. In: Cambridge University Press (Hrsg.): Environment and Development Economics (10). Cambridge. 179-200.

Qaim, M. (2003): Bt Baumwolle in Argentinien. Verbreitung, Nutzen und Zahlungsbereitschaft der Bauern. Manuskript für die GEWISOLA-Tagung 29.09.-01.10.2003. Hohenheim.

Qaim, M., Subramainan, A., Naik, G., Zilbermann, D. (2006): Adoption of Bt cotton and impact variability. Insights from India. In: Review of Agricultural Economics 2006 H. 28: 48-58.

Quist, D., Chapela, I. H. (2001): Transgenic DNA introgressed into traditional maize landraces in Oaxaca, Mexico. In: Nature Vol. 414. 29.11.01 S. 541-543.

Raney, T. (2006): Economic impact of transgenic crops in developing countries. In: Chua, N. H., Tingey, S. V. (Hrsg.): Current Opinion in Biotechnology. London.

Rottach, P., Walter, B. (2007): Grüne Gentechnik taugt nicht zur Hungerbekämpfung. In: AgrarBündnis e. V. (Hrsg.): Landwirtschaft 2007. Der Kritische Agrarbericht. Schwerpunkt: „Agro-Gentechnik". Kassel/Hamm. S. 83-84.

Sadashivappa, P., Qaim, M. (2009): Bt Cotton in India. Development of Benefits and the Role of Government Seed Price Interventions. In: AgBioForum Jg. 12, H. 2, S. 172-183.

Shiva, V. (2001): Biodiversität. Plädoyer für eine nachhaltige Entwicklung. Bern.

Spangenberg, J. H. (2003) Gentechnik und Welternährung. Versprechen machen nicht satt. In: Umwelt Medizin Gesellschaft, 16/3/2003. S. 188-191.

Spielmann, H. (1989): Agrargeographie in Stichworten. Unterägeri.

Stein, A. J., Matuschke, I., Qaim, M. (2008): „Grüne Gentechnik" für eine arme Landbevölkerung. Erfahrungen aus Indien. In: Geographische Rundschau Jg. 60, H. 4, S. 36-41.

Stein, A. J., Rodriguez-Cerezo, E. (2009): The global pipeline of new GM crops. Implications of asynchronous approval for internal trade. Luxemburg.

Streit, B. (2007): Was ist Biodiversität? Erforschung, Schutz und Wert biologischer Vielfalt. München.

Toenniessen, G., Adesina, A., DeVries, J. (2008): Building an Alliance for a Green Revolution in Africa. In: New York Academy of Science Annals 2008. S. 233-242.

Wildermuth, V. (2006): Biotechnologie. Zwischen wissenschaftlichem Fortschritt und ethischen Grenzen. Berlin.

Wilson, E. O. (1996): Der Wert der Vielfalt. Die Bedrohung des Artenreichtums und das Überleben des Menschen. München.

Wullweber, J. (2004): Das grüne Gold der Gene. Globale Konflikte und Biopiraterie. Münster.

Zukunftsstiftung Landwirtschaft (Hrsg.) (2009): Wege aus der Hungerkrise. Die Erkenntnisse des Weltagrarberichtes und seine Vorschläge für eine Landwirtschaft von morgen. Hamm.

Internet

Agrar heute (2009): Die größten Saatguthersteller der Welt. http://www.agrarheute.com/index.php?redid=291900. (11.01.2010).

Ahlenius, H., UNEP/GRID-Arendal (2008): Projected agriculture in 2080 due to climate change. http://maps.grida.no/go/graphic/projected-agriculture-in-2080-due-to-climate-change. (10.02.2010).

Auswärtiges Amt (2010): Paraguay. http://www.auswaertiges-amt.de/diplo/de/Laenderinformationen/01-Laender/Paraguay.html. (26.01.2010).

Bauer, A. (2005): Gentechnik-Industrie macht sich größer. Umweltinstitut München e. V. http://umweltinstitut.org/gentechnik/kommerzieller-anbau/falsche-zahlen-gentechnikindustrie-macht-sich-groser-193.html. (08.02.2010).

Bayercropsciences (2010): Product Information. http://www.bayercropscienceus.com/products_and_seeds/seed_traits/libertylink_trait.html. (02.02.2010).

Biosicherheit.de (2002:) China: Zwischen Hoffnung und Vorsicht. http://www.biosicherheit.de/de/archiv/2002/161.doku.html. (25.01.2010).

Biosicherheit.de (2007): Bt-Konzept. http://www.biosicherheit.de/de/mais/bt-konzept/552.doku.html. (02.02.2010).

Biosicherheit.de (2009): Forschungsergebnisse zum Horizontaler [sic!] Gentransfer. http://www.biosicherheit.de/de/gentransfer/markergene/226.doku.html. (10.02.2010).

Biosicherheit.de (2010 a): Bt-Protein. http://www.biosicherheit.de/de/lexikon/43.bt_protein_toxin.html. (01.02.2010).

Biosicherheit.de (2010 c): Herbizidresistenz. http://www.biosicherheit.de/de/lexikon/151.herbizidresistenz.html. (02.02.2010).

BMU – Bundesministerium für Umwelt, Naturschutz und Reaktorsicherheit (2010): Internationales Jahr der biologischen Vielfalt 2010. http://www.bmu.de/naturschutz/biologische/vielfalt/doc/45490.php. (17.02.2010).

CAADP – Comprehensive Africa Agriculture Development, 2008: The 10 Percent that Could Change Africa. http://www.nepad-caadp.net/pdf/CAADP_Forum_Reprint1.pdf. (03.03.2010).

DESTATIS – Statistisches Bundesamt Deutschland (2009): Erwerbstätige und Arbeitnehmer nach Wirtschaftsbereichen

http://www.destatis.de/jetspeed/portal/cms/Sites/destatis/Internet/DE/Content/St
atisti-
ken/Arbeitsmarkt/Erwerbstaetige/Tabellen/Content75/ArbeitnehmerWirtschafts
bereiche,templateId=renderPrint.psml. (18.01.2010).

d-maps.com 2010: Stumme Karte Afrika. http://d-maps.com/m/afrique/afrique11.gif. (03.03.2010).

FAO (2002): World Food Summit. Five years later. 10-13 June 2002. http://www.fao.org/worldfoodsummit/top/detail.asp?event_id=12919. (12.03.2010).

FAO (2010 a): Agricultural Population. http://faostat.fao.org/site/550/DesktopDefault.aspx?PageID=550#ancor. (05.02.2010).

FAO (2010 b): Prospects by Major Sector. http://www.fao.org/docrep/004/Y3557E/y3557e08.htm#m. (05.02.2010).

FAO (2010 c): The FAO Rice Price Update – January 2010. http://www.fao.org/es/ESC/en/15/70/highlight_533.html. (09.02.2010).

FAO (2010 d). FAOSTAT. Production. Crops. http://faostat.fao.org/site/567/default.aspx#ancor. (12.02.2010.)

Greenpeace Deutschland (2010): Webfilm Gentechnik: Ein weltweites Experiment an Mensch, Tier und Natur. http://www.greenpeace.de/themen/gentechnik/nachrichten/artikel/webfilm_gent echnik_ein_weltweites_experiment_an_mensch_tier_und_natur/. (10.02.2010).

Greenpeace USA (2010): Say no to genetic engineering. http://www.greenpeace.org/international/campaigns/genetic-engineering. (10.02.2010).

IRRI – International Rice Research Institute (2010): Rice Science for a better World. http://beta.irri.org/images/stories/about/pdf/IRRI_brochure_FINAL.pdf. (11.01.2010).

ISAAA – (2010 a): Mission. http://www.isaaa.org/inbrief/default.asp. (09.02.2010).

ISAAA – (2010 b): Donor Support Groups. http://www.isaaa.org/inbrief/donors/default.asp. (09.02.2010).

ISAAA – (2010 c): Brochure. http://www.isaaa.org/inbrief/pdf/isaaa-brochure.pdf. (09.02.2010).

ISAAA – (2010 d): Executive Summary.Global Status of Commercialized Biotech/GM Crops: 2008. The First Thirteen Years, 1996 to 2008. http://www.isaaa.org/RESOURCES/PUBLICATIONS/BRIEFS/39/executivesummary/default.html. (02.02.2010).

Jangle, S. (2005): Gute Gründe gegen Gentechnik. In: Greenpeace.de. http://www.greenpeace.de/themen/gentechnik/nachrichten/artikel/gute_gruende_gegen_gentechnik/. (10.02.2010).

Latussek, R., H. (2009): Ernährung. In: Welt Online. 27.04.2009. http://www.welt.de/wissenschaft/article3633750/Goldener-Mais-soll-Dritter-Welt-helfen.html. (11.03.2010).

Mayer, J. E., Beyer, P., Potrykus, I. (2006): The Golden Rice Project. http://www.goldenrice.org/PDFs/The_Golden_Rice_Project_Mayer_et_al_2006.pdf. (08.01.2010).

Meldrum, A. (2002): Starbing Zimbabwe shuns offer of GM maize. In: guardian.co.uk am 01.06.2002. http://www.guardian.co.uk/science/2002/jun/01/gm.zimbabwenews. (22.02.2010).

Monsanto.de (2005): Höhere Erträge mit Bollgard Baumwolle. http://www.monsanto.de/Produktbereiche/bg_profit.php. (04.01.2010)

Nelson, A., UNEP/GRID-Arendal (2008): Market access (estimated travel time) in agricultural areas. http://maps.grida.no/go/graphic/market-access-estimated-travel-time-in-agricultural-areas. (18.02.2010).

Parkes, S. (2010): Radioaufzeichnung. City Food Lecture. In: BBC4 The Food Programme. 24.01.2010. http://www.bbc.co.uk/programmes/b00q0dc0#synopsis. (02.02.2010).

Qaim, M. (2009): Können gentechnisch veränderte Pflanzen einen Beitrag zur Überwindung des weltweiten Hungers leisten? http://www.biosicherheit.de/de/debatte/721.doku.html. (03.02.2010).

Spiegel Online (2009): Gentechnikgegner richten großen Schaden an. Interview mit der Wissenschaftsberaterin der US-amerikanischen Regierung, Nina Federoff. (20.01. 2009).

http://www.spiegel.de/wissenschaft/mensch/0,1518,602061,00.html.
(15.01.2010).

The Golden Rice Project (2009): Golden Rice is Part of the Solution.
http://www.goldenrice.org/index.html. (13.01.2010).

The Rockefeller Foundation (2010): Our History – A Powerful Legacy.
http://www.rockefellerfoundation.org/who-we-are/our-history. (21.02.2010).

TransGen.de (2010 a): Gentechnisch veränderte Pflanzen. Anbauflächen weltweit.   http://www.transgen.de/anbau/eu_international/193.doku.html.
(01.02.2010).

TransGen.de (2010 b): Gentechnisch veränderte Pflanzen: Anbau weltweit auf
134   Millionen   Hektar.
http://www.transgen.de/anbau/eu_international/531.doku.html. (02.02.2010).

TransGen.de (2010 c): Neue Züchtungsstrategien gegen einen trickreichen Erre-
ger
http://www.transgen.de/pflanzenforschung/anbaueigenschaften/845.doku.html.
(02.02.2010).

TransGen.de   (2010   d):   Mehr   Hitze,   weniger   Wasser.
http://www.transgen.de/pflanzenforschung/anbaueigenschaften/786.doku.html.
(02.02.2010).

Umweltinstitut München e. V. (2010): Kontamination. Gen-Pflanzen außer
Kontrolle.   http://umweltinstitut.org/gentechnik/allgemeines-
gentechnik/kontamination-506.html. (10.02.2010).

UNFCCC   (2010):   Feeling   the   Heat.
http://unfccc.int/essential_background/feeling_the_heat/items/2917.php.
(05.02.2010).

UNO – United Nations Organization (2010): World Population Prospects.
http://esa.un.org/unpp/index.asp. (21.02.2010).

USDA – United States Department of Agriculture (2010): Table 04 Cotton Area,
Yield,   and   Production.
http://www.fas.usda.gov/psdonline/psdReport.aspx?hidReportRetrievalName=T
able+04+Cotton+Area%2c+Yield%2c+and+Production&hidReportRetrievalID=
851&hidReportRetrievalTemplateID=1. (01.02.2010).

VBIO.de – Verband Biologie, Biowissenschaften & Biomedizin in Deutschland (2009): Monsanto und BASF legen Entdeckung eines Gens offen, das Mais vor Trockenheit schützt. http://www.vbio.de/informationen/alle_news/e17162?news_id=7328.(02.02.2010).

WHO (2003): Vitamin A supplementation. http://www.who.int/vaccines/en/vitamina.shtml. (08.01.2010).

WWF Deutschland (2010): Position des WWF Deutschland zur Gentechnik. http://www.wwf.de/themen/landwirtschaft/gentechnik/. (13.03.2010).

WWF International (2010): Genetically Modified Food. http://www.panda.org/about_our_earth/teacher_resources/webfieldtrips/sus_agri culture/gm_food/. (13.03.2010).

WWF USA (2010): GM-Crops. http://www.worldwildlife.org/science/projects/gmcrops.html. (13.03.2010)

Julia Bultmann (2010): Gefahren der Gentechnik für den
Maisanbau in Mexiko

Abkürzungsverzeichnis

Bt-Mais: Bacillus-thuringiensis-Mais

Bt-Pflanzen: Bacillus-thuringiensis-Pflanzen

CBD: Convention on Biological Diversity

CCA: la Comisión para la Cooperación Ambiental

CIMMYT: International Maize and Wheat Improvement Centre

CRIIGEN: Committee for Independent Research and Information on Genetic Engineering

DNA: Desoxyribonukleinsäure

GMO: Genetically Modified Organism

gv-Mais: gentechnisch veränderter Mais

GVO: Gentechnisch veränderter Organismus

HR-Pflanzen: herbizid-resistente Pflanzen

IDB: Interamerikanischen Entwicklungsbank

NAFTA: North American Free Trade Agreement

NGOs: Nichtregierungsorganisationen

OPV: Open pollinated variety

PPP: Plan Puebla-Panama

PROEMAR: Programa Especial de Maíz de Alto Rendimiento

TRIPs: Trade-Related Aspects of Intellectual Property Rights

UPOV: International Union for the Protection of New Varieties of Plants

WTO: World Trade Organisation

Abbildungsverzeichnis

1. Verhältnis zwischen mexikanischer Maisproduktion und Import aus den USA in Abhängigkeit des Bevölkerungswachstums

2. Entwicklung des Maispreises in Mexiko seit dem Beitritt zum Nordamerikanischen Freihandelsabkommen

3. Entwicklung der Armut in Mexiko seit dem Beitritt zum Nordamerikanischen Freihandelsabkommen

4. Anteil an gentechnisch verändertem Mais an der Gesamtproduktion in den USA in%

Zukünftige Legalisierung der Gentechnik in Mexiko?

> Después de una moratoria de 11 años, el gobierno mexicano autorizó 15 solicitudes para sembrar maíz genéticamente modificado, una decisión que causó polémica entre académicos y grupos ambientalistas por el efecto que tendría en variedades nativas (Najar: Polémica por maíz transgénico en México).

> [Nach einem 11 Jahre andauernden Moratorium hat die mexikanische Regierung 15 Anträge für eine Aussaat gentechnisch veränderter Maissorten genehmigt, eine Entscheidung, welche bei Wissenschaftlern und Umweltgruppen große Auseinandersetzungen wegen der möglichen Auswirkungen auf die konventionellen Sorten verursachte.]

Dieses Zitat bezieht sich auf Geschehnisse im Jahre 2009. Elf Jahre zuvor, 1998, wurde der Anbau gentechnisch veränderter Maissorten in Mexiko verboten, nachdem Landwirte und Umweltgruppen verstärkt Druck auf die Regierung ausgeübt hatten, die konventionellen Maissorten durch ein Moratorium vor einer Kontamination zu schützen. Die Maispflanze komme ursprünglich aus Mexiko, so die weitgehende Argumentation, und sei wichtiger Bestandteil der mexikanischen Kultur und Geschichte.

Nach Ablauf des Moratoriums im September 2009 wurde der probeweise Anbau gentechnisch veränderter Maissorten von der Regierung legalisiert, was zu erneuten heftigen Debatten zwischen Wissenschaftlern, Umweltgruppen und Bauernverbänden geführt hat. Im Zentrum der Diskussion steht dabei vor allem die Gefahr, welche mit einer Einführung von gentechnisch verändertem Mais für die konventionellen Sorten sowie für die Biodiversität des Landes verbunden ist. Des Weiteren wird der Regierung vorgeworfen, sich von agrarindustriellen Unternehmen unter Druck gesetzt haben zu lassen; 9 der 15 genehmigten Anträge für einen Anbau gentechnisch veränderter Sorten wurden von dem US-amerikanischen Agrarkonzern Monsanto gestellt (vgl. ebd.).

Der Ablauf des Moratoriums sowie die Legalisierung eines probeweisen Anbaus gentechnisch veränderter Maissorten machen eine Auseinandersetzung mit den damit verbundenen Gefahren zu einem wichtigen und aktuellen Thema. In dieser Arbeit werden zuerst die wichtigsten Entwicklungen der landwirtschaftlichen Strukturen Mexikos von den Zeiten der Maya bis heute und die für die Tortilla-Krise relevanten Zusammenhänge erklärt, welche zu einer Legalisierung der Gentechnik durch die Regierung geführt haben. Der zweite Teil der Arbeit analysiert mögliche Gefahren, die mit einer Legalisierung der Gentechnik für den Maisanbau einhergehen. Eine Einführung in die biologischen Grundlagen soll dabei zeigen, weshalb eine Koexistenz von konventionellen Sorten und von gentechnisch veränderten Sorten nicht möglich ist und welche Folgen sich dadurch für die mexikanische Biodiversität ergeben. Anschließend werden die rechtlichen Grundlagen dargestellt, um eine durch die Gentechnik entstehende Abhängigkeit zwischen Bauern und agrarindustriellen Konzernen zu erklären. Letztendlich werden die sozioökonomischen Konsequenzen der Einführung der Gentechnik für den Maisanbau in Mexiko beleuchtet. Die Veranschaulichung der entstehenden Problematik zwischen mexikanischen Maisbauern sowie Agrarkonzernen beschränkt sich in dieser Arbeit auf das Unternehmen Monsanto, welches die meisten Anträge für einen probeweisen Anbau gentechnisch veränderter Sorten in Mexiko gestellt hat und Mexiko schon im Jahre 2005 als „das Mega-Land der Biotechnologie" bezeichnet hat (von Kovatsits: Mexiko öffnet sich weiter der Gentechnik).

Entwicklung des Maisanbaus in Mexiko

> Corn is indigenous to Mexico; it is the principal food staple, and it is heavily engrained in national culture (Rivera 2009: 89).

Zwei Tonnen Mais pro Hektar werden in Mexiko durchschnittlich geerntet. Das Saatgut gelber und weißer Maissorten wird von den Bauern in den Frühlingsmonaten bis zum Frühsommer ausgesät. Die breite Vielfalt der lokalen Sorten ist an die Umweltbedingungen in Mexiko, insbesondere an die Regenzeit zwischen Mai und Oktober, angepasst. Die Ernte findet zwischen September und Januar statt. Circa 50% der gesamten Maisproduktion werden in 4 der 31 mexikanischen Bundesstaaten angebaut. Die ca. 2,7 Millionen Maisbauern, welche 67,5% der mexikanischen Landwirte ausmachen, können in zwei Gruppen unterteilt werden. Die landwirtschaftlichen Flächen werden in Mexiko weitgehend von Kleinbauern kultiviert. Zwei Drittel dieser Kleinbauern haben eine Landfläche von weniger als fünf Hektar zur Verfügung und erreichen einen durchschnittlichen Ernteertrag von circa 1,8 Tonnen pro Hektar, von welchem circa 57% für den eigenen Konsum benötigt werden. Lediglich ein Drittel der Bauern besitzt größere Landflächen, erntet durchschnittlich 3,2 Tonnen pro Hektar und nutzt circa 13,6% der Maisernte zur Selbstversorgung (vgl. ebd.: 89 f.).

Der Maisanbau in Mexiko fand seinen Anfang um das Jahr 5.000 v. Chr. und schon im Jahre 2.300 v. Chr. stellte Mais circa 50% der Nahrung für die Bewohner erster fester Siedlungen dar (vgl. Riese 1972: 13). Auch heute noch wird Mais traditionell angebaut und ist, damals wie heute, als Grundnahrungsmittel wichtiger Bestandteil der nationalen Lebensgrundlage. Da seit mehreren Jahrzehnten die mexikanische Maisernte zur Deckung der nationalen Nachfrage nicht mehr ausreichend ist, wird etwa ein Viertel des Bedarfs durch den Import aus den Vereinigten Staaten gedeckt. Heute gehört Mais neben Zucker zu den Haupterzeugnissen der mexikanischen Agrarwirtschaft. Im Jahre 2007 wurden in Mexiko 52 Millionen Tonnen Zucker auf einer Fläche von circa 700.000 Hektar produziert, 23 Millionen Tonnen Mais wurden auf über 7 Millionen Hektar Land geerntet (vgl. FAOSTAT: agricultural production domain: area harvested, production quantity of maize and sugar cane). Im Jahre 2009 stieg die Menge an aus den Vereinigten Staaten importiertem Mais von 7,7 auf 9 Millionen Tonnen im Vergleich zum Vorjahr an, wohingegen der Ernteertrag der mexikanischen Eigenproduktion von 2008 auf das Jahr 2009 von 25 Millionen Tonnen auf 22,5 Millionen Tonnen erheblich gesunken war (vgl. Toepfer International: Statistische Informationen zum Getreide- und Futtermittelmarkt Edition Dezember 2009).

Die Geschichte des Maisanbaus – von den Maya bis zum 21. Jahrhundert

Im Folgenden wird dargestellt, welche Bedeutung dem nationalen Maisanbau, insbesondere für die ländliche Bevölkerung, zukommt. Es werden die Umstände erklärt, welche im Jahre 2007 in Mexiko zur Tortilla-Krise und zwei Jahre später zu einer Legalisierung des versuchsweisen Anbaus gentechnisch veränderter Maissorten in Mexiko geführt haben.

Die heutigen Strukturen des Maisanbaus in Mexiko sind in der geschichtlichen Entwicklung des Landes begründet und finden ihren Anfang in der Kultur sowie in der Religion der Maya, welche das Wissen um die verschiedenen Maissorten, die Anbauformen sowie die religiösen Traditionen von Generation zu Generation weitergegeben haben.

> Hinter der Geschichte des Mais standen in prähistorischen Zeiten Menschen, die ihr Saatgut offensichtlich verehrten. Der Mais war den altamerikanischen Völkern Mesoamerikas heilig. Ein Geschenk der Götter war er und das Mittel zum Leben. Bis zum heutigen Tag kennen die campesinos in Mesoamerika Hunderte von Pflanzen, ihre Eigenschaften und kurative Wirkungen. Der Mais aber steht im Zentrum der meisten Rituale, die mit der agrikulturellen Lebensweise dieser Region verbunden sind (Kaller-Dietrich 2001: 32).

Mais hatte zu Zeiten der Maya eine sehr große kulturelle und religiöse Bedeutung. Je nach Reifegrad wurde die Maispflanze namentlich differenziert, eine Vielzahl von Gerichten zubereitet und verschiedenen Gottheiten zugeordnet.

In dem heiligen Buch der Maya-Völker Kiché und Kakchikel, dem Pop Wuj, beschreibt der Schöpfungsmythos drei Versuche der Muttergöttin Ixmukané den Menschen zu schaffen; erst nachdem sie beim vierten Versuch vier Männer und vier Frauen aus gelbem und weißem Mais geformt hatte, war sie mit dem Ergebnis zufrieden. Diese Menschen waren, der Legende nach, den Göttern dankbar für ihre Erschaffung und das ihnen gegebene Leben.

> Ist es ein Wunder, daß die Genesis der altamerikanischen Überlieferung annimmt, daß die ersten Menschen aus Maisteig geformt wurden? Nicht aus Lehm, nicht aus Holz; nur die Maismenschen vermochten die Göttlichen zu verehren, zu sprechen und zu singen (Kaller-Dietrich & Ingruber 2001: 9).

Da die Götter jedoch Sorge hatten, diese Menschen könnten zu weise geraten und ihnen so ebenbürtig sein, verschleierten sie den Menschen die Augen und beschränkten ihr Wissen und ihre Weisheit. Den Farben des Mais entsprechend, der je nach Sorte die Farben Weiß, Grau, Blau, Gelb, Rosa, Rot oder Braun annehmen kann, schufen sie Menschen verschiedener Hautfarben (vgl. García Acosta 2001: 67). Mais war die Speise der Götter und der Ursprung des Lebens. Durch den Verzehr von Mais entstand die Lebenskraft, auch das Herz und das Blut der Menschen waren aus Mais geformt. Regelmäßige Fürbitten, Opfergaben und Arbeit erbaten jedes Jahr aufs Neue die Gnade der Götter, das Leben der Menschen durch eine gute Maisernte zu schützen. Der Kalender der Maya bestimmte die Einteilung jedes Jahres in Fest- und Opferzeiten und regelte die saisonalen Speisen (vgl. Kaller-Dietrich 2001: 32 f.). Das Wissen um diejenigen Landsorten, welche sich bereits an die jeweiligen Umweltbedingungen angepasst haben, wurde von Generation zu Generation weitergereicht. Um das Risiko eines schlechten Ertrags zu minimieren wird noch heute Mais zu unterschiedlichen Zeiten gepflanzt (vgl. Zietz & Seals 2006: 4 f.).

> Auf einer milpa, dem Feld, stehen Maispflanzen unterschiedlichster Größe und Farbe, dazwischen Bohnen, Kürbisse, Tomaten, Blattgemüse (quelites), gelegentlich Kartoffeln. Der Mais reift als letzte Pflanze der Saison aus. Die Stengel werden geknickt und der Kolben bleibt am Feld, das als Vorratskammer über die Trockenzeit hinweghilft. Kein Tag, kein Essen, kein Leben ohne den Mais (Kaller-Dietrich & Ingruber 2001: 9).

Der Tagesablauf der indigenen Bevölkerung[321] [Indígenas] Mexikos wird auch heute noch weitgehend durch den Anbau und die Ernte von Mais bestimmt. Die Bäuerinnen der Chol-Mayas beispielsweise mahlen dreimal täglich Mais, um anschließend aus dem gewonnenen Maismehl verschiedene Speisen zuzubereiten. Für sie ist die Pflege der Maiskultur gleichbedeutend mit der Weitereichung von Sprache und von ethischen Werten (vgl. Vogl, Raab & Vogl-Lukasser 2001: 43).

Die Eroberung Mexikos durch die Spanier im 16. Jahrhundert brachte auch in Bezug auf den Maisanbau erhebliche Veränderungen mit sich. Die Konfrontation der europäischen Zuckerkultur und der Maiskultur der Maya führte zu einem Kampf um Nutzflächen und Eigentum. Große Teile der mexikanischen Nutzfläche wurden an spanische Siedler verteilt und der traditionelle Maisanbau der indigenen Bevölkerung wurde zugunsten extensiver Weidewirtschaft und der Kultivierung europäischer Pflanzen verdrängt. Die großflächigen Waldrodungen beeinflussten das ökologische Gleichgewicht der Nutzflächen und hatten einen Rückgang der Vegetation zur Folge. Diese Umverteilung von landwirtschaftlichen Nutzflächen wurde durch den mexikanischen Unabhängigkeitskrieg im 18. Jahrhundert verstärkt, als kirchlicher Besitz enteignet und an spanisch-stämmige Großgrundbesitzer verteilt wurde (vgl. Sander 1999: 228). Zum Höhepunkt des Mais-Zucker-Konflikts kam es gegen Ende des 19. Jahrhunderts, als der autoritäre mexikanische Präsident Porfirio Díaz weitere Kleinbauern enteignete, um so durch die Bildung großer Plantagen, den sogenannten Haciendas, die Produktion von Exportgütern voranzutreiben. „Die Zuckerhaciendas waren auf dem besten Wege, das zu verwirklichen, wovon die Zuckerhacendados nur geträumt hatten: das ehemalige Maisparadies der Indios in ein Zuckerparadies zu verwandeln" (Beck 1986: 120).

Die starke Herausbildung von monokulturellen Großbetrieben während der 40-jährigen Herrschaft von Porfirio Diaz und die gleichzeitig stattfindende Auflösung kleinbäuerlicher Betriebe beeinflusste die Entwicklung der landwirtschaftlichen Strukturen erheblich. Viele ehemalige Kleinbauern, insbesondere indigene, waren zu besitzlosen Landarbeitern verarmt und wurden zur Arbeit in der Viehwirtschaft oder auf den Zucker- oder Kaffeeplantagen gezwungen. So lebten fast 50% der mexikanischen Bevölkerung auf Haciendas.

---

[321] Mexiko hat etwa 103,1 Millionen Einwohner (Stand 2006). Davon sind circa 60% Mestizen (Nachkommen von Weißen (Europäern) und von indigenen Völkern Mexikos), circa 30% Indígenas, circa 9% Weiße und 1% Andere (vgl. The World Factbook, CIA: *Mexico*).

Da die sozialen Verhältnisse des Landes und Diaz' exportintensive Wirtschaftspolitik für breite Teile der Bevölkerung mit erheblichen Nachteilen verbunden waren, löste der Konflikt um den diktatorischen Herrscher im Jahre 1910 die Mexikanische Revolution aus. Oppositionelle Gruppen organisierten Aufstände und es kam zu gewaltsamen Auseinandersetzungen zwischen Aufständischen und Regierungstruppen. Die Revolutionäre, welche von Emiliano Zapata unter dem Motto *¡Tierra y Libertad!* [Land und Freiheit] angeführt wurden, forderten eine Verbesserung der sozialen Strukturen durch die Umverteilung des Landes zugunsten der ärmeren, insbesondere der indigenen Bevölkerung. Dieser Forderung kam die Regierung im Jahre 1917 mit einer Agrarreform nach. Land, welches den Bauern unrechtmäßig genommen worden war, musste von den Großgrundbesitzern an die Kommunen für eine gemeinschaftliche Bewirtschaftung zurückgegeben werden und privaten Nutzflächen wurden Größenbeschränkungen auferlegt (vgl. Sander 1999: 228 f.). Die Umstellung auf bäuerliche Kleinbetriebe war auch deshalb vonnöten, da Mitte der 30er Jahre des 20. Jahrhunderts das Land industriell umstrukturiert werden musste. Der durch Diaz geförderte intensive Handel mit den Industrienationen wurde aufgrund der Ende der 1920er Jahre einsetzenden Weltwirtschaftskrise zunehmend unrentabel und der Exporthandel musste zugunsten einer Eigenversorgung durch landwirtschaftliche Produkte eingeschränkt werden (vgl. ebd.).

In den ersten Jahren nach der Revolution änderten sich die landwirtschaftlichen Besitzverhältnisse nur langsam. Einige Großgrundbesitzer teilten ihren Landbesitz unter Familienmitgliedern auf, um den Größenbeschränkungen zu entgehen sowie ihren Besitz zu behalten und weiterhin gemeinschaftlich bewirtschaften zu können. Auch Politiker, welche selbst Haciendas besaßen, ließen sich mit der Verteilung ihres Landes Zeit. Erst unter dem folgenden Präsidenten Lázaro Cárdenas wurden zwischen 1934 und 1940 über 18 Millionen Hektar an circa 700.000 Bauern verteilt, was 30% derjenigen ausmachte, welchen entsprechend der Agrarreform Land zustand. Eine weitere intensive Phase der Umverteilung fand zwischen 1964 und 1970 unter dem Präsidenten Díaz Ordaz statt, als etwa 25 Millionen Hektar Land an 300.000 Bauern verteilt wurden. Im Zuge dessen wurden jedem Bauern durchschnittlich etwa 90 Hektar Land zugesprochen. Diese verhältnismäßig große Landfläche pro Bauer erklärt sich durch die weitgehende Verteilung von Böden mit schlechter Nutzbarkeit. Im Jahre 1985 wurde die Verteilung wegen einer entstehenden Knappheit von Nutzflächen sowie mangelnder Produktivität schließlich eingestellt. Mit der wachsenden Bevölkerung erwarteten immer mehr Bauern eine Zuteilung von Nutzflächen und die Hälfte der landwirtschaftlichen Nutzflächen Mexikos war inzwischen verteilt. Insgesamt haben in den Jahren 1920 bis 1985 2,5 Millionen Bauern Nutzflächen erhalten (vgl. ebd.: 230 f.). Die Zuteilung der Landflächen erfolgte in der traditionell indianischen Form des Ejido, ein kommunaler Grundbesitz, der jedoch individuell genutzt werden kann. Dieser wurde unter anderem eingeführt, um einer weiteren Diskriminierung der altindianischen Tradition vorzubeugen, was der Ideologie der zuvor geführten Revolution entgegenkam. Doch

> wäre es wirklich um die Wiederherstellung der altindianischen Ejidos gegangen, so hätten diese den indianischen Stammesfürsten zurückgegeben werden müssen mit allen tributären Rechten aus aztekischer Tradition, die man in spanischer Zeit ja gerade überwunden zu haben stolz war (ebd.: 229).

In der neuen Variante ging es um eine reine Verteilung von Land. Die bäuerlichen Kleinbetriebe wurden entsprechend der Nutzung konzipiert: Das Individual-Ejido besteht aus einer Parzelle, welche dem Ejidatario (dem Besitzer der Parzelle) zur eigenverantwortlichen Bestellung übergeben wird. Das Kollektiv-Ejido ist in gemeinschaftlichem Besitz einer Ejido-Gemeinschaft und wird in einer Produktionskooperation bebaut (vgl. ebd.: 229). Die Anzahl von Kollektiv-Ejidos ist kurz nach ihrer Einführung wieder stark gesunken, weil der Nachfolger des mexikanischen Präsidenten Lázaro Cardenas, Manuel Ávila Camacho, den Aufbau und die Erhaltung privatisierter Großgrundbetriebe weitgehend unterstützte. Dem daraus entstehenden Produktionswettbewerb konnten die Gemeinschafts-Ejidos nicht standhalten.

Der Aufbau kleinbäuerlicher Produktionseinheiten auf der einen Seite sowie die Herausbildung beziehungsweise teilweise Erhaltung von Großgrundbetrieben auf der anderen Seite, haben sich besonders in der Zeit nach der Revolution als eine sich gegenseitig hemmende Entwicklung herausgestellt. Während Anfang der 1950er Jahre der Bedarf an landwirtschaftlichen Gütern in Mexiko durch die eigene Produktion gedeckt werden konnte, war die mexikanische Agrarwirtschaft anschließend nicht mehr in der Lage, dem stetigen Bevölkerungswachstum standzuhalten (vgl. ebd.). Die Verteilung der Nutzflächen sowie die Belastbarkeit der Böden, die durch die extensive Weidewirtschaft gesunken war, setzen den Nutzungsmöglichkeiten der Ejidatarios enge Grenzen. Während einerseits die Produktion der Landwirtschaft für eine Finanzierung der Familie und des Haushaltes oft nicht ausreichte, konnte sich andererseits der privatisierte Großgrundbetrieb nicht ausreichend entwickeln, da etwa die Hälfte des Nutzlandes nationalisiert und den Bauern übergeben worden war (vgl. ebd.).

Allgemein ausgedrückt: Beginnt die Ernte beispielsweise wegen Überbelastung des Bodens zu stagnieren, wird ein Teil der bäuerlichen Familie zur Aufnahme einer zusätzlichen Lohnarbeit gezwungen oder in eine Vertragsproduktion gedrängt (Bennholdt-Thomsen 1982: 11). Die Industrialisierung des Landes führte weiterhin zu einem erhöhten Produktionswettbewerb, dem viele Bauern nicht standhalten konnten, und der zu ihrer Verarmung führte. Die heutige Situation der Mehrheit der mexikanischen Bauern lässt sich durch drei typische Konstellationen beschreiben:

Hat ein mexikanischer Bauer einen reinen *Cash-crop*[322] Anbau, finanziert er das benötigte verbesserte Saatgut,[323] die Düngemittel und Pestizide häufig über einen Kredit, welcher über staatliche Entwicklungsbehörden aufgenommen werden kann. Um den Kredit zurückzahlen und die Kreditvertragsbedingungen erfüllen zu können, muss häufig die gesamte Ernte verkauft werden. Bei diesem Anbau von Mais zu Profitzwecken versucht der Bauer als Unternehmer etwaige Produktionsüberschüsse zu verkaufen. Betreibt ein Bauer hingegen Subsistenzwirtschaft und hat in der Regel nur wenig Landbesitz oder nur wenig nutzbare Fläche zur Verfügung, sucht sich ein Teil der Familie zur Unterstützung der familiären Existenz eine Lohnarbeit. Oder die ganze Familie zieht von Ernte zu Ernte und verdient ihr Geld durch landwirtschaftliche Wanderlohnarbeit. Eine Abwanderung in die Stadt bedeutet für die meisten Familien wiederum ein Leben in Slums. Der Lebensbedarf kann hier oft nur durch Hilfsarbeit, selbstständige Dienstleistung oder durch den Verkauf kleiner Waren gesichert werden. Im dritten und letzten Fall entscheiden sich ehemalige Wanderlohnarbeiter, zum eigenen Maisanbau zurückzukehren. „Am spektakulärsten sind dabei die Aktionen der Wanderlohnarbeiter, die versuchen, sich durch Besetzungen ein Stück Land zu erkämpfen" (ebd.).

Mexikanische Bauern können nur schwer Kreditwürdigkeit erlangen. Das Land, welches nicht Eigentum der Bauern, sondern der Kommunen ist, kann

---

[322]*Cash crop* bezeichnet den Anbau von Pflanzen zu Vermarktungs- oder Exportzwecken (vgl. Geografie Lexikon: *Cash Crop*).

[323]Die Bezeichnung *verbessertes Saatgut* bezieht sich auf Saatgut, welches zu höheren Ertragszwecken oder zur Erhaltung bestimmter Resistenzen gentechnisch verändert oder zu Hybriden gezüchtet wurde. In diesem Fall handelt es sich um Hybridsaatgut. Siehe dazu auch Kapitel „Hybridmais".

nur selten mit einer Hypothek belastet werden. Dies erschwert eine Modernisierung oder eine Umstrukturierung hin zu einem profitorientierten Unternehmertum. Des Weiteren ist eine Steigerung des Ernteertrags mit hohen Aufwendungen verbunden. Ständiger Wassermangel, bodenschädigende Produktionsmethoden, mangelndes Wissen über die Verwendung von Dünger und Pestiziden führen zu suboptimaler Nutzbarkeit des zur Verfügung stehenden Bodens; eine Vertragsabhängigkeit führt in vielen Fällen zu einer zusätzlichen Verschlechterung der ökonomischen Lage (vgl. ebd.).

> Es sind also die gesamtwirtschaftlichen Zusammenhänge und die Art der Integration der Bauern in diese, welche zur Verschlechterung der bäuerlichen Lebenssituation führen (ebd.).

Die Gefahr einer Destabilisierung der eigenen Situation und der oft sehr geringe Ernteertrag führen zu der Aufnahme von Lohnarbeit sowie der Erhaltung der eigenen Parzelle für den Eigenkonsum. Denn „wie ruinös die Bedingungen für die Bauern sein mögen – die Parzelle stellt dennoch eine Existenzsicherung dar, an die sie sich unter den gegebenen Verhältnissen notwendigerweise klammern müssen" (ebd.: 14). Die gegebenen Umstände und das Fehlen von Alternativen auf dem mexikanischen Arbeitsmarkt führen dazu, dass mexikanische Bauern eine geeignete Kombination aus eigener Subsistenzwirtschaft und aufgenommener Lohnarbeit finden müssen (ebd.).

Heute findet sich ein Großteil der Bauern in dem zweiten der soeben vorgestellten Fälle wieder. Während in Zeiten der Mayakultur die *milpa*, das Landwirtschaftssystem der Maya, den Anbau von Mais, Bohnen und Kürbissen vorsah, haben sich in der heutigen mexikanischen Landwirtschaft Mais-Monokulturen[324] herausgebildet und bringen Veränderungen der Fruchtfolgen,[325] der Schädlingsbekämpfung und der Methoden nachhaltiger Landwirtschaft mit sich (vgl. Chavero 2001: 77 f.). Die Umstellung auf eine Mais-Monokultur macht es insbesondere bei Subsistenzwirtschaft nötig, durch zusätzlichen Lohnerwerb eine annähernd ausgewogene Ernährung der Familie

---

[324]Monokulturen bezeichnen Felder, auf welchen nur eine Pflanzensorte bestellt wird. Dies erscheint zumindest kurzfristig als wirtschaftlich sinnvoll, es werden jedoch dem Boden einseitig Nährstoffe entzogen, was ihm dauerhaft seine Fruchtbarkeit nimmt und ihn anfälliger für Schädlinge und Krankheiten macht. Um den gleichen Ertrag gewährleisten zu können, ist dauerhaft ein erhöhter Einsatz von Kunstdünger sowie Pestiziden notwendig (vgl. Umwelt-Lexikon: *Monokultur*).

[325]Eine Fruchtfolge bezeichnet den Anbau von Mischkulturen oder einen regelmäßigen Fruchtwechsel. Hiermit wird den Folgen von Monokulturen vorgebeugt (vgl. Der Bio-Gärtner: *Fruchtwechsel*).

sicherzustellen. Zusätzlich dazu zwingt die sinkende Versorgbarkeit durch die eigene Agrarwirtschaft zur Aufnahme zusätzlicher Tätigkeiten zum Lohnerwerb (vgl. ebd.). Hierfür wird eine Vielzahl von Tätigkeiten genutzt, welche sich im Laufe der Jahrzehnte unter anderem durch die Industrialisierung des Landes herausgebildet haben. Heute besteht die Arbeitswelt der mexikanischen Bevölkerung aus einer Überlagerung komplexer Strukturen, aus einer großen Vielfalt agrarischer sowie nichtagrarischer Tätigkeiten. Eine klare Grenzziehung zwischen ländlichen und städtischen Gegenden ist kaum möglich, da zahlreichen Kombinationen von Tätigkeiten – teils in Heimarbeit und teils durch tägliches Pendeln – zwischen städtischen und ländlichen Gegenden nachgegangen wird.

> Diese Phänomene, die sich während der letzten Jahrzehnte in den ländlichen Gebieten Lateinamerikas zunehmend beobachten lassen, zeugen von der Schwierigkeit, am Konzept einer einfachen Dichotomie zwischen Stadt und Land, zwischen Industrie und Landwirtschaft, zwischen Moderne und Tradition festzuhalten, um derart stark diversifizierte ländliche Gesellschaften, wie wir sie heute vorfinden, beschreiben zu können (ebd.: 78).

Zudem stellen die breite Palette an Beschäftigungsmöglichkeiten der Bevölkerung in der Fertigungsindustrie, im Handel, in der Landwirtschaft sowie in der Ausübung von Dienstleistungen und die damit verbundene Mobilität Vorteile für die Unternehmen dar. Durch eine Verlagerung der Produktion von Gütern in ländliche Gebiete können Produktions- und Lohnnebenkosten gespart werden, da Maschinen und Werkzeuge sowie Energie und Wasser von den arbeitenden Familien übernommen werden. „Während man bislang eine Migration der Arbeitskräfte in die Städte feststellen konnte, erhöht heute die Industrie ihre Präsenz in ganz Lateinamerika gerade im ländlichen Milieu" (ebd.: 79).

Zu Beginn der 1990er Jahre wurde im Agrarsektor von 40% aller Erwerbstätigen nur noch 8% des Bruttoinlandsprodukts erwirtschaftet (vgl. Sander 1999: 235). Präsident Salinas de Gortari erließ im Jahre 1992 daher eine erneute Agrarreform, welche eine zunehmende Privatisierung der Landparzellen vorsah, um

> den Weg für Produktivitätserhöhungen im Stil der privatwirtschaftlichen Mittel- und Großbetriebe freizumachen. Angestrebt werden auch eine Verschiebung der Betriebsgrößenstruktur nach oben hin und die Anlockung von Kapital für Investitionen zur allgemeinen Erneuerung und Rationalisierung des Agrarsektors (ebd.: 235).

Bemühungen für eine Umstrukturierung des mexikanischen Agrarsektors seitens der Regierung blieben jedoch weitgehend aus, und die Umorientierung der Regierung von einer Stärkung der inländischen Produktion hin zu einem Ausbau des Freihandels wurde durch den Beitritt Mexikos 1994 zur Nordamerikanischen Freihandelszone deutlich (vgl. ebd.).

Die Folgen des Beitritts Mexikos zu NAFTA 1994

Seit den 1950er Jahren konnte der Bedarf an landwirtschaftlichen Erzeugnissen in Mexiko unter anderem wegen des starken Bevölkerungswachstums nicht mehr gedeckt werden. Durch die steigende Nachfrage nach Grundnahrungsmitteln, insbesondere nach Mais, wurde der Import größerer Mengen landwirtschaftlicher Erzeugnisse erforderlich. Die Deckung des Bedarfs an Agrarprodukten durch die Vereinigten Staaten hatte eine verstärkte Importabhängigkeit zur Folge. Die folgende Grafik zeigt, wie sich das Verhältnis zwischen der Eigenproduktion und dem Import in Abhängigkeit des Bevölkerungswachstums seit Anfang der 1990er Jahre bis heute entwickelt hat:

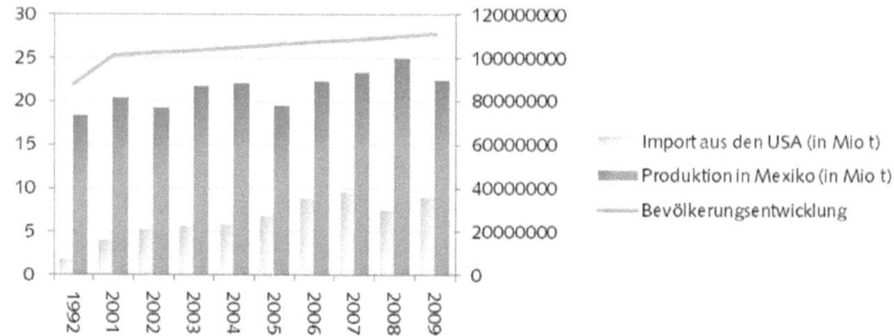

Abbildung 1:

Verhältnis zwischen mexikanischer Maisproduktion und Import aus den USA in Abhängigkeit des Bevölkerungswachstums (vgl. Toepfer International: Statistische Informationen zum Getreide- und Futtermittelmarkt Edition Dezember 2009; U.S. Census Bureau, International Data Base (IDB), Mexico Demographic Indicators).

Es wird deutlich, dass die mexikanische Nachfrage an Mais durch einen steigenden Anteil an importiertem Mais gedeckt wird. Das Volumen der innerstaatlichen Maisproduktion von den 1990er Jahren bis 2008 ist von 8,7 Millionen Tonnen auf 25 Millionen Tonnen, sowie die Importmenge aus den Vereinigten Staaten von 2,7 auf 7,5 Millionen Tonnen gestiegen. Die vermehrte Deckung der nationalen Nachfrage durch Import hat eine verstärkte

Abhängigkeit von transnationalen Marktpreisen zur Folge. Wie stark die Entwicklung des Maispreises in Mexiko durch das North American Free Trade Agreement (NAFTA) beeinflusst wurde, wird aus folgender Grafik deutlich:

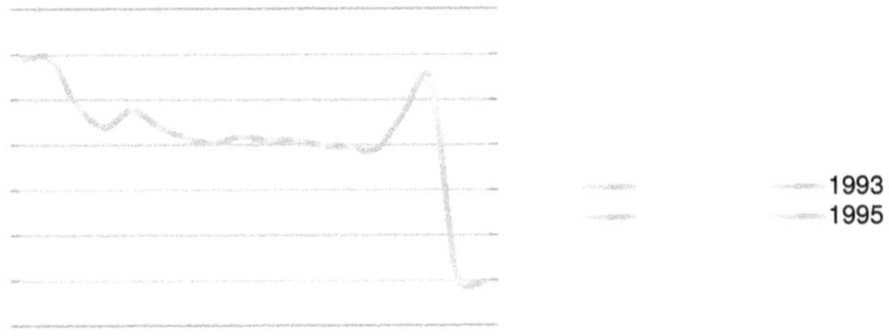

Abbildung 2:

Entwicklung des Maispreises in Mexiko seit dem Beitritt zum Nordamerikanischen Freihandelsabkommen (vgl. Food and Agriculture Organization of the United Nations: FaoStat, PriceStat, 2009).

Seit Anfang der 1990er Jahre hat der erhöhte Import von billig produziertem Mais aus den USA zu einer drastischen Senkung des Maispreises geführt. Während der Preis für eine Tonne Mais im Jahre 1992 noch 245,89 US$ betrug, sank er im Jahre des Beitritts, 1994, auf 194,39 US$ und erreichte im Jahre 2005 mit 144,85 US$ seinen Tiefpunkt (vgl. ebd.). „For decades corn has been ridiculously cheap. So cheap, in fact, that the market price paid to farmers has routinely been well below the cost of production. Grain companies have gobbled up the cheap corn"(Harkness 2007: 1). Ein großer Teil der mexikanischen Bauern konnten dem verstärkten Preiswettbewerb nicht mehr standhalten. Durch

> die auf der Basis der NAFTA-Vereinbarungen [...] angelaufenen Importe von Billig-Weizen, -Soja, -Bohnen und anderen Grundnahrungsmitteln aus den USA und Kanada wird der kleinbetrieblichen Landwirtschaft vollends die Existenzfähigkeit entzogen, und die Verarmung der zum Aufstand entschlossenen Ärmsten schreitet fort (Sander 1999: 235).

Seit dem NAFTA-Beitritt hat es in Mexiko einige Aufstände, besonders seitens der ländlichen Bevölkerung, wegen fortschreitender Verarmung der Bauern sowie einer steigenden Abhängigkeit von importierten Gütern gegeben. Die Entwicklung der Armutsrate zu Beginn der 1990er Jahre macht den Anstieg der Armut insbesondere zwei Jahre nach dem Beitritt zur Nordamerikanischen Freihandelszone deutlich:

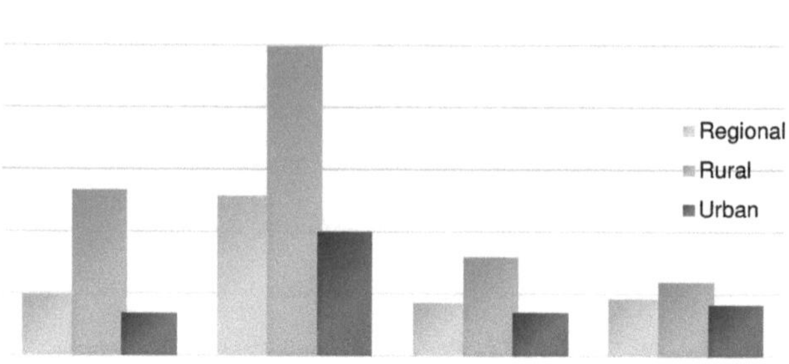

Abbildung 3:

Entwicklung der Armut in Mexiko seit dem Beitritt zum Nordamerikanischen Freihandelsabkommen (vgl. World Bank: Income Generation and social protection for the poor. Executive Summary, 2005).

Für den Anstieg der ländlichen Armut von 26,7 auf 49,9% gibt es verschiedene Gründe. Zum einen ist Mexiko bereits mit einem deutlichen Wettbewerbsnachteil dem Abkommen beigetreten, und NAFTA hat keine Entschädigungs- oder Ausgleichsfonds zur Kompensation dieser bereitgestellt oder Projekte zur Förderung der mexikanischen Infrastruktur ermöglicht (vgl. Carlsen 2005: 1). Die Investmentfinanzierung in Mexiko ist teuer und für kleine Unternehmen schwer umsetzbar, was den Zugang zu einem Markt erschwert, der durch internationale Finanzierungsmöglichkeiten gespeist wird. Zum anderen hat NAFTA die Wirtschaftsstrukturen vor allem zugunsten der beiden Bereiche Investment und Handel verändert, also denjenigen Sektoren, welche für die Weltwirtschaft von besonderem Interesse sind. Besonders die südlichen Regionen Mexikos haben durch NAFTA erhebliche Nachteile erfahren. Die dort ansässigen Bauern, welche durch die Landwirtschaft ihre Existenz sichern, sind von etwaigen Vorteilen des Freihandelsabkommen ausgeschlossen und können dem Preiswettbewerb während des erheblichen Importzuwachses nicht standhalten. Zudem hat NAFTA die Regierung von der weiteren Verfolgung nationaler Entwicklungspläne distanziert, welche verschiedene Regionen stärker in die Wirtschaft einbinden sollten (vgl. ebd.).

Wie die Abbildung 3 außerdem zeigt, ist die Armutsrate nach dem Jahr 1996 wieder erheblich gesunken. Diese Tatsache ist dadurch zu begründen, dass der entstandene Wettbewerbsdruck des sinkenden Maispreises durch den erhöhten Marktwettbewerb sich vor allem auf jene Bauern ausgewirkt hat, welche Mais zu Profitzwecken anbauen (vgl. Zietz & Seals 2006: 5 f.). Die

Auswertung einer Umfrage von mexikanischen Maisbauern in den 1990er Jahren zeigt jedoch auf, dass lediglich 12 bis 22% der Bauern den Mais zum Verkauf anboten, während 75% der Bauern Mais zur Sicherung der eigenen Existenz anbauten. Befragungen der ärmsten Bauern in den Jahren von 1991 bis 2000 ergaben, dass 89 bis 92% Mais zur eigenen Versorgung anbauten und 56 bis 57% ihren Mais grundsätzlich nicht für den Verkauf produzierten. Kleinbauern der mexikanischen Region Guanajuato gaben zusätzlich an, den Maisanbau als wichtigen Teil ihres Lebensinhalts zu betrachten, und selbst dann weiter Mais anzubauen, wenn es unrentabel sei (vgl. ebd.).

Die starke Preissenkung durch NAFTA hat zu einer Abwanderung von 2,3 Millionen Maisbauern und zu einer teilweisen Auflösung ihrer Betriebe geführt. Die Stützung wirtschaftlicher Interessen einerseits sowie die Schwächung der regionalen Entwicklung andererseits hat die inländische wirtschaftliche Ungleichverteilung vertieft und einen Anstieg der ländlichen Armut sowie eine Abwanderung von Bauern zur Folge (vgl. Carlsen 2005: 2). „Nearly two million farmers have left the land since the onset of NAFTA, eight of every 10 live in poverty, and 18 million earn less than $2 a day" (ebd.).

Eine weitere mögliche Entwicklung hätte eine Umstrukturierung der Landflächen vom Maisanbau hin zur Produktion alternativer Getreide-, Obst- oder Gemüsesorten sein können (vgl. Rivera 2009: 89). Die Produktion von Nahrungsmitteln, welche auf dem Weltmarkt gefragt sind, hätte den mexikanischen Exporthandel stärken können. Die Deckung der relativ großen globalen Nachfrage an tropischen Früchten, Nüssen, Kaffee oder verschiedenen Gemüsesorten hätte eine Umstrukturierung von der traditionellen Subsistenzwirtschaft zum Unternehmertum zur Folge haben können. Eine solche Entwicklung hat sich in der mexikanischen Agrarwirtschaft jedoch nicht gezeigt. Im Gegenteil: Die innerstaatliche Maisproduktion ist jährlich gestiegen (vgl. ebd.).

Der Abstand zu den USA und Kanada in Aspekten wie Wachstum, Gehälter, Beschäftigung, Immigration, landwirtschaftliche Subventionen sowie Umweltschutz ist seit NAFTA nicht kleiner, sondern größer geworden. Kritiker lassen einerseits verlauten, die rasche Öffnung der amerikanischen Freihandelszone gegenüber der mexikanischen Agrarwirtschaft habe die traditionellen ländlichen Strukturen zu schnell mit modernen industriellen Strukturen konfrontiert. Andererseits sei die Ejido-Politik mit zu wenig Kapital von staatlicher Seite ausgestattet und dadurch nur unzureichend ausgebaut und gestärkt worden (vgl. Sander 1999: 235).

Die Tortilla-Krise

Im Jahr 2007 stieg der Preis auf dem mexikanischen Markt für eine Tonne Mais um über 50% auf 223,48 US$, was zu einer Nahrungsmittelkrise, der sogenannten Tortilla-Krise, geführt hat (vgl. Harkness 2007: 1). Der starke Preisanstieg für Mais, und somit für die Tortilla,[326] wurde von verschiedenen Faktoren verursacht. Zum einen ist die internationale Nachfrage nach Bioethanol[327] im Jahre 2007 gestiegen und hatte einen weltweiten Anstieg des Maispreises zur Folge. „By dramatically boosting demand for corn as a feedstock for ethanol production, we have seen a jump in prices. […] Corn for ethanol use is expected to eclipse corn for export this year" (ebd.). Der Preisanstieg wurde zum anderen durch Spekulationen der vier großen Unternehmen Cargill, Maseca-Archer Daniels Midland, Minsa-Arancia Corn Products International und Agroinsa verstärkt. Als Hauptabnehmer der mexikanischen Maisernte nutzten sie ihre Vorteile auf dem mexikanischen Markt bezüglich des Zugangs zu Kapital-, Lager- und Transportkapazitäten und hielten einen Teil der Maisernte zurück (vgl. Carlsen 2008: Die Hintergründe der Lateinamerikanischen Lebensmittelkrise). Des Weiteren haben finanzielle Subventionen der mexikanischen Regierung seit 2005 die Entwicklung eines Mais-Tortilla-Kartells verstärkt. Mexikanisches Maismehl zur Herstellung von Tortillas wurde vor dem starken Preisanstieg 2007 etwa zu 50% durch die genannten Großunternehmen industriell gefertigt, die andere Hälfte wurde durch traditionelle Maismühlen kleiner Maismehlproduzenten gemahlen. Der hohe Maispreis konnte von den traditionellen Maismühlen nur noch bedingt gezahlt werden und die Großunternehmen boten den Tortilla-Herstellern ihr Maismehl zu billigeren Preisen an. Diese Entwicklungen haben zum einen dem Großunternehmen

---

[326]Die Tortilla ist ein Maisfladen; sie wird zu allen Mahlzeiten der mexikanischen Bevölkerung serviert.

[327]Für die Herstellung von Bioethanol werden zwei Pflanzenarten verwendet: stärkehaltige Pflanzen (Mais, Kartoffeln, Roggen und Weizen) oder zuckerhaltige Pflanzen (Zuckerrüben oder Zuckerrohr). Dieser Ausgangsstoff wird mithilfe von Enzymen und Hefepilzen gegoren und aus diesem Prozess wird Ethylalkohol (Bioethanol) gewonnen. Dieser wird durch Destillation isoliert und anschließend dem Alkohol durch Absolutierung Restwasser entzogen, so dass er mit einem Reinheitsgrad von über 99% als Treibstoff verwendet werden kann (vgl. Sterling Sihi GmbH: *Bioethanol-Herstellung*).

Maseca einen 73%-Anteil am mexikanischen Maismehlmarkt verschafft und zum anderen die traditionelle Produktion geschwächt (vgl. ebd.).

Die Preiserhöhung des Mais bedeutet für die mexikanische Bevölkerung, insbesondere für die ärmere, eine große Gefahr für die Sicherstellung des täglichen Nahrungsmittelbedarf.

> In einer Umfrage auf einem Markt in einem einkommensschwachen Viertel von Mexiko-Stadt äußerten Käuferinnen, dass sie nach der Tortilla-Krise von Januar 2007 den Familien-Konsum von Tortillas um die Hälfte reduzieren mussten. Wie eine Señora klarmachte: ‚Wenn wir keinen Mais essen können, haben wir nichts zu essen' (ebd.).

Während Protestmärschen in den vergangenen Jahren hat die ländliche Bevölkerung, insbesondere die Bauern, die mexikanische Regierung dazu aufgefordert, die Maisproduktion der mexikanischen Agrarwirtschaft wieder zu stärken, somit die Abhängigkeit von internationalen Importpreisen zu senken und dadurch eine mögliche Legalisierung von gentechnisch veränderten Maissorten in Mexiko thematisiert (bioSicherheit Gentechnik-Pflanzen-Umwelt: Tortilla-Krise in Mexiko: Gv-Mais als Lösung?).

> Nur mit der Freigabe von gv-Mais[328] sei die Krise grundlegend zu lösen, so der mexikanische Bauernverband CNA. Die nationale Maiserzeugung könne deutlich gesteigert werden, wenn eine Nutzung von insektenresistentem Bt-Mais[329] möglich sei. Damit könnten schädlingsbedingte Ernteausfälle reduziert und Kosten für Insektizide gesenkt werden (ebd.).

Die mexikanische Regierung hatte im Jahr 1998 den Anbau gentechnisch veränderter Sorten durch ein Moratorium verboten, um die traditionell angebauten Maissorten zu schützen. Um den Forderungen des Bauernverbandes nachzukommen, hat die Regierung im März 2009 das Gesetz geändert und den versuchsweisen Anbau gentechnisch veränderter Maissorten erlaubt. Eine Zulassung des regulären Anbaus von gv-Mais ist für das Jahr 2012 geplant (vgl. bioSicherheit Gentechnik-Pflanzen-Umwelt: Mexiko: Spuren von gentechnisch verändertem Mais bestätigt).

---

[328]Der Begriff Gv-Mais bezeichnet eine Variation der Abkürzung GVO (gentechnisch veränderter Organismus) (vgl. Bundesministerium für Bildung und Forschung: *Biotechnologie*). Siehe dazu auch Kapitel „Gentechnisch veränderter Mais".

[329]Der Begriff Bt-Mais bezeichnet eine gentechnisch veränderte Maissorte, welche ein Gen des Bodenbakterium Bacillus thuringiensis (Bt) enthält (vgl. Bundesministerium für Bildung und Forschung: *Biotechnologie*). Siehe dazu auch Kapitel „Gentechnisch veränderter Mais".

Gefahren der Gentechnik – biologische und rechtliche Grundlagen

In den folgenden Unterkapiteln dieser Arbeit wird untersucht, welche Gefahren mit einer Legalisierung der Gentechnik für den Maisanbau in Mexiko verbunden sind. Dabei werden zum einen die Konsequenzen für die Biodiversität der Maispflanze analysiert und zum anderen die Gefahren für die nationale Maiserzeugung herausgearbeitet. Es soll gezeigt werden, weshalb eine Zulassung der Gentechnik als Lösung für eine Steigerung der nationalen Maisernte kritisch betrachtet werden muss.

> Unter gentechnisch verändertem Organismus (deutsch: GVO, in englisch mit GMO – Genetically Modified Organisms abgekürzt) versteht man nun einen Organismus, dessen Erbinformationen in einer solchen Weise modifiziert worden sind, wie es unter natürlichen Bedingungen, z.B. durch Kreuzen oder natürliche Neukombinationen nicht vorkommt. Organismus ist dabei jede biologische Einheit, welche fähig ist sich zu vermehren und somit gentechnisches Material zu übertragen. Das können somit Pflanzen und Tiere aber auch Mikroorganismen wie Bakterien, Pilze, Viren oder Hefen sein (Stangl 2005: 10).

Der Begriff der Gentechnik bezeichnet die gezielte Veränderung von gentechnischem Material, bei der einzelne Gene in das Erbmaterial verschiedener Organismen eingeführt werden. Ebenfalls schließt die Bezeichnung die Isolation sowie die Analyse von Genen ein (vgl. ebd.). In den folgenden Kapiteln werden die biologischen Grundlagen von Mais sowie die gängigen gentechnisch veränderten Sorten näher beschrieben.

Biologische Grundlagen

Die Maispflanze

In der Botanik wird Mais als *Zea mays* bezeichnet, ein wissenschaftlicher Begriff, der im Jahre 1737 von dem schwedischen Naturwissenschaftler Carl von Linné erstmals verwendet wurde. *Zea* leitet sich aus einer griechischen Bezeichnung für Dinkel und Getreidesorten her, welche hauptsächlich der Ernährung der Armen und als Viehfutter dienten. Der Begriff *mays* wurde erstmals im Jahre 1623 von dem Schweizer Botaniker Caspar Bauhin benutzt und entstammt dem indianischen Namen für die Maispflanze. *Mahiz, marisi* oder *mariky* wurde Mais beispielsweise von einem mittelamerikanischen Volk, den Auraken, genannt, und wird als „das unser Leben Erhaltende" übersetzt (vgl. Röser 2001: 35).

Mais gehört zu den einjährigen Gräsern, besitzt einen dicken, markgefüllten Stängel oder Halm von 2,5 bis 5 cm Durchmesser, welcher mit einer Höhe von 1,50 bis zu 2 m eine kräftige und lange Sprossachse bildet (vgl. ebd.: 36). Vom Halm geht eine Vielzahl von Knoten aus, welche am unteren Ende durch dicke Wurzeln verstärkt werden. Gerade bei tropischen Maispflanzen wird durch die Unterstützung dieser Wurzeln ein Umfallen der Pflanze besonders während starker Überschwemmungen verhindert (vgl. Brücher 1982: 70). Die dunkelgrünen Blätter sind in zwei Zeilen angeordnet und erreichen etwa eine Breite von 10 cm sowie 1 m Länge. Die Blüten der Maispflanze sind unterschiedlichen Geschlechts. Die männlichen Blüten wachsen als verzweigter Blütenstand, als Rispe, aus der Spitze des Stängels und werden bis zu 50 cm lang. Die an den Seiten des Halms wachsenden, kolbenförmigen Blütenstände sind weiblich und werden von langen, grünen Blättern umhüllt. Während der Blütezeit ragen an der Spitze dieser Hüllblätter seidenartige Fäden heraus, welche als Verlängerung der weiblichen Einzelblüten „zum Auffangen der windverbreiteten Pollenkörner dienen" (Röser 2001: 37). Nach erfolgter Befruchtung und Bestäubung entwickelt sich der Fruchtstand, der Maiskolben. Jedes Maiskorn enthält einen Samen, der aus einem Embryo und dem Nährgewebe besteht. Aus dem Embryo kann eine neue Maispflanze entstehen; das Nährgewebe hält einen Vorrat an Nährstoffen bereit, welcher dem Embryo bei der Keimung zur Verfügung steht, bevor dieser selbständig weiterwachsen kann (vgl. ebd.). Pro Maispflanze können ein bis drei Kolben entstehen, welche von 10 bis 18 Kornreihen mit jeweils 15 bis 50 Körnern besetzt sind. Die Körner können unterschiedliche Farbtöne und Formen erreichen. Mais ist nicht selbstständig vermehrungsfähig und aus diesem Grund auf den Kulturanbau angewiesen (vgl. Zimmermann: Mais). Die in dem Maiskolben fest verankerten Körner müssen durch den Menschen „ausgeribbelt" werden; „andernfalls würden aus einem zu Boden gefallenen Kolben hunderte von Keimpflanzen am gleichen Fleck auskeimen, die sich gegenseitig unterdrücken" (Brücher 1982: 69). In Mexiko erfolgt der Anbau von Mais derzeit in zwei verschiedenen Formen. Zum einen sät die ärmere, insbesondere die indigene Bevölkerung zur eigenen Versorgung weitgehend Saatgut von *open pollinated varieties* (OPVs) aus. Zum anderen kaufen Bauern, welche den Mais zum Verkauf produzieren, zumeist sogenanntes verbessertes Hybridmaissaatgut.

OPV

Der Kurzbegriff OPV bedeutet *open pollinated varieties* und bezeichnet den traditionellen Maisanbau verschiedener Sorten durch eine natürliche, unkontrollierte Bestäubung (vgl. Cereal Knowledge Bank 2007: What is an OPV?). Wird ein Feld mit Samen von OPVs besät, wachsen Maispflanzen einer Pflanzenfamilie mit ähnlichen Merkmalen, aber von unterschiedlicher Genetik. Hier unterscheiden sich OPVs von den gleichartigen Hybridpflanzen. Die Unterschiedlichkeit der Pflanzen von OPVs kann sich beispielsweise in der Wachstumshöhe, in der Farbe der Seidenfäden, der Reifezeit oder auch in der Farbe und Form der Maiskolben zeigen.

Diese Art der Bepflanzung hat verschiedene Vor- und Nachteile. Bei einer Aussaat von OPVs ist es von erheblicher Bedeutung, dass das Korn der vorherigen Ernte Jahr für Jahr wieder als Saatgut verwendet werden kann und der Bauer nicht auf den regelmäßigen Kauf von Hybridsaatgut angewiesen ist (Nachbau). Die Aussaat von Korn aus eigener Ernte hat eine niedrige Ausschussrate, im Gegensatz zu Hybridsamen, bei welchen der Bauer bei Wiederaussaat eine durchschnittliche Ausschussrate von 30% einberechnen muss. Auch die unterschiedliche Blütezeit der OPVs bietet einen entscheidenden Vorteil: Lange Hitzeperioden machen den Maispflanzen gerade in der Blütezeit zu schaffen, weshalb der Bauer bei den zur gleichen Zeit blühenden Hybridmaispflanzen einen großen Ernteausfall befürchten muss. Zudem sind Maispflanzen von OPVs meist optimal an die jeweiligen Umweltbedingungen angepasst. Das durch die Aussaat eigener Ernte gesparte Geld kann für den Kauf von Pestiziden und Dünger verwendet werden. Dennoch können Bauern auch von Sorten natürlicher Bestäubung verbessertes Saatgut käuflich erwerben, welches beispielsweise zur Resistenz gegen Trockenheit oder bestimmte Krankheiten entwickelt wurde (vgl. ebd.).

Hybridmais

Anfang des 20. Jahrhunderts machten Maiszüchter zwei bedeutende Entdeckungen. Die erste war, dass Nachkommen von Maispflanzen, welche durch eine Selbstbefruchtung[330] gezogen wurden, langsamer wuchsen und niedrigere Kornerträge hervorbrachten. Die zweite Entdeckung betraf die Kreuzung zweier dieser Inzuchtlinien zu sogenannten Hybriden oder Doppelhybriden. Hier wuchsen die Pflanzen schnell und frei von unerwünschten Erbmängeln. Sind, wie in diesem Fall, die Hybride leistungsfähiger, größer oder

---

[330] Selbstbefruchtung bedeutet, dass die Pollen der männlichen Blüten einer Pflanze die weiblichen Blüten derselben Pflanze über die Seidenfäden bestäuben.

widerstandfähiger als die Elterngeneration (P-Generation), ist dies der sogenannte Heterosis-Effekt. Die Nachkommen von Hybridpflanzen wiederum
liefern mäßige Erträge, weshalb mit Hybridpflanzen, im Gegensatz zu OPVs,
kein eigenes Saatgut erzeugt werden kann und das Saatgut jährlich neu käuflich erworben werden muss (vgl. TransGen: Eine Pflanze der Indios im kalten
Europa).

Die Aussaat von Hybridmais bedeutet für den Bauern eine finanzielle Mehrbelastung. Dennoch ist ein Umstieg auf Hybridmais, insbesondere für Bauern,
welche Mais zum Verkauf produzieren, mit Wettbewerbsvorteilen verbunden.
Der Ernteertrag kann durch Hybridsaatgut um durchschnittlich 10 bis 25%
gesteigert werden, wobei die Ertragssteigerung ebenfalls von der Ausrüstung
und von der Organisation des Bauers abhängt. Von großer Bedeutung ist auch
die Gleichförmigkeit des Ernteertrags. Das Korn von OVPs kann unterschiedlicher Farbe und Reife sein und durch diese, hauptsächlich ästhetische Ein-
schränkung, auf dem Markt weniger nachgefragt werden als das ebenförmige
Hybridkorn (vgl. Cereal Knowledge Bank 2007: What is an OPV?). Farbe
und Gleichförmigkeit des Korns kann also letztendlich maßgeblichen Einfluss
auf die Preisgestaltung der Ernte haben. Daher kommen nur ausgewählte und
unter streng kontrolliertem Anbau produzierte Hybridsamen auf den Markt,
welche im Bezug auf die Farbe, die Größe der Pflanze, den Ernteertrag, die
Trockenheitstoleranz sowie die Widerstandskraft gegen Krankheiten den
Qualitätsansprüchen genügen (vgl. ebd.).

Gentechnisch veränderter Mais

In den Vereinigten Staaten werden seit dem Jahr 1995 zwei verschiedene Arten gentechnisch veränderter Pflanzen[331] angebaut: Herbizidresistente Pflanzen (HR-Pflanzen) einerseits sind gegen bestimmte Pestizide immun, so dass
diese zur Bekämpfung von schädigendem Ungeziefer verwendet werden können, ohne der Pflanze selbst zu schaden. Bacillus-thuringiensis-Pflanzen (Bt-
Pflanzen) auf der anderen Seite produzieren ihre Insektizide selbst. Hier wird
durch die Bakterien Bacillus thuringiensis das sogenannte Bt-Toxin produziert, ein Eiweiß, welches bei Aufnahme durch die Schädlinge deren Darmwand zerstört und zum Tod führt (vgl. TransGen: Bt-Konzept: Mit den Waffen von Bakterien gegen Fraßinsekten). Die Gene von Bt-Pflanzen wurden

---

[331] Saatgut beider Varianten wird für verschiedene Pflanzenarten entwickelt; ebenso auch für Maispflanzen.

verändert, um eine hohe Eigenresistenz gegen Schädlinge zu erreichen, wodurch der Einsatz von Schädlingsbekämpfungsmittel vermindert und die Umwelt entlastet werden soll. Grundsätzlich soll die Genveränderung der Pflanzen eine Ertrags- und Qualitätssteigerung hervorbringen, was bei einer Maispflanze beispielweise einen höheren Vitamingehalt oder eine verbesserte Resistenz gegenüber widrigen Wetterverhältnissen wie etwa extreme Trockenheit oder Kälte bedeuten kann (vgl. ebd.).

Gentechnisch veränderter Mais und Biodiversität

Gentechnik ist seit jeher bei Natur-, Umweltschützern und auch Bauern heftig umstritten. Eine große Gefahr sehen Gentechnik-Gegner im Verlust der natürlichen Biodiversität, welcher mit einer Einführung gentechnisch veränderter Sorten verbunden ist. „Biodiversidad es un término que se aplica a todas las especies, su variabilidad genética y las comunidades y ecosistemas en que éstas existen" (CCA la Comisión para la Cooperación Ambiental: Maíz y Biodiversidad. Efectos del maíz transgénico en México). [Biodiversität ist ein Begriff, der sich auf alle Spezies, ihre genetische Vielfalt und ihre Artenvielfalt bezieht, sowie auf die Vielfalt der Ökosysteme, in welchen diese vorkommen.] Der Begriff der Biodiversität ist eine Wortneuschöpfung, die sich in einem weltweiten „Konflikt um die Regelung der Naturverhältnisse" (Görg 2002: 19) herausgebildet hat. Während die Begriffe „biologische Vielfalt" sowie „Artenvielfalt" in der Literatur weitgehend synonym verwendet werden und die Vielfalt wissenschaftlich unterscheidbarer Arten bezeichnen, schließt Biodiversität neben der Vielfalt der Arten ebenso die ökologische als auch die genetische Vielfalt mit ein. Dabei liegt gerade in der Unschärfe des Begriffs die Möglichkeit, die verschiedenen sozio-ökologischen Konflikte, welche mit kommerziell hergestelltem Saatgut und einer Einführung der Gentechnik verbunden sind, in die Problematik mit einzuschließen (vgl. ebd.).

Der Verlust der Biodiversität bei einer Einführung von gentechnisch veränderten Sorten ist im Charakteristikum der Fremdbestäubung, das der Maispflanze eigen ist, begründet. Durch die primäre Entwicklung des Pollens löst sich dieser von der Pflanze, bevor die Seidenfäden für eine Aufnahme des Pollens bereit sind. Durch diese zeitliche Abfolge wird eine Selbstbestäubung vermieden und die Kreuzung verschiedener Sorten, also der Austausch genetischer Kombinationen, gefördert (vgl. Zimmermann: Mais). Die Kreuzung verschiedener Landsorten bietet beispielsweise den mexikanischen Bauern die flexible Kultur einer großen Auswahl von konventionellem Saatgut und verbesserten Hybriden. Während die Kreuzung dieser Sorten eine Bereicherung der Auswahl zur Folge hat, stellt eine Kreuzung mit gentechnisch veränderten Sorten eine große Gefahr dar. Mit gleicher Leichtigkeit finden technisch veränderte Gene Einzug auf mexikanischen Maisfeldern.

> Die nähere Forschung zeigt, dass transgener[332] Pollen, durch Wind getragen und anderswo abgelagert, oder der direkt auf den Boden gefallen ist, eine Hauptquelle transgener Verunreinigung ist. Kontamination[333] ist als unvermeidbar generell anerkannt, somit kann es keine Koexistenz von transgenen und konventionellen Pflanzen geben" (Ho & Ching 2003: 8).

Aus diesem Grund wurde der Anbau von gentechnisch verändertem Mais im Jahr 1998 von der Regierung durch ein Moratorium zum Schutz der lokalen Maissorten verboten (vgl. Enciso 2003: 1).

> La moratoria se estableció en 1998, con el argumento de que México es el centro de diversidad del maíz y la introducción de cultivos genéticamente modificados podría acentuar la pérdida de esa diversidad, y porque al menos 30 por ciento del grano que se importaría de Estados Unidos sería transgénico (ebd.).

> [Das Moratorium wurde 1998 festgesetzt mit der Begründung, dass Mexiko der Mittelpunkt der Maisvielfalt sei und die Einführung gentechnisch veränderter Sorten den Verlust dieser Vielfalt zu verantworten hätte. Zudem sei bereits mindestens 30% des aus den USA importierten Mais gentechnisch verändert.]

Im Jahre 2001 veröffentlichte die Zeitschrift Nature eine Studie, in welcher Spuren von gentechnisch veränderten Organismen in mexikanischen Maissorten trotz des Anbauverbots nachgewiesen wurden. Die Proben, welche von Ignacio Chapela, Professor für Mikrobielle Ökologie an der Berkeley Universität, und seinem Studenten David Quist genommen und ausgewertet wurden, entstammten den lokalen Vorräten zweier Kommunen des Bundesstaates Puebla sowie 19 Kommunen des Bundesstaates Oaxaca. Für die Untersuchung wurden die Körner von insgesamt 68 Maiskolben aus 21 Haushalten ausgesät und die DNA der jungen Maispflanzen isoliert[334] untersucht (vgl.

---

[332]Ein Transgen bezeichnet ein Gen, welches durch ein technisches Verfahren in das Erbgut eines anderen Organismus übertragen wurde; das Adjektiv „transgen" wird häufig für gentechnisch veränderte Pflanzen, Tiere oder Mikroorganismen verwendet (vgl. BioSicherheit: *transgen*).

[333]Der Begriff Kontamination wird unter anderem für eine Verunreinigung von Materialien mit Organismen verwendet (vgl. Umwelt-Lexikon, *Kontamination*).

[334]Chapela und Quist hatten die extrahierte DNA in dem sogenannten PCR-Verfahren (Polymerase Chain Reaktion) analysiert, welches in einer Kettenreaktion die Vervielfältigung kleinster Mengen von DNA-Abschnitten ermöglicht (vgl. bioSicherheit Gentechnik-Pflanzen-Umwelt: *Polymerase Chain Reaktion*).

bioSicherheit Gentechnik-Pflanzen-Umwelt: Mexiko: Spuren von gentechnisch verändertem Mais bestätigt). In 21 von 1867 Pflanzen, welche aus drei verschiedenen Kommunen Oaxacas stammten, wurden transgene DNA-Sequenzen, das heißt Erbinformationen von Insekten- oder Herbizidresistenten Maissorten, nachgewiesen, wie sie nur in gentechnisch veränderten Maissorten vorkommen.

Den Verantwortlichen der Studie wurden unzureichende Forschungsmethoden unterstellt, weshalb sie von Wissenschaftlern heftig umstritten und von Gentechnik-Befürwortern erheblich kritisiert wurde. Die „Zeitschrift Nature [...] griff unter dem Druck der Gentech-Lobby zu dem absolut ungewöhnlichen Mittel, die Publikation des bereits erschienenen Artikels zu widerrufen" (Clausing 2005: 1). Ein Jahr nach Veröffentlichung der umstrittenen Studie baten Bürgerinitiativen, internationale Organisationen sowie indigene Gruppen und Kleinbauern aus Oaxaca die Comisión para la Cooperación Ambiental (CCA) [Umweltschutzkommission], in einer unabhängigen Studie die lokalen Maissorten nochmals auf eine Verunreinigung hin zu überprüfen (vgl. CCA la Comisión para la Cooperación Ambiental, Maíz y Biodiversidad. Efectos del maíz transgénico en México). Tatsächlich wurden 2004 technisch veränderte Gene in mexikanischen Maispflanzen erneut nachgewiesen. In der drei Jahre später durchgeführten Studie zeigten sich transgene DNA-Sequenzen[335] in „zwei der drei Kommunen, die 2001 positiv getestet wurden" (bioSicherheit Gentechnik-Pflanzen-Umwelt: Mexiko: Spuren von gentechnisch verändertem Mais bestätigt). In einer Kommune bestätigte sich der Verdacht auf drei von 30 Feldern, in der zweiten Kommune konnten auf acht von 30 Feldern transgene DNA-Sequenzen nachgewiesen werden (vgl. ebd.).

Die von Chapela und Quist veröffentlichte Studie regte zum einen eine Diskussion über die Richtigkeit der Ergebnisse an, zum anderen stellten sich Wissenschaftler die Frage nach der Ursache der Kontamination. Ein Grund könnte theoretisch in der Übertragung des Pollens aus den Vereinigten Staaten nach Mexiko durch Wind und Luftströmungen liegen. Allerdings „konnte (in der Praxis) bei einer Untersuchung in den USA schon 300 Meter von einem Feld mit transgenem Mais entfernt keine Einkreuzung mehr nachgewiesen werden" (biosicherheit: Fremdgene in Landsorten: Gefahr für die biologische Vielfalt?). Eine Übertragung auf diesem Wege ist also unwahrscheinlich.

---

[335] Auch hier wurde DNA aus den untersuchten Blättern extrahiert und durch das PCR-Verfahren analysiert.

Denkbar ist, dass mexikanische Kleinbauern aus den USA importierten Mais als Saatgut verwendet haben und diese gentechnisch veränderten Maispflanzen sich in lokale Sorten eingekreuzt haben. Auch könnte es sich um Mais handeln, welchen rückkehrende Arbeiter aus den Vereinigten Staaten nach Mexiko mitgebracht haben. Eine Studie der Umweltschutzkommission CCA geht von einem Anteil gentechnisch veränderten Mais am gesamten Maisimport aus den USA von 20 bis 30% aus; eine Annahme, welche auf Schätzungen basiert, da der genaue Anteil nicht ermittelt werden kann. „En Estados Unidos, luego de la cosecha no se etiqueta ni se separa el maíz transgénico, sino que éste se mezcla con el grano no transgénico" (CCA la Comisión para la Cooperación Ambiental: Maíz y Biodiversidad. Efectos del maíz transgénico en México). [In den Vereinigten Staaten wird der gentechnisch veränderte Mais nach der Ernte weder gekennzeichnet noch separat verarbeitet; er vermischt sich mit den konventionellen Sorten.] Der prozentuale Anteil von gentechnisch veränderten Maissorten an der gesamten Maisproduktion der Vereinigten Staaten ist in den vergangenen Jahren stark gestiegen. Während es im Jahre 1997 noch 9,5% waren, sind 2009 bereits 85% der Gesamtproduktion gentechnisch verändert. Dieser starke Anstieg von 2,8 Millionen Hektar auf 29,9 Millionen Hektar an produziertem gv-Mais[336] lässt vermuten, dass der Anteil gentechnisch veränderten Mais am Gesamtimport Mexikos heute deutlich höher als noch vor zehn Jahren ist.

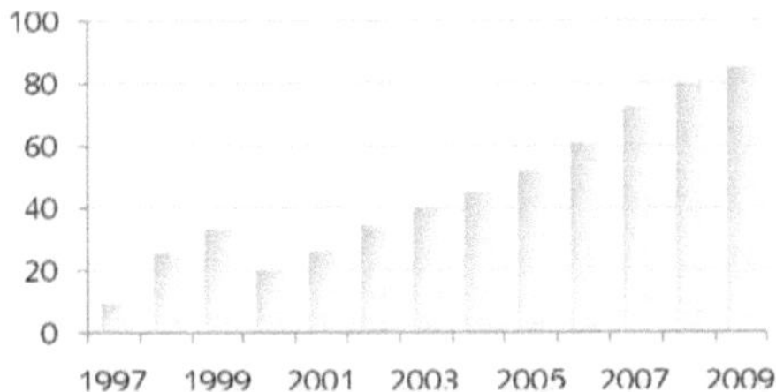

Abbildung 4:

Anteil an gentechnisch verändertem Mais an der Gesamtproduktion in den USA in% (vgl. TransGen: USA: Anbau gv-Pflanzen 2009. Mais, Soja, Baumwolle: 88% gentechnisch verändert).

---

[336] Gv-Mais bezeichnet gentechnisch veränderten Mais.

Die Kontamination von mexikanischen Maisfeldern durch aus den USA importierten gentechnisch veränderten Mais zeigt auf, mit welcher Leichtigkeit technisch veränderte Gene in konventionellen Pflanzen Einzug finden. Eine Legalisierung von Gentechnik für den Maisanbau in Mexiko hat langfristig eine Kontamination der natürlichen Sorten zur Folge und ist irreversibel; die sozio-ökonomischen Folgen eines Verlustes der traditionellen Sorten sowie mögliche Auswirkungen auf die Biodiversität wird im Kapitel „Sozio-ökonomische Konsequenzen für den Maisanbau in Mexiko" näher beschrieben.

Rechtliche Grundlagen

Geistige Eigentumsrechte in der mexikanischen Landwirtschaft

Bei der Entwicklung und Erforschung neuer Biotechnologien sind große Konzerne vom traditionellen Wissen der indigenen Bevölkerung abhängig. Die Sammlung genetischer Ressourcen durch Bioprospektierungsprojekte[337] sowie die ökonomische Nutzung dieser in der Gentechnik machen zudem eine Kooperation zwischen Staat und Industrie notwendig. Auf der einen Seite benötigen Großkonzerne Zugang zu biologischer Vielfalt, welche weitgehend in südlichen Ländern vorhanden ist. Aus den gewonnenen genetischen Ressourcen werden schließlich einzelne DNA-Sequenzen isoliert, auf das Erbgut anderer Organismen übertragen und auf diese Weise Waren erzeugt (vgl. Brand & Kalcsics 2002: 8). Auch ist der Aspekt der Nutzung der Technologien von zentraler Bedeutung. Patente oder auch der Sortenschutz[338] sichern Großkonzernen 15 bis 20 Jahre lang die exklusiven Nutzungsrechte ihrer Neuentwicklungen. Dieser Schutz von geistigem Eigentum soll dem Patentinhaber ermöglichen, seine eingesetzten Investitionen zu refinanzieren sowie darüber hinaus Profit erwirtschaften zu können (vgl. ebd.: 10). Der Patentinhaber verpflichtet sich, seine patentrechtlich geschützte Innovation der Allgemeinheit zugänglich zu machen, damit auch diese vom technischen Fortschritt Gebrauch machen kann. Für die Nutzung der Erfindung müssen die Anwender dem Patentinhaber Lizenzgebühren zahlen und „damit [geraten] Nahrungspflanzen und ihre Nutzung unter die Kontrolle der Patentinhaber, meist große Konzerne"

---

[337] Bioprospektion bezeichnet die Erforschung und Aneignung der Biodiversität durch Unternehmen, um aus dem gewonnenen Material neue, kommerziell nutzbare Sorten zu entwickeln (vgl. Görg 2001: 22).

[338] Der Sortenschutz schützt neu gezüchtete Pflanzensorten sowie die jeweiligen Sortenbezeichnungen. Der Schutz gilt einer speziellen Kombination von Genen (vgl. Bundessortenamt, *Sortenschutz*).

(TransGen: Gentechnik, Patente, Pflanzen: Gewinnen Konzerne die Kontrolle über die Nahrung?).

Während die alleinige Entdeckung von DNA und Gensequenzen nicht patentiert werden kann, ist eine DNA-Sequenz, welche durch ein besonderes technisches Verfahren entwickelt wurde, bestimmte Funktionen beinhaltet und für eine gewerbliche Anwendung genutzt werden kann, durch ein Patent schützbar (vgl. ebd.). In den vergangenen Jahren ist die Sicherung geistigen Eigentums in Form neuer Technologien und genetischem Material zum zentralen Interesse von Industriezweigen geworden. Erst durch die technologische Erforschung und Entwicklung werden die genetischen Ressourcen zum ökonomisch nutzbaren Gegenstand und daher „mit exklusiven und monopolartigen Eigentumsrechten wie vor allem Patenten belegt[.] [...] [Dabei] geht es vor allem darum festzulegen, wer von den Vorteilen, die sich aus der Nutzung genetischer Ressourcen ergeben, profitiert" (Brand & Kalcsics 2002: 12).

Heute werden ökonomische Fragen, welche den Zugang sowie den Schutz von geistigem Eigentum betreffen, von der Welthandelsorganisation (WTO) geregelt, während sich Schutzkonventionen, wie die Convention on Biological Diversity (CBD) mit ökologischen Aspekten, wie beispielsweise dem nachhaltigen Schutz der Natur sowie von menschlichen Lebensräumen auseinandersetzt (vgl. Kalcsics & Brand 2002: 15 f.). Die Tatsache, dass die meist im ideologischen Norden ansässigen Großkonzerne dem Süden mit seiner reichen biologischen Vielfalt gegenüberstehen, verleitet dazu, ein Nord-Süd-Verhältnis zu simplifizieren; doch auch innerhalb des Südens und des Nordens sind erhebliche Interessensunterschiede vorhanden. Hohe Kreditschulden veranlassen häufig Regierungen von Ländern mit biologischer Vielfalt, der globalen Industrie ihre natürlichen Ressourcen zur Verfügung zu stellen und handeln dadurch nicht selten entgegen der lokalen Interessen (vgl. ebd.). Des Weiteren finden auch in Entwicklungs- oder Schwellenländern Umstrukturierungen hin zum

> ‚nationalen Wettbewerbsstaat' statt, der mittels Rechtsetzung, Bildungs- und Infrastrukturpolitiken, Forschungsförderung [...] u.a. zentrale Voraussetzungen schafft, um strategische Schlüsseltechnologien und -branchen zu fördern. Ohne staatliche Politiken als unwichtig zu erachten, sollte nicht dem Mythos aufgesessen werden, dass ‚der' Staat gegen ‚die' Ökonomie nun effektive Schutzpolitiken entwickeln könnte (ebd.).

Mexiko hat als eines der ersten Entwicklungsländer im Jahre 1991 seine rechtliche Grundlage im Bezug auf geistige Eigentumsrechte gestärkt, um den

Kriterien nach NAFTA zu entsprechen (vgl. Legér 2005: 2f). Geistige Eigentumsrechte sind für die Nutzung von technologisch entwickeltem Saatgut durch die mexikanische Landwirtschaft von zentraler Bedeutung, denn Forschung und Entwicklung von Unternehmen aus der Saatgutindustrie und spezieller Institute sollen gefördert werden. Der Großteil mexikanischer Bauern, welche zum Maisanbau weitgehend OPVs nutzen, kam bisher mit geistigen Eigentumsrechten kaum in Berührung. Diese haben nur bei der Verwendung von Hybridmais und gentechnisch veränderten Sorten Relevanz (vgl. ebd.).

Während der Schutz geistigen Eigentums sowohl bei der Verwendung von Hybridmais als auch bei gentechnisch verändertem Mais einen beschränkten Zugang von Maisbauern zu Saatgut sowie industrielle Konzentrationsprozesse und eine Steigerung des Preises zur Folge haben, gibt es zwischen beiden Fällen einen erheblichen Unterschied: Die Nutzung von verbessertem Saatgut wie Hybridmais wird durch den sogenannten Sortenschutz rechtlich geregelt (vgl. ebd.). Der Saatgutproduzent verkauft speziell entwickelte beziehungsweise hergestellte Sorten an weitgehend profitorientierte Bauern und erhält Lizenzgebühren für die Nutzung von Saatgut, welches aus einer speziellen Kombination von Genen besteht. Wird das Feld jedoch nach der Aussaat von einem anderen Maisfeld bestäubt, verändert sich die genetische Kombination der Maisernte durch die Fremdbestäubung. Der Bauer könnte seinen Ernteertrag im nächsten Jahr wieder aussäen, ohne erneut Lizenzgebühren zu zahlen.[339] Bei Patenten auf gentechnisch veränderte Sorten ist dies nicht der Fall. Großkonzerne wie Monsanto halten Patente auf einzelne Gene, welche auf spezielle Sorten übertragen werden. Sät ein Bauer gentechnisch verändertes Saatgut aus, verändert sich durch die Fremdbestäubung zwar die Kombination von Genen, das patentrechtlich geschützte Gen bleibt jedoch enthalten; der Bauer muss für die Nutzung der Ernte erneut Lizenzgebühren zahlen (vgl. ebd.).[340]

Anfänglich waren geistige Eigentumsrechte entwickelt worden, um die nationale industrielle Entwicklung zu fördern (vgl. ebd.). Seit der erheblichen Entwicklung des internationalen Handels und dem weltweiten Zugang zu

---

[339] Wie im Kapitel „Hybridmais" erklärt wurde, hat der Bauer bei einer Wiederaussaat der Hybridmaisernte einen Ertragsverlust von bis zu 30% einzuberechnen. Aus diesem Grund ist er vermutlich dennoch auf den erneuten Erwerb von Saatgut angewiesen.

[340] Siehe dazu auch Kapitel „Gentechnisch veränderter Mais und Biodiversität".

Produkten und Dienstleistungen forderten Unternehmen, Bestimmungen nach internationalem Recht geltend zu machen, um ihr geistiges Eigentum zu schützen. Inzwischen setzt das Agreement on Trade-Related Aspects of Intellectual Property Rights (TRIPs) der WTO grundsätzlich Bestimmungen für den Schutz des geistigen Eigentums ihrer Mitgliedstaaten. In Bezug auf Pflanzenzucht gelten dabei folgende Regelungen:

1. Sicherstellung von patentrechtlichem Schutz für alle Bereiche technologischer Innovationen; die Patentierung von Pflanzen und Tieren ist ausgenommmen.

2. Schutz von Sorten, beispielsweise durch die Plant Breeders' Rights (Sortenschutz nach der International Union for the Protection of New Varieties of Plants (UPOV)).

3. Erlaubnis von Schutz geheim gehaltener Informationen (Trade Secrets).

4. Sicherstellung angemessener Durchsetzbarkeit dieser Rechte (vgl. ebd.: 5).

Seit 2000 müssen WTO-Mitglieder „Patentschutz für Mikroorganismen, sowie für mikrobiologische und nichtbiologische Verfahren zur Neuzüchtung von Pflanzen und Tieren bereitstellen. Pflanzensorten müssen durch ein ‚effektives System‘ geschützt werden, sei es durch Patente oder ein System eigener Art" (Liebig 2000: 19). TRIPs beinhalten nationale Vereinbarungen zur Durchsetzung von geistigen Eigentumsrechten und bilden neben den beiden Abkommen zur Regelung des Handels von Dienstleistungen sowie von Gütern „die dritte Säule der Welthandelsordnung" (ebd.: 1 f.). Konflikte müssen vor dem Streitschlichtungsgremium der WTO gelöst werden.

Die Kontroverse zwischen dem Schutz der natürlichen Ressourcen von Entwicklungsländern und dem Schutz geistiger Eigentumsrechte multinationaler Konzerne wird in den unterschiedlichen Zielen der CBD sowie von TRIPs deutlich. Während die Konvention über die biologische Vielfalt zum Ziel hat, die jeweilige nationale Biodiversität zu schützen sowie eine nachhaltige Ressourcennutzung sicherzustellen, sollen durch TRIPs der Handel mit Waren und technischer Fortschritt gewährleistet werden (vgl. ebd.: 21). Aufgrund der schwierigen Vereinbarkeit des Schutzes geistiger Eigentumsrechte mit dem Schutz natürlicher Ressourcen ist die Einführung der Biotechnologie in Entwicklungsländern heftig umstritten. Die relativ hohen Fixkosten, welche durch zu zahlende Lizenzgebühren entstehen, und die kostspielige Einführung der neuen Technologien führen zu hohen finanziellen Belastungen, welche häufig die ökonomische Lage der Bauern dauerhaft verschlechtern. Besonders die Sicherung des Patentschutzes durch die WTO spielt bei der Einführung von Biotechnologie eine große Rolle. Patente auf technisch veränderte Gene führen zu Lizenzzahlungen seitens der Bauern und gleichzeitig zu einer Kontamination der natürlichen Ressourcen – eine Entwicklung, welche unter dem Begriff der Biopiraterie bereits seit vielen Jahren heftig debattiert wird.

Die Maisindustrie in Mexiko ist, verglichen mit der Produktionssituation landwirtschaftlicher Güter anderer Entwicklungs- und Schwellenländer, relativ hoch entwickelt (vgl. Legér 2005: 5f). Lokale Unternehmen sowie Großkonzerne bieten Maisbauern verschiedene Hybridmaissorten sowie Saatgut aus offener Bestäubung zum Kauf an: Die zur Erforschung neuer Sorten notwendigen Mittel werden aus Einnahmen gedeckt, welche unter anderem durch den Sortenschutz entstehen. In der mexikanischen Maisindustrie bilden sich dadurch weitgehend folgende Strukturen heraus: Multinationale Unternehmen versorgen profitorientierte Bauern mit Hybridmaissorten, unterstützen den technisch fortschrittlichen Anbau und beeinflussen den Abverkauf durch eigene Marketingkampagnen. Nationale Konzerne nutzen das Saatgut lokaler Kleinbauern und von Universitäten erforschte Sorten, um eigene Sorten zu entwickeln und mit Lizenzgebühren zu versehen. Nicht selten muss hier geprüft werden, ob Schutz nach geistigem Eigentumsrecht besteht oder bereits traditionell genutzte Sorten verkauft werden. Kleinbauern erhalten bei Bedarf verbesserte Sorten von kleinen lokalen Unternehmen, Nichtregierungsorganisationen (NGOs) oder durch den mexikanischen Privatsektor (vgl. ebd.).

> Lastly, CIMMYT is an important source of germplasm for the industry: its materials were used in 33.3% of the cultivars released by public organizations between 1966 and 1997, while 81.3% of varieties released by the private sector in 1997 comprised such materials (ebd: 7).

Eines der großen multinationalen landwirtschaftlichen Forschungszentren ist das International Maize and Wheat Improvement Centre (CIMMYT). Das Unternehmen versorgt sowohl nationale Saatgutkonzerne als auch den Privatsektor und NGOs mit verbessertem Saatgut (vgl. ebd.: 6 f.).

Durch die Versorgung von Maisbauern mit verbesserten Sorten waren geistige Eigentumsrechte in der mexikanischen Landwirtschaft bereits in der Vergangenheit von zentraler Bedeutung. Zum einen, da sie Forschung und Entwicklung von Privatunternehmen durch Lizenzgebühren auf Innovationen schützten, zum anderen ermöglichten sie Maisbauern den Zugang zu verbesserten Sorten und Erfindungen. Der Kauf von verbessertem Saatgut hatte hier eine Konzentration der Maisindustrie sowie einen Anstieg des Preises für Saatgut zur Folge.

Für den weiteren Verlauf dieser Arbeit ist es wichtig zu betonen, dass geistige Eigentumsrechte in der Vergangenheit und in der Zukunft für verschiedene Maisbauern unterschiedliche Rollen spielten und spielen.

Die Agrarindustrie und die mexikanischen Bauern

Der Beitritt Mexikos zu NAFTA im Jahr 1994 und das Ausbleiben agrarpolitischer Entwicklungsprojekte seitens der Regierung eröffneten besonders in den vergangenen Jahren Möglichkeiten für Unternehmen, die nationale Entwicklung zu beeinflussen.

> Contract farming is an intermediate institutional arrangement that allows firms to participate in, and exert control over, the production process without owning or operating the farms. Contract farming can thus become a viable institutional response to imperfections in credit, production inputs, and insurance and information markets (Rivera 2009: 93).

Bereits in den vergangenen Jahren sind mexikanische Bauern Verträge mit agrarindustriellen Konzernen eingegangen, um die eigene Maisproduktion zu steigern und dauerhaft profitabler wirtschaften zu können (vgl. ebd.). Eine damit verbundene Kontrolle der Unternehmen über den Produktionsprozess wird dadurch gerechtfertigt, dass – ohne agrarpolitisches Eingreifen der nationalen Regierung – die Kleinbauern eigenständig nicht neben einem Markt bestehen können, in welchem Unternehmen exportorientiert wirtschaften und Zugang zu technischem Fortschritt und Krediten haben. In den Vereinigten Staaten wird die landwirtschaftliche Produktion von Gütern von der Regierung subventioniert und seit dem Jahr 2008 ist eine zollfreie Einfuhr[341] von Mais nach Mexiko möglich. Die notwendige Wettbewerbsfähigkeit soll bäuerlichen Betrieben durch vertraglich geregelte Kooperation mit Konzernen und Zugang zu Wettbewerbsmärkten ermöglicht werden, ohne gleichzeitig mit zu hohen Transaktionskosten belastet zu werden (vgl. ebd.). Der Vertragsanbau soll dabei sowohl den kleinbäuerlichen Betrieben, als auch den

---

[341] Seit 2008 ist nach NAFTA eine gänzlich zollfreie Einfuhr landwirtschaftlicher Güter zwischen den USA und Mexiko möglich (vgl. United States Department of Agriculture: *North American Free Trade Agreement (NAFTA)*).

agrarindustriellen Konzernen zu Gewinn verhelfen. Technische Unterstützung, effizienterer Einsatz von Arbeitskräften, die Nutzung technisch entwickelter Produkte, die Bereitstellung von Landmaschinen sowie der Zugang zu Krediten sollen einerseits kleinbäuerlichen Betrieben ermöglichen, dauerhaft Profit zu erwirtschaften und die Dienstleistungen der agrarindustriellen Konzerne bezahlen zu können. Für die Unternehmen, andererseits, ergeben sich ebenfalls mehrere Vorteile: Die Profiterwirtschaftung erfolgt ohne Produktionsrisiko und es müssen keine Kredite für den Erwerb von Nutzflächen aufgenommen werden. Des Weiteren können die großen Konzerne für die nationale landwirtschaftliche Weiterentwicklung Bonuszahlungen seitens der Regierung erwarten. Letztere wird von weiteren Reformen auf der Mikroebene landwirtschaftlicher Kleinbetriebe entlastet und kann sich mit dem logistischen Ausbau und der Nutzung des verbesserten Produktionsergebnisses befassen (vgl. ebd.).

> It has been proven that at the micro level of the small agricultural producers (or their associations), past government policies have been either very limited in scope and results, or equally inefficient. [...] Given this scenario, the government should work on promoting development indirectly by providing incentives to agribusiness units and agricultural producers, improving marketing and distribution infrastructure, and supporting improvements in technology and education to their rural citizenry (ebd.: 93).

Die Verschiebung der Zuständigkeit von der Regierung zu agrarindustriellen Großkonzernen ist eine privatwirtschaftliche Alternative, um die ländliche Entwicklung voranzubringen. Diese war durch die Verwendung von Hybridmaissorten in der Vergangenheit oftmals auch mit Ertragssteigerungen verbunden (vgl. ebd.). Nach Ablauf des Moratoriums im Jahre 2010 wird auch der legale Anbau gentechnisch veränderter Maissorten zwischen agrarindustriellen Unternehmen wie Monsanto und mexikanischen Landwirtschaftsbetrieben vertraglich festgelegt. An dieser Stelle gewinnt der rechtliche Unterschied zwischen Sortenschutz und Patentschutz an Bedeutung.

Verschiedene Konzerne haben in den vergangenen Jahren eine Vielzahl von Patenten auf Saatgut angemeldet. Im Jahre 1996 meldete der Agrarkonzern Monsanto beispielsweise das Patent EP 546090 an, welches rechtlichen Schutz auf gentechnisch veränderte Pflanzen umfasst, „die gegen das firmeneigene Pflanzenvernichtungsmittel Roundup-Ready (Glyphosat) resistent gemacht wurden" (Greenpeace: Monsanto: Patent auf Roundup Ready Pflanzen). Dieses Patent auf herbizid-resistente Pflanzen, welches – neben Sorten wie Weizen, Reis, Sojabohnen, Baumwolle, Zuckerrüben – auch Saatgut für

Mais umfasst, erstreckt sich nicht nur auf den Anbau der Pflanze, sondern auch deren Weiterzüchtung, deren Ernte sowie die Verwendung der Ernte in der Lebensmittelproduktion (vgl. ebd.).

Die Verträge zwischen den Bauern und Monsanto sind darauf ausgerichtet, zu unterbinden, dass die Bauern Saatgut ihrer eigenen Ernte wieder aussäen. Um diese Abhängigkeit zu fördern, beziehungsweise einem Verstoß gegen die vertraglichen Regelungen vorzubeugen, wurde von agrarindustriellen Großkonzernen sogenanntes „Terminator-Saatgut" entwickelt, dessen Keime wegen einer vorherigen Sterilisierung bei einer Aussaat nicht wachsen können. Ebenfalls wurde die sogenannte „Trailor-Technik" entwickelt, welche ein Wachstum erst nach Aktivierung des Saatguts durch vom Unternehmen erhältliche Chemikalien ermöglicht (vgl. Greenpeace Aachen: Gentechnik).

Im Oktober 2009 kündigte das Unternehmen Monsanto in einer Presseerklärung an, vom mexikanischen Landwirtschafts- und Umweltministerium die Erlaubnis erhalten zu haben, im Bundesstaat Sonora probeweise gentechnisch veränderte Sorten anzubauen.

> Este es el primero de muchos pasos para lograr los beneficios del maíz transgénico para los agricultores de México, lo cual les ayudará a aumentar su productividad utilizando menos recursos y como consecuencia mejorar su calidad de vida. [...] A través de estos ensayos, los científicos mexicanos podrán obtener datos científicos que nos ayudarán a obtener información valiosa sobre la mejor manera de gestionar este importante cultivo en el medio ambiente mexicano (Monsanto: Monsanto recibe aprobación para los ensayos de campo de maíz en México).

> [Das ist der erste von vielen Schritten, damit die mexikanischen Bauern die Vorzüge des gentechnisch veränderten Mais erreichen können; auf diese Weise wird es ihnen möglich, die Produktion unter geringerer Mittelverwendung zu erhöhen und dadurch die Lebensqualität zu verbessern. [...] Durch die Proben können mexikanische Wissenschaftler wertvolle wissenschaftliche Daten erhalten, um die bestmögliche Anbauweise herauszufinden und in die mexikanische Umwelt zu integrieren.]

Die Ergebnisse der Ernte aus den probeweisen Anbauflächen, welche im Oktober 2009 besät wurden, sollen im Mai 2010[342] den mexikanischen Zuständigen vorgestellt werden (vgl. ebd.). Auf diese Weise hofft Monsanto, etwaige Zweifel aus dem Weg zu räumen, welche die mexikanische Regierung im Bezug auf die Einführung gentechnisch veränderter Maissorten in Mexiko bisher

---

[342] Nähere Informationen lagen zum Zeitpunkt der Fertigstellung der Arbeit noch nicht vor.

gehabt hat. Laut der Presseerklärung sei der probeweise Anbau von der Regierung detailliert ausgearbeitet worden und eine ausführliche Überprüfung der Ergebnisse vorgesehen. Bis März 2010 solle ein politischer Rahmen ausgearbeitet werden, der sich mit Themen wie Biosicherheit und Biotechnologie befasse; anschließend sei es dann möglich, mit der Entgegennahme und Bearbeitung von Genehmigungsanträgen für Feldversuche mit gentechnisch verändertem Saatgut zu beginnen. Ebenfalls in der Presseerklärung erwähnt werden die von Monsanto entwickelten Sorten, welche von lokalen Feldforschern versuchsweise angebaut wurden. Hierbei handelt es sich um folgende gentechnisch veränderten Maissorten (vgl. ebd.):

- NK603: Diese Sorte gentechnisch veränderten Saatguts wird zur Produktion von Lebensmitteln sowie von Futtermitteln verwendet und gehört zu den herbizid-resistenten Pflanzengruppen. Dieser Roundup-Ready-Mais gehört zu Saatgut, welches von Monsanto in Kombination mit dem eigens entwickelten Herbizid Roundup verkauft wird und durch eine Einsparung an Herbizidmenge die Umwelt schonen soll (vgl. Monsanto: Roundup-Ready®-Mais).

- MON89034 x NK603: Diese Kreuzung zweier gentechnisch veränderter Sorten gehört zu den herbizid-resistenten und insekten-resistenten Pflanzengruppen. Sie wird zur Herstellung von Lebensmitteln sowie Futtermitteln verwendet und ebenfalls in Kombination mit dem Herbizid Roundup verkauft (vgl. TransGen: MON89034 x NK603).

- MON89034 x MON88017: Diese aus zwei gentechnisch veränderten Maissorten gekreuzte Sorte besitzt ebenfalls eine Insekten- sowie Herbizidresistenz, und wird zur Produktion von Lebens- sowie Futtermitteln verwendet (vgl. TransGen: MON89034 x MON88017).

Der versuchsweise Anbau von gentechnisch verändertem Mais umfasst, laut der Presseerklärung seitens Monsanto, diese Maissorten und wird von lokalen Feldforschern durchgeführt. Dabei sollen wissenschaftliche Daten bezüglich agronomischer sowie ökologischer Aspekte zur Effektivität des Saatguts auf mexikanischen Nutzflächen, zur Bekämpfung der Schädlinge als auch zur Toleranz gegen die Herbizide und ökologischen Interaktionen gesammelt werden. Letztendlich soll durch den versuchsweisen Anbau die Möglichkeit entstehen, die Ergebnisse mit weltweit vorgenommenen Untersuchungen zu vergleichen. Auch für die beiden Staaten Sinaloa und Tamaulipas hat Monsanto die Erlaubnis für den versuchsweisen Anbau gentechnisch veränderter Sorten erhalten, der ähnlich wie in Sonora ablaufen wird (vgl. Monsanto: Monsanto recibe aprobación para los ensayos de campo de maíz en México).

Sozio-ökonomische Konsequenzen für den Maisanbau in Mexiko

Die Einführung von gentechnisch verändertem Saatgut und der damit verbundene Einsatz spezieller Pestizide stellt für die mexikanischen Bauern eine große ökologische Gefahr dar. Die Bedeutung des Erhalts der biologischen Vielfalt für die Stabilität von Ökosystemen[343] ist unklar, und mögliche Auswirkungen für Populationen, genetische Ressourcen sowie den weiteren Evolutionsverlauf sind nur schwierig abzuschätzen (vgl. Görg 2002: 24).

Auch der zeitliche Rahmen, in dem sich nach Legalisierung der Gentechnik eine Kontamination der konventionellen Maissorten vollzieht, ist schwierig einzuschätzen, und das Ausmaß der genetischen Veränderungen bleibt unklar. Zum einen, da die konventionellen Sorten nicht getrennt behandelt, sondern unter der Bezeichnung maíz criollo zusammengefasst werden (vgl. CCA la Comisión para la Cooperación Ambiental: Maíz y Biodiversidad. Efectos del maíz transgénico en México). Zur Anbauhäufigkeit der verschiedenen Sorten werden ebenfalls keine statistischen Daten erhoben. Zum anderen hängt es von verschiedenen Faktoren ab, wie viele Generationen die genetische Veränderung bestehen bleibt oder ob sie sich beständig in der kultivierten Maissorte manifestiert. Dabei ist von Bedeutung, ob die Bestäubung einmalig oder beständig stattfindet. Zudem beeinflussen die Art der genetischen Veränderung sowie die Größe des bestäubten Maisfeldes die Beständigkeit der Gene, und es ist von großer Wichtigkeit, ob sich die Veränderung schädlich, förderlich oder neutral auf die Maispflanze auswirkt (vgl. ebd.).

Durch die Kontamination der konventionellen Maissorten werden den Bauern die Möglichkeiten genommen, bei veränderten Umweltbedingungen wie langen Trockenperioden oder Plagen zum Schutz der Maisernte mit bekannten und an die Umweltbedingungen angepassten Maissorten zu reagieren. Auf die natürlichen Sorten, welche insbesondere durch die indigene Bevölkerung unter evolutionsbedingten Gesichtspunkten selektiert, untereinander getauscht und in einem variablen Rhythmus angebaut wurden und heute noch immer

---

[343] Ein Ökosystem bezeichnet eine ökologische Funktionseinheit. Diese setzt sich aus der Gesamtheit biotischer Organismen (Tiere und Pflanzen) zusammen, welche einen abiotischen (unbelebten) Lebensraum besiedeln (vgl. Katalyse Institut für angewandte Umweltforschung, Umweltlexikon Online: *Ökosystem*).

werden, können sie dann nicht mehr zurückgreifen. Zudem besteht die Gefahr, dass die alten Traditionen der Maya gänzlich verloren gehen: Der traditionelle Maisanbau kann ohne die Nutzungsmöglichkeit der natürlichen genetischen Ressourcen nur schwierig fortgesetzt werden.

Das Angebot einer beschränkten Anzahl gentechnisch veränderter Maissorten durch Großkonzerne sowie der Verlust der traditionellen Sorten hätte für die mexikanischen Bauern eine erhebliche Abhängigkeit von den Großkonzernen zur Folge. Weil sie bei extremen Anbaubedingungen ihr traditionelles Wissen nicht mehr anwenden könnten, kann diese Abhängigkeit zur Bedrohung der eigenen Existenz werden. „Eine ähnliche Situation auf den Philippinen zeigte, dass letztlich die Produktion [gentechnisch veränderter Sorten unter Vertragsanbau] keinesfalls ertragreicher ist, dafür die Kosten zwei- bis sechsmal höher sind als bei konventionellem Anbau" (von Kovatsits: Mexiko öffnet sich weiter der Gentechnik). Bereits in den vergangenen Jahren richteten Missernten, bei welchen zuvor gv-Saatgut von Monsanto ausgesät wurde, erheblichen sozialen und ökonomischen Schaden an – wie beispielsweise in Indien, wo sich in den vergangenen Jahren mehrere tausend Bauern das Leben nahmen, weil sie die für Saatgut, Dünger und Pestizide aufgenommenen Kredite durch den fehlenden Ernteertrag nicht mehr begleichen konnten (vgl. naturkost.de: Suizide wegen Gen-Missernten. Indische Baumwoll-Bauern verzweifelt).

Insbesondere die Herbizid-resistenten Pflanzen von Monsanto müssen, so wird es vertraglich fixiert, in einer Kombination von Saatgut und dem Pestizid Roundup abgenommen werden (vgl. von Kovatsits: Mexiko öffnet sich weiter der Gentechnik). Die stetige Nutzung dieser Pestizide kann die bereits nährstoffarmen Nutzflächen Mexikos dauerhaft einseitig belasten sowie nach gewisser Zeit Schädlingsresistenzen hervorrufen, was wiederum einen noch höheren Einsatz an Pestiziden vonnöten macht und unvorhergesehene Nebenwirkungen auf andere Organismen haben kann. „Seed varieties favored by modern agriculture require large amounts of chemical inputs and are bred for low-stress environmental conditions not suitable for the small-scale farmers in Mexico" (Zietz & Seals 2006: 5). So haben Studien anderer Länder bereits ergeben, dass gerade gentechnisch veränderte Pflanzensorten dauerhaft eine erhöhte Verwendung von Pestiziden verursachen und den oftmals extremen Umweltbedingungen von Entwicklungsländern nicht gewachsen sind (vgl. ebd.).

Des Weiteren wird die Abhängigkeit mexikanischer Bauern von agrarindustriellen Konzernen durch die im Kapitel „Rechtliche Grundlagen" ausgeführten rechtlichen Aspekte erheblich verstärkt. Um die mit der Verwendung von gv-Mais verbundenen Lizenzgebühren bezahlen zu können, ist eine weitgehende Umstrukturierung von Subsistenzwirtschaft zu einem profitorientierten Anbau vonnöten, und die Vertragsproduktion ist mit Kreditaufnahmen und der Erfüllung vertraglich festgelegter Regelungen verbunden. Die entstehende Abhängigkeit und die Grundproblematik, welche sich durch den Anbau gentechnisch veränderter Sorten ergibt, wird im Folgenden anhand von zwei Fallbeispielen verdeutlicht. Im ersten Fall findet eine nicht vorhergesehene Kontamination des Maisfeldes eines Bauern statt, im zweiten Fall wurde das gv-Saatgut von einem Bauern wissentlich gesät.

Fallbeispiel 1:

Der mexikanische Bauer A pflanzt gentechnisch verändertes Saatgut, welches er von Monsanto käuflich erworben hat, sein Nachbar Bauer B eine konventionelle Sorte. Nun ist es möglich, dass das Feld von Bauer A das Feld von Bauer B bestäubt, und das gentechnisch veränderte Gen, auf welches Monsanto ein Patent hält, in der Ernte von Bauer B enthalten ist. Bauer B legt Saatgut aus seiner Ernte zurück, um es, nicht ahnend, dass in diesem ein patentrechtlich geschütztes Gen enthalten ist, in der nächsten Saison wieder auszusäen. Ähnliche Fälle werden durch den traditionellen Tausch von Saatgut,[344] insbesondere durch die indigene Bevölkerung, gefördert.

Es wird nun angenommen, dass ein Kontrolleur des Monsanto-Konzerns die Maispflanze von Bauer B untersucht und feststellt, dass Bauer B die gentechnische Veränderung nutzt, ohne dafür Lizenzgebühren zu zahlen. In jedem Fall einer Kontamination durch gentechnisch veränderte Maissorten müsste nun geprüft werden, ob eine Patentrechtsverletzung vorliegt. Wenn ja, würde nach den Bestimmungen der WTO innerhalb des Patentrechts verhandelt und über Bauer B würden gegebenenfalls nachträgliche Kompensationen beziehungsweise Lizenzgebühren verhängt werden.

Bereits 2006 unterhält Monsanto eine riesige Rechtsabteilung, deren alleinige Aufgabe es ist, Bauern zu verklagen, die Lizenzgebühren nicht bezahlen. Dabei

---

[344] Es gehört zu den Traditionen der indigenen Bevölkerung, das Saatgut untereinander zu tauschen, um die Entwicklung neuer Maissorten zu fördern und um auch anderen Bauern den Zugang zu besonders adaptiven und nährstoffreichen Sorten zu ermöglichen.

spielt es keine Rolle, ob der Bauer wirklich Monsanto Saatgut vom letzten Jahr wieder ausgesät hat [...] oder ob sein Feld durch Pollenflug von Nachbarfeldern kontaminiert wurde (Greenpeace Aachen: Gentechnik).

In den Vereinigten Staaten ziehen es Bauern daher häufig vor, Saatgut von Monsanto zu kaufen, als das Risiko einer Anklage einzugehen. Die Bauern müssen sich außerdem vertraglich dazu verpflichten, Monsanto nicht zu verklagen, sofern das Saatgut nicht die gewünschten Ergebnisse erzielt (vgl. ebd.).

Fallbeispiel 2:

Bauer B geht eine Vertragsbeziehung mit Monsanto ein, durch welche er sich für die Abnahme der gentechnisch veränderten Maissorte entscheidet. Dabei verliert er das Recht, die Ernte wieder auszusäen und räumt dem Unternehmen weiterhin das Recht zu regelmäßigen Kontrollen der Felder ein. Möchte Bauer B in der nächsten Saison sein Feld erneut besäen, bleiben ihm die beiden Möglichkeiten, Lizenzgebühren für die erneute Anwendung der Ernte als Saatgut oder die Wiederbeschaffung einer gv-Sorte zu entrichten oder sich anderweitig Saatgut zu beschaffen, welches keine gentechnische Veränderung enthält. Beide Möglichkeiten sind nur mit ausreichenden Finanzmitteln – wenn überhaupt – zu bestreiten, und der Bauer wird auf diese Weise in die Abhängigkeit von unternehmerisch tätigen Dritten getrieben, wenn er sein Feld weiter bestellen will.

Bei der Legalisierung von gv-Mais in Mexiko wird die Gefahr eines sich verselbstständigenden Prozesses deutlich. Je mehr gentechnisch verändertes Saatgut von Bauern gesät wird, desto schneller breitet sich die gentechnische Veränderung auf die Landsorten aus. Je weniger Landsorten vorhanden sind, desto abhängiger sind die Bauern von Saatgutkonzernen. Nach einem gewissen Zeitpunkt gerät Bauer B also in beiden dargestellten Fällen in eine Zwangslage, nämlich sobald er auf keine konventionellen Sorten mehr zurückgreifen kann. „Monsanto will seine Samen an die Bauern verkaufen, getreu seinem Motto: ‚Es wird keine Pflanzen geben, die nicht unser Eigentum sind‘" (Enciso L. 2010: 1). 80% des bereits gehandelten Saatguts sind Eigentum von Monsanto; das Recht, dieses Saatgut zu verwenden, haben bereits viele Bauern durch den Patentschutz sowie die vertraglich fixierten Regelungen verloren (vgl. ebd.).

Auch für die Gesundheit der Bauern und für die restliche mexikanische Bevölkerung stellt der Anbau gentechnisch veränderter Sorten eine erhebliche

Gefahr dar. Während einerseits die gesteigerte Verwendung von Pestiziden eine gesundheitliche Mehrbelastung insbesondere für die ländliche Bevölkerung darstellt, sind andererseits für die verwendeten gv-Sorten meist keine Langzeitstudien zu gesundheitlichen Folgen vorhanden. Agrarindustrielle Konzerne sparen „die Kosten für ausgiebige Risikountersuchungen und für Langzeitstudien ein und verkaufen Saatgut, dessen Nebenwirkungen völlig unzureichend oder gar nicht überprüft wurden" (Greenpeace Aachen: Gentechnik). Eine bereits 2007 durchgeführte Studie der französischen Expertengruppe Committee for Independent Research and Information on Genetic Engineering (CRIIGEN) ergab beispielsweise, dass der 2009 in Mexiko probeweise angebaute Mais NK603 gesundheitsbedenklich ist. Nach einer 90-tägigen Fütterung von Ratten mit dieser Sorte ergaben sich signifikante Veränderungen, die „Blut- und Urinwerte ebenso wie das Gewicht von Hirn, Herz und Leber" (Genfood – Nein Danke!: Gen-Mais NK603) betreffend. Der Konzern Monsanto hingegen kam in eigenen Studien zu dem Ergebnis, dass eine Fütterung von Ratten mit gv-Mais gleichwertig wie eine Fütterung mit konventionellem Mais sei, dass beide Sorten daher auch gleich sicher seien und sich somit beide zur Lebensmittelproduktion eigneten.

Ausblick

Nuestra postura respecto a los transgénicos es un rotundo no: ya que nuestra red y el trabajo que hemos venido desarrollando con las familias campesinas y indígenas, durante los últimos 10 anos, ha sido sobre la construcción de otras alternativas para el campo jalisciense, desde la perspectiva agroecológica en donde uno de sus fundamentos es revalorar el conocimiento campesino e indígena. La autorización de cultivos transgénicos es un atentado a nuestra vida y a nuestra cultura de maíz (Greenpeace: ¿Agricultura ecológica? ¡Sí, gracias!).

[Unsere Haltung gegenüber gentechnisch veränderten Sorten ist ein entschiedenes Nein: Unser Netzwerk sowie die Arbeit, die wir in den vergangenen 10 Jahren mit den bäuerlichen Familien sowie mit der indigenen Bevölkerung vorangetrieben haben, hat Alternativen aus ökologischer Sicht für das Feld in Jalisco[345] geschaffen; bei diesen ist es fundamental, das Wissen der Bauern sowie der indigenen Bevölkerung neu zu bewerten. Die Zulassung gentechnisch veränderter Maissorten ist ein Angriff auf unser Leben und unsere Maiskultur.]

Seit der Legalisierung des versuchsweisen Anbaus gentechnisch veränderter Maissorten protestieren, unter anderem, mexikanische Bauernverbände gegen eine Einführung der Gentechnik. Während der Agricultural Biotechnologies

---

[345] Jalisco ist ein Bundesstaat in Westmexiko.

in Developing Countries Conference, durchgeführt von der Ernährungs- und Landwirtschaftsorganisation der Vereinten Nationen (FAO), die vom 01.-04. März 2010 in Guadalajara, Mexiko, stattfand, protestierten mexikanische Bauern für eine Selbstversorgung mit Lebensmitteln ohne die Verwendung gentechnisch veränderter Sorten (vgl. ebd.). FAO solle, so die Forderung der Bauern, ein langfristig nachhaltiges Landwirtschaftsmodell veranlassen. Des Weiteren sei eine Einführung gentechnisch veränderter Sorten mit der Begründung, die Nachfrage der stark wachsenden Bevölkerung könne durch die konventionellen Sorten nicht gedeckt werden, für Mexiko nicht haltbar. Es gebe eine Alternative, erklärten die protestierenden Landwirtschafts- und Bauernverbände. Das in den vergangenen Jahren entwickelte Programa Especial de Maíz de Alto Rendimiento (PROEMAR) [Spezialprogramm für einen hohen Maisertrag] konnte bei geringer Bewässerung 2.360 kg Mais pro Hektar hervorbringen. Im Gegensatz dazu seien in Sinaloa, dem sonst produktivsten Staat Mexikos, jährlich nur 279 kg Mais pro Hektar geerntet worden. Der Ertrag der 6 Hektar großen Versuchsflächen konnte gehalten werden, obwohl zwei der heißesten Sommer Mexikos seit 68 Jahren aufeinanderfolgten. Würde man 50% der bisherigen Anbauflächen in Mexiko auf diese Weise bewirtschaften, könnte man, nach Meinung der Verbände, bei gleicher Nachfrage innerhalb eines Jahres eine Selbstversorgung des Landes durch Mais erreichen, ohne gentechnisch veränderte Produkte zu verwenden. Einige Bauernverbände arbeiten seit einigen Jahren zusammen mit den Bauern und der indigenen Bevölkerung an dem Projekt, um unter Einbeziehung des Klimawandels eine nachhaltige Versorgung durch traditionelle Maissorten erreichen zu können. Auf diese Weise könnten die konventionellen Sorten erhalten und die mexikanische Biodiversität geschützt werden (vgl. ebd.).

Zu einer Legalisierung des versuchsweisen Anbaus gentechnisch veränderter Maissorten haben, bei näherer Betrachtung, nicht alleine die globalen Zusammenhänge zwischen dem Klimawandel, der Bioethanol-Herstellung sowie der steigenden Maisnachfrage geführt. Auch die Ziele der mexikanischen Regierung haben sich als ambivalent erwiesen: So hat Präsident Vicente Fox es sich nach den Wahlen im Sommer 2000 zur Aufgabe gemacht „durch liberale Reformen ‚das Land aus der Unterentwicklung herauszuführen und Millionen von Armen eine Chance zu geben‘, gleichwohl werde seine Regierung eine ‚Regierung von Unternehmern für Unternehmer sein‘“ (Moro 2007: 86). In dieser Aussage wird die Gespaltenheit der Regierung deutlich und es stellt sich die Frage, wie beide Ziele in der Realität umzusetzen beziehungsweise auch in der Zukunft miteinander vereinbar sein sollen. Die Erschließung neuer nationaler sowie internationaler Märkte förderte Fox in den vergangenen Jahren durch die Privatisierung staatlicher Unternehmen, wie die Elektrizitätswerke und die Erdölindustrie. Große strukturelle Veränderungen, insbesondere des mexikanischen Südwestens, suchte er im Plan Puebla-Panama (PPP) umzusetzen. Mit Hilfe der Weltbank und der Interamerikanischen Entwicklungsbank (IDB) sollen mehrere Milliarden Dollar in den Bau von Autobahnen und die Erschließung von Erdöl- und Wasserressourcen Mexikos fließen; ebenso sollen in der Biotechnologie tätige Unternehmen gefördert werden. „Laut Vorstellung der Weltbank ist die Provinz Chiapas ‚ein besonders interessantes Gebiet für biotechnologische Versuche und die Nutzung der Artenvielfalt'" (Moro 2007: 86).

Die Erschließung von nationalen sowie von internationalen Märkten ist für Entwicklungs- und Schwellenländer von großer Bedeutung, um in einem globalen Wettbewerbsmarkt bestehen zu können. Schwierig wird es, wenn eine nationale Entwicklung von der Regierung gefördert wird, welche die Existenz großer Teile der Bevölkerung bedrohen sowie die Ernährungssicherheit in Gefahr bringen kann. Die gesundheitlichen Folgen für die Bevölkerung durch eine hauptsächliche Ernährung durch gentechnisch veränderten Mais sind nur schwierig abzuschätzen und konnten in dieser Arbeit nicht ausführlich behandelt werden. Jedoch sei erwähnt, dass die bisher bekannten gesundheitlichen Risiken und das Fehlen von Langzeitstudien eine Bedrohung für die sichere Ernährung der mexikanischen Bevölkerung darstellen. Besonders wenn man bedenkt, dass Mais nicht nur das nationale Grund-, sondern teilweise auch das einzige Nahrungsmittel ist, welches breiten Teilen der mexikanischen Bevölkerung zu ihrer adäquaten Versorgung zur Verfügung steht. In Bezug auf die Biotechnologie kommt noch ein weiterer Aspekt hinzu: Sollte eine dauerhafte Ernährung durch gentechnisch veränderte Sorten große gesundheitliche und ökologische Schäden verursachen, kann die gentechnische Veränderung der konventionellen Sorten auch industriell kaum mehr rückgängig gemacht werden. Wegen der genannten Gründe ist es besonders wichtig, dass sich insbesondere die mexikanische Regierung und die Agrarkonzerne vor einer Legalisierung gentechnisch veränderter Maissorten in Mexiko ausführlich mit möglichen Konsequenzen und Gefahren auseinandersetzen, um diesbezüglich beiderseits Fehlentscheidungen zu vermeiden.

Bibliografie

Monografien

Beck, Barbara: Mais und Zucker. Zur Geschichte eines mexikanischen Konflikts, Berlin: Dietrich Reimer Verlag, 1986.

Bennholdt-Thomsen, Veronika: Bauern in Mexiko. Zwischen Subsistenz- und Warenproduktion, Frankfurt am Main: Campus Verlag, 1982.

Brücher, Heinz: Die sieben Säulen der Welternährung, Frankfurt am Main: Verlag von Waldemar Kramer, 1982.

Léger, Andréanne: Intellectual Property Rights and their Impacts in Developing Countries. An Empirical Analysis of Maize Breeding in Mexico, Institutional Change in Agriculture and Natural Resources ICAR Discussion Paper, Humboldt-Universität zu Berlin, 5/2005.

Riese, Berthold: Geschichte der Maya, Stuttgart: Verlag W. Kohlhammer GmbH, 1972.

Stangl, Rainer: Gentechnik in der Landwirtschaft. Hintergründe, Risiken, gesetzliche Regelungen – Chancen für gentechnikfreie Lebensmittel aus gentechnikfreien Regionen, Schwanenstadt, Verlag der Grünen Bildungswerkstatt OÖ, 2005.

Sammelbände

Sander, Hans Jörg: Agrarreformen am Beispiel Mexikos, in: Taubmann, Wolfgang (Hrsg.): Agrarwirtschaftliche und ländliche Räume, Handbuch des Geographieunterrichts Band 5, Aulis Verlag Deubner & Co Kg, 1999 S. 228 – 235.

Aufsätze aus Sammelbänden

Chavero, Elena Lazos: Von der milpa zur Monokultur. Bedeutungen, Politik und Perspektiven in der mexikanischen Maisproduktion, in: Kaller-Dietrich, Martina & Ingruber, Daniela (Hrsg): MAIS. Geschichte und Nutzung einer Kulturpflanze, Frankfurt am Main: Brandes & Apsel Verlag GmbH, 2001, S. 77.

Durand, Frédéric: Leben mit dem Klimawandel, in: Atlas der Globalisierung, le monde diplomatique, taz Verlags- und Vertriebs GmbH, Berlin, 2007, S. 16.

García Acosta, Virginia: Mais und Weizen in prähistorischer und kolonialer Zeit, in: Kaller-Dietrich, Martina & Ingruber, Daniela (Hrsg.): MAIS. Geschichte und Nutzung einer Kulturpflanze. Frankfurt am Main: Brandes & Apsel Verlag GmbH, 2001, S. 59 – 75.

Görg, Christoph: Biodiversität – ein neues Konfliktfeld in der internationalen Politik, in: Brand, Ulrich & Kalcsics, Monika (Hrsg.): Wem gehört die Natur? Konflikte um genetische Ressourcen in Lateinamerika, Frankfurt am Main: Brandes & Apsel Verlag GmbH, 2002, S. 18 – 26.

Kalcsics, Monika & Brand, Ulrich: Planungssicherheit und Patente, in: Brand, Ulrich & Kalcsics, Monika (Hrsg.): Wem gehört die Natur? Konflikte um genetische Ressourcen in Lateinamerika, Frankfurt am Main: Brandes & Apsel Verlag GmbH, 2002, S. 7 – 17.

Kaller-Dietrich, Martina: Mais – Ernährung und Kolonialismus, in: Kaller-Dietrich, Martina & Ingruber, Daniela (Hrsg.): MAIS. Geschichte und Nutzung einer Kulturpflanze, Frankfurt am Main: Brandes & Apsel Verlag GmbH, 2001, S. 32 – 33.

Kaller-Dietrich, Martina & Ingruber, Daniela: Vorwort, in: Kaller-Dietrich, Martina & Ingruber, Daniela (Hrsg.): MAIS. Geschichte und Nutzung einer Kulturpflanze, Frankfurt am Main: Brandes & Apsel Verlag GmbH, 2001, S. 9.

Moro, Braulio Alfonso: Mexiko, Hinterhof der USA, in: Atlas der Globalisierung, le monde diplomatique, taz Verlags- und Vertriebs GmbH, Berlin, 2007, S. 86-87.

Rivera, Juan M.: Multinational Agribusiness and Small Corn Producers in Rural Mexico: New Alternatives for Agricultural Development, in: Rivera, Juan M., Whiteford, Scott & Chávez, Manuel: NAFTA and the Campesinos. The Impact of NAFTA on Small-Scale Agricultural Producers in Mexico and the Prospects for Change, Chicago: University of Scranton Press, 2009.

Röser, Martin: Biologie und Naturgeschichte des Mais, in: Kaller-Dietrich, Martina & Ingruber, Daniela (Hrsg): MAIS. Geschichte und Nutzung einer

Kulturpflanze, Frankfurt am Main: Brandes & Apsel Verlag GmbH, 2001, S. 35-42.

Samary, Chaterine: Freihandel, das Prinzip des Stärkeren, in: Atlas der Globalisierung, le monde diplomatique, taz Verlags- und Vertriebs GmbH, Berlin, 2007, S. 112.

Vogl, Christian R., Raab, Franz & Vogl-Lukasser, Brigitte: Mais und milpa der Chol-Mayas im Tiefland von Chiapas/Mexiko. Das Management pflanzlicher, tierischer und struktureller Diversität als agrarökologische Subsistenzstrategie, in: Kaller-Dietrich, Martina & Ingruber, Daniela (Hrsg.): MAIS. Geschichte und Nutzung einer Kulturpflanze, Frankfurt am Main: Brandes & Apsel Verlag GmbH, 2001, S. 43.

Zeitschriftenaufsätze

Carlsen, Laura: Mexico after 10 years of NAFTA: The price of going to market, in: Third World Resurgence, 2005, Nummer 182/183, S. 37 – 40.

CCA la Comisión para la Cooperación Ambiental [Umweltschutzkommission]: Maíz y Biodiversidad. Efectos del maíz transgénico en México, Conclusiones y Recomendaciones, 2004, http://www.cec.org/Storage/56/4839_Maize-and-Biodiversity_es.pdf, letzter Zugriff am 09.05.2010.

Clausing, Peter: Geschäftsinteressen gegen Menschenrechte: Die mexikanische Gen-Maiskontroverse, in: Infoblatt 67, Ökumenisches Büro München, S. 20 – 21, 2005, http://www.welternaehrung.de/2005/12/01/geschaftsinteressen-gegen-menschenrechte-die-mexikanische-gen-maiskontroverse/, letzter Zugriff am 09.05.2010.

Artikel aus Tageszeitungen

Enciso Angélica: Asusta a grupos europeos avance del maíz transgénico en México, in La Jornada vom 27.02.2010, http://www.jornada.unam.mx/2010/02/27/index.php?section=sociedad&article=029n1soc,letzter Zugriff am 09.05.2010; übersetzt von Hoyer, Bettina http://womblog.de/2010/03/06/gruppe-aus-europa-besorgt-ber-wachsenden-genmais-anbau-in-mexiko/, letzter Zugriff am 09.05.2010.

Enciso Angélica: Exigen no levantar moratoria a siembra de maíz trans-génico, in: La Jornada vom 13.11.2003, http://endefensadelmaiz.org/Exigen-no-levantar-moratoria-a.html, letzter Zugriff am 09.05.2010.

Najar, Alberto: Polémica por maíz transgénico en México, in: BBC Mundo vom 23.10.2009, http://www.bbc.co.uk/mundo/ciencia_tecnologia/2009/10/091023_0801_mexico_transgenico_gtg.shtml, letzter Zugriff am 14.05.2010.

Internetquellen

bioSicherheit Gentechnik-Pflanzen-Umwelt: Mexiko: Spuren von gentech-nisch verändertem Mais bestätigt, 2009, http://www.biosicherheit.de/de/aktuell/680.doku.html, letzter Zugriff am 09.05.2010.

bioSicherheit Gentechnik-Pflanzen-Umwelt: PCR; Polymerase Chain Reakti-on, http://www.biosicherheit.de/de/lexikon/16.pcr_polymerase_chain_reaktion.html, letzter Zugriff am 20.04.2010.

bioSicherheit Gentechnik-Pflanzen-Umwelt: Tortilla-Krise in Mexiko: Gv-Mais als Lösung?, 2007 http://www.biosicherheit.de/de/aktuell/549.doku.html, letzter Zugriff am 09.05.2010.

bioSicherheit Gentechnik-Pflanzen-Umwelt: transgen, http://www.biosicherheit.de/de/lexikon/9.transgen.html, letzter Zugriff am 05.05.2010.

Bundesministerium für Bildung und Forschung: Biotechnologie, 2010, http://www.biotechnologie.de/BIO/Navigation/DE/Service/glossar.html?, letzter Zugriff am 19.04.2010.

Bundessortenamt: Sortenschutz, 2009, http://www.bundessortenamt.de/internet30/index.php?id=27, letzter Zugriff am 03.05.2010.

Carlsen, Laura: die Hintergründe der Lateinamerikanischen Lebensmittelkri-se, 2008 http://www.quetzal-leipzig.de/lateinamerika/haiti/die-hintergrunde-der-lateinamerikanischen-nahrungsmittel-krise-19093.html, letzter Zugriff am 09.05.2010.

Cimmyt – Cereal Knowledge Bank: What is an OPV?, 2007 http://www.knowledgebank.irri.org/ckb/index.php/quality-seeds/what-is-an-opv, letzter Zugriff am 09.05.2010.

Das Informationszentrum für die Landwirtschaft: Maisethanol ist kein Klimaschützer, 2010, http://www.proplanta.de/Agrar-Nachrichten/agrar_news_themen.php?SITEID=1140008702&Fu1=1268606432, letzter Zugriff am 10.05.2010.

Der Bio Gärtner: Fruchtwechsel, 2010, http://www.bio-gaertner.de/Articles/I.Pflanzen-dieDatenbank/Gemuese-Salate_allgemein/FruchtfolgeFruchtwechsel.html, letzter Zugriff am 19.04.2010.

FAOSTAT – Food and Agriculture Organization of the United Nations: agricultural production domain: area harvested and production quantity of maize and sugar cane in Mexiko 2007, http://faostat.fao.org/site/339/default.aspx, letzter Zugriff am 09.05.2010.

Genfood – Nein Danke!: Gen-Mais NK603, 2007, http://www.naturkost.de/genfood/texte/nachrichten/20070619a.html, letzter Zugriff am 06.05.2010.

Geografie Lexikon: cash crop, 2009, http://www.gclasen.de/lexikon.htm, letzter Zugriff am 19.04.2010.

Greenpeace: Monsanto: Patent auf Roundup Ready Pflanzen, 2005, http://www.greenpeace.de/themen/patente/patente_auf_leben/artikel/monsanto_patent_auf_roundup_ready_pflanzen/ansicht/bild/, letzter Zugriff am 09.05.2010.

Greenpeace Aachen: Gentechnik, http://gruppen.greenpeace.de/aachen/gentechnik.html, letzter Zugriff am 09.05.2010.

Greenpeace: ¿Agricultura ecológica? ¡Sí, gracias!, http://www.greenpeace.org/mexico/news/agricultura-ecol-gica-s-g, letzter Zugriff am 09.05.2010.

Harkness, Jim: Who's Afraid of the High Price of Corn?, Institute for Agriculture and Trade Policy, 2007 http://www.iatp.org/iatp/commentaries.cfm?refID=97429, letzter Zugriff am 09.05.2010.

Ho, Mae-Wan & Ching, Lim Li: Plädoyer für eine gentechnikfreie zukunftsfähige Welt, Independent Science Panel, 2003, http://www.biosafety-info.net/file_dir/853348855242dd421.pdf, letzter Zugriff am 09.05.2010.

Katalyse Institut für angewandte Umweltforschung, Umweltlexikon Online: Ökosystem, http://www.umweltlexikon-online.de/fp/archiv/RUBsonstiges/Oekosystem.php, letzter Zugriff am 09.05.2010.

Kovatsits, von Katinka: Mexiko öffnet sich weiter der Gentechnik, 2009, http://www.boell.de/weltweit/lateinamerika/lateinamerika-6561.html, letzter Zugriff am 09.05.2010.

Liebig, Klaus: Der Schutz geistiger Eigentumsrechte in Entwicklungsländern: Verpflichtungen, Probleme, Kontroversen, 2000, (Gutachten für die Enquete-Kommission „Globalisierung der Weltwirtschaft – Herausforderungen und Antworten"). Deutsches Institut für Entwicklungspolitik. Berlin: Deutscher Bundestag (AU-Stud 14/5) http://regierung.cjb.net/buecher/cd0002/bundestag/gremien/welt/gutachten/vg 6.pdf, letzter Zugriff am 03.05.2010.

Monsanto: Monsanto recibe aprobación para los ensayos de campo de maíz en México, 2009, http://www.monsanto.es/noticias-y-recursos/comunicados-de-prensa/%5Btitle%5D, letzter Zugriff am 09.05.2010.

naturkost.de: Suizide wegen Gen-Missernten. Indische Baumwoll-Bauern verzweifelt, 2006, http://www.naturkost.de/meldungen/2006/060209genv2.htm, letzter Zugriff am 06.05.2010.

Sterling Sihi GmbH: Bioethanol-Herstellung, 2010, http://www.sterlingsihi.com/cms/de/startseite/branchen-anwendungen/industrie/nahrungsmittel-und-getraenkeindustrie/biodiesel-und-bioethanolherstellung/bioethanolherstellung.html, letzter Zugriff am 19.04.2010.

The World Factbook, CIA: Mexico, 2010, https://www.cia.gov/library/publications/the-world-factbook/geos/mx.html, letzter Zugriff am 17.04.2010.

TransGen – Transparenz für Gentechnik bei Lebensmitteln: Gentechnik, Patente, Pflanzen: Gewinnen Konzerne die Kontrolle über die Nahrung?, 2008, http://www.transgen.de/recht/patente/940.doku.html, letzter Zugriff am 09.10.2010.

TransGen – Transparenz für Gentechnik bei Lebensmitteln: Eine Pflanze der Indios im kalten Europa, Aachen, 2006, http://www.transgen.de/aktuell/archiv/167.doku.html, letzter Zugriff am 09.05.2010.

TransGen – Transparenz für Gentechnik bei Lebensmitteln: Bt-Konzept: Mit den Waffen von Bakterien gegen Fraßinsekten, Aachen, 2006, http://www.transgen.de/anbau/btkonzept/210.doku.html, letzter Zugriff am 09.05.2010.

TransGen – Transparenz für Gentechnik bei Lebensmitteln: MON89034 x NK603, http://www.transgen.de/zulassung/gvo/102.doku.html, letzter Zugriff am 05.05.2010.

TransGen– Transparenz für Gentechnik bei Lebensmitteln: MON89034 x MON88017, http://www.transgen.de/zulassung/gvo/103.doku.html, letzter Zugriff am 05.05.2010.

Umwelt-Lexikon: Kontamination, 2008, http://www.umweltdatenbank.de/lexikon/kontamination.htm, letzter Zugriff am 06.05.2010.

Umwelt-Lexikon: Monokultur, 2008, http://www.umweltdatenbank.de/lexikon/monokultur.htm, letzter Zugriff am 19.04.2010.

United States Department of Agriculture: North American Free Trade Agreement (NAFTA), http://www.fas.usda.gov/itp/Policy/nafta/nafta.asp, letzter Zugriff am 07.05.2010).

Zietz, Joachim & Seals, Alan: Genetically Modified Maize, Biodiversity, and Subsistence Farming in Mexico, Department of Economics and Finance Working Paper Series, 2006, http://frank.mtsu.edu/~berc/working/Genetically%20modified%20maize%20-WP.pdf, letzter Zugriff am 09.05.2010.

Zimmermann, Matthias: Mais (Zea mays), Natur-Lexikon, Eschborn, http://www.natur-lexikon.com/Texte/MZ/003/00224-Mais/MZ00224-mais.html, letzter Zugriff am 09.05.2010.

Abbildungen

Food and Agriculture Organization of the United Nations FAO: FaoStat, PriceStat, 2009, http://faostat.fao.org/site/570/default.aspx, letzter Zugriff am 09.05.2010.

Toepfer International: Statistische Informationen zum Getreide- und Futtermittelmarkt Edition Dezember 2009, S. 5, http://www.acti.de/media/Statistikbroschuere_November_2009.pdf, letzter Zugriff am 09.05.2010.

TransGen– Transparenz für Gentechnik bei Lebensmitteln: USA: Anbau gv-Pflanzen 2009. Mais, Soja, Baumwolle: 88% gentechnisch verändert, http://www.transgen.de/anbau/eu_international/189.doku.html , letzter Zugriff am 09.05.2010.

U.S. Census Bureau, International Data Base (IDB): Mexico Demographic Indicators, http://www.census.gov/ipc/www/idb/country.php, letzter Zugriff am 10.05.2010.

World Bank: Income Generation and social protection for the poor. Executive Summary, 2005, S. 113, http://www.wilsoncenter.org/news/docs/Income_Generation_and_Social_Protection_WB.pd, letzter Zugriff am 09.05.2010.